Java EE 企业级应用开发实战

Spring Boot+Vue+Element

李磊◎著

人民邮电出版社

北京

图书在版编目（CIP）数据

Java EE企业级应用开发实战 : Spring Boot+Vue+Element / 李磊著. -- 北京 : 人民邮电出版社, 2023.5
ISBN 978-7-115-61021-8

Ⅰ. ①J… Ⅱ. ①李… Ⅲ. ①JAVA语言－程序设计 Ⅳ. ①TP312.8

中国国家版本馆CIP数据核字(2023)第012659号

内 容 提 要

信息技术日新月异，以人工智能、大数据、云计算等为代表的新技术已成为各行业高质量发展和数字化转型的动力。由于数字化的基础信息来自企业级应用的业务数据，因此企业级应用建设的成败直接关系到数字化转型的成败，而 Java EE 作为企业级应用开发的一个重要分支，是数字化转型过程中不可或缺的一个部分。

本书依据理论结合实战的思路，首先介绍企业级应用的概念和 Java EE 的基础知识，然后讲解 Java EE 体系中的 Servlet 和 JSP 技术、Spring 框架、Spring Boot 框架、前端框架 Vue 和 UI 框架 Element UI，最后提供两个可以满足中小型企业级应用实战需求的案例：企业级应用基础开发框架和企业级门户网站。

本书内容翔实，既适合有一定基础的 Java EE 开发人员阅读，也可以作为大中专院校相关课程的参考书和实训教材。

◆ 著　　　李　磊
责任编辑　傅道坤
责任印制　王　郁　马振武

◆ 人民邮电出版社出版发行　　北京市丰台区成寿寺路 11 号
邮编　100164　　电子邮件　315@ptpress.com.cn
网址　https://www.ptpress.com.cn
北京盛通印刷股份有限公司印刷

◆ 开本：800×1000　1/16
印张：16　　　　2023 年 5 月第 1 版
字数：420 千字　　　　2024 年 7 月北京第 5 次印刷

定价：79.80 元

读者服务热线：(010)81055410　印装质量热线：(010)81055316
反盗版热线：(010)81055315
广告经营许可证：京东市监广登字 20170147 号

推 荐 序

有诗云：春种一粒粟，秋收万颗子。有时你有意或无意播下的一颗种子，就能开出一朵别样的花，结出一颗奇异的果。2003 年，我还在北京大学任教时，曾经给软件与微电子学院的研究生讲授过几年的《软件中间件技术》课程，主要讲授 J2EE 相关的内容。每次讲到软件的本质时，我都会提出一个自己经常思考的问题：软件开发过程像是什么？写小说？拍电影？拍戏？

言者无心，听者有意。没想到我不经意间说起的这个问题，影响到了本书的作者李磊。2007 年，他选修了这门课程，听到了这个问题，进而启发了他对整个软件开发过程的持续思考。

数字时代，数据为王。企业级应用的特征之一就是数据以及数据之间承载的业务关系非常复杂，而这些数据都来自各类企业级应用。因此一个企业要想顺利地完成数字化转型，就一定要把各类企业级应用的基础打牢。而在企业级应用的开发领域，Java 无疑占据着不可撼动的地位。

Java 自 1995 年问世以来，取得了有目共睹的成果。从最早的 J2SE、J2ME、J2EE，到近年来以 Spring 为核心的轻量级应用开发，再到现在支持云架构、服务化的 Spring Cloud、Spring Boot 系列框架，在二十多年的时间里，Java 在持续改进企业级应用开发的模式，提升软件开发的效率。

企业级应用的共通之处，引导了企业级应用开发的一些基本思路。这些基本思路与我长期研究的软件工程领域密不可分。1968 年，为了应对软件复杂度高导致的开发周期长以及质量保障难的问题，提出了软件工程这个术语。时至今日，这些问题仍然层出不穷，并产生了多种用来解决这些问题的技术方向。我现在在华为带领的一个团队，主要目标就是将最先进的智能化技术应用于软件研发的全生命周期，支持从代码编写、测试到运维等各个活动，并将这些技术植入开发人员的各种开发界面中。

本书是基于作者多年来在多个行业积累的企业级应用开发经验，经过作者系统性的思考，并结合时下主流的 Spring Boot、Vue、Element UI 等技术而完成的，主要阐述了 Java 和企业级应用开发的理论，并提供了中小型企业级应用的开发框架和企业级门户网站的开发案例，真正做到了理论和实践相结合，帮助读者在短时间内具备 Java EE 企业级应用开发能力。

李磊是我多年以前的学生，也是我的山东莱州老乡，还是我很好的朋友。他很多年前就跟我说在写这么一本书，从构思到完成，前后花费了六年多的时间，终于完成了这本《Java EE 企业级应用开发实战（Spring Boot+Vue+Element）》，他希望我写个序，我衷心祝贺并欣然答应，希望国内广大的软件开发人员们能从中吸收营养，共同为我国各类企业的数字化转型贡献力量。

王千祥

华为云 PaaS 技术创新 Lab 主任，华为云智能化研发首席专家，中国计算机学会软件工程专委会副主任

本书赞誉

自 Java 诞生以来，其开源且跨平台的特点极大地改变了企业级应用开发的生态，影响深远。数字时代，企业级应用是落实企业战略目标、承载企业业务的抓手。本书从企业级应用开发架构讲起，沿着 Java EE 企业级应用开发的主线，为读者细致入微地讲解了目前流行的微服务框架 Spring Boot、前端框架 Vue 和桌面端组件库 Element，最后提供了两个企业级应用开发实战案例。相信看过本书的读者都会从中受益。

——毛卫东　中国工商银行业务研发中心总经理，《中国金融电脑》杂志社社长，高级工程师

本书从基础架构谈起，介绍时下主流的前后端分离框架——Spring Boot+Vue+Element。作者还结合自身多年的工作经验，提供了两个翔实的案例。这是一本颇具参考价值的企业级应用开发用书。

——张岩　北京大学智能学院教授、博士生导师，CCF 数据库专业委员会委员

Java EE 具备众多的功能，因此 Java EE 被广泛应用于面向服务的体系结构和企业级应用。本书从构建企业级应用的基础理论出发，结合实际案例，从搭建环境到构建应用系统，手把手教读者开发 Java EE 企业级应用。本书适合每位对企业级应用开发感兴趣的开发人员。

——林金龙　北京大学软件与微电子学院教授、博士生导师，CCF 嵌入式系统专业委员会委员

历经多年的发展演进，Java 成为开发人员最为常用的开发语言之一，几乎能够适用从单机程序到大型分布式系统的全部场景。本书基于作者自身多年的研究与实践，深入浅出地阐述了 Java EE 企业级应用开发框架的基本概念、技术体系以及应用构建的真实案例，适合所有正在或即将从事企业级应用开发工作的开发人员阅读。我相信，通过对本书的阅读和学习，读者必将有所收获，也不负作者的一片赤诚之心。

——韩国权　太极计算机股份有限公司副总裁，提升政府治理能力大数据应用技术国家工程研究中心常务副主任，高级工程师

本书是企业级应用开发不可多得的参考资料，通过详尽的基础知识讲解、严谨的理论体系介绍和精彩的代码案例呈现，深入浅出地讲解了 Java EE 体系和 Spring Boot 微服务架构。很高兴能看到本书的面世，希望本书能够提升读者对企业级应用的认知，进而推动企业级应用的高质量发展。

——宋瑞　人大金仓高级副总裁，教授级高级工程师

前　　言

《“十四五”国家信息化规划》指出“加快数字化发展、建设数字中国”，并就加强关键数字技术创新应用作出战略部署。而数字化的基础信息来自各行业的企业级应用的业务数据，企业级应用建设的成败，直接关系到数字化转型的成败。

企业级应用，也称企业软件或者企业级应用软件，是指支撑企业、事业单位、政府等不同规模机构的各项业务运作的软件系统。现如今，各个行业几乎离不开软件的应用，比如政府、金融、电信、工业、农业、航空，甚至日常生活中也存在着软件的应用。这些应用促进了经济和社会的发展，使得人们的工作更加高效，也提高了人们的生活质量。

在企业级应用的开发过程中，三驾核心的马车分别是：技术、业务域和项目管理（可以简单的记作TBP，T 代表 Technology、B 代表 Business Domain、P 代表 Project Management）。这三者互相促进，缺一不可。企业级应用开发以技术为基础，没有 T（Technology）是不行的，最终还是要落到技术实现上来。技术最终是用来承载 B（Business Domain）的，一个企业级应用终究是围绕企业的业务开展的。如果要把人组织起来，想要进行高效的技术开发，解决业务问题，提高工作效率，就离不开信息化系统的项目管理，也就是 P（Project Management）。现在有很多议论把企业级应用与互联网应用对立、割裂开来，认为它们是两个不同的领域，作者不敢苟同，两者确有差异，但就本质来讲它们都是一样的。二者都是软件应用，其基础的技术、管理方法和组织形式也是相通的，只是面向的业务方向、运行环境和使用对象有所不同。编写软件也绝对不是掌握某种语言就可以包打天下了，软件开发更多的是一个工程化的、综合性的过程。

在实现企业级应用的各种技术分支中，Java EE 企业级应用开发从概念提出到现在已经有二十多年的时间，具有成熟且复杂的体系结构，因此掌握 Java EE 企业级应用开发的技术体系对于初学者甚至有一定基础的学习者来讲，都具有一定的挑战性。

本书结合作者多年的企业级应用开发经验，面向掌握 Java 基础知识，而缺少实际经验的读者（如学生、培训学员），提供 Java 企业级应用的开发技术（理论、语言、工具、软件）和案例（基础开发框架、企业门户）等，帮助读者轻松地进入“状态”迅速地将学习过的理论和技术转化为企业级应用开发的能力输出，成为企业级应用开发的“高手”。

由于作者水平有限，书中难免有不足之处，敬请广大读者批评指正。

本书特色

本书按照理论结合实战的思路来组织内容。在理论方面，可以提高读者在工作中阅读、编写相关设计文档、招投标文档或技术文档的能力；在实战方面，本书提供的两个案例，可以指导读者直接应用到企业级应用的实际开发中。

本书提供的实战案例，采用的是当前流行的前后端分离与微服务结合的技术架构。后台采用 Spring Boot、前端采用 Vue+Element UI 来实现，具有技术先进、简单易学、易于扩展、实用性强的特点。

本书读者对象

- 适合从事 Java Web 应用开发，掌握 Java EE 体系的技术人员。
- 适合想从架构方面掌握 Java EE 体系，提高文档编写水平和理论修养的初中级 Java EE 开发人员。
- 适合作为大中专院校相关课程的参考书和实训教材。

本书组织结构

本书共分为 8 章，具体内容如下。

- 第 1 章，“企业级应用的基础知识”：介绍了企业级应用的基本概念，以及企业级应用与架构的演化历程和发展趋势，帮助读者从宏观上了解企业级应用及其技术架构的演进趋势。
- 第 2 章，“Java 与企业级应用开发”：介绍了 Java 与 Java EE 的基础知识、相关的中间件和常用的框架，最后还介绍了 Java EE 中间件 Tomcat 的安装与启动。通过学习，读者可以全面了解并掌握相对完整的 Java EE 知识体系。
- 第 3 章，“Servlet 与 JSP 技术”：介绍了 Servlet 与 JSP 这两个在 Java EE 中非常经典的技术标准。虽然我们现在已经很少直接书写 Servlet 和 JSP 了，但是 Struts2 和 Spring MVC 这些框架的底层都是跟 Servlet 有关的。JSP 作为 Java Web 的基础，实际工作中还有很多大型的企业级应用的项目要用到 JSP 技术，而且掌握了 JSP，再想学会其他类似模板技术，也可以触类旁通，很快掌握。所以，不论是 Servlet 还是 JSP，读者都很有必要进行学习。只有打下坚实的基础，才能对后面的框架学习和使用更加得心应手。
- 第 4 章，“Spring 与企业级应用开发”：介绍了 Spring 框架及其特点，特别是 Spring 的两个核心技术——依赖注入和面向切面编程，并提供了完整的示例代码，还介绍了 Spring MVC 开发框架和 Spring 事务管理这两个重要的组成部分。通过学习，读者可以对 Spring 有一个全面的认识，并能独立完成一个 Spring MVC 应用。
- 第 5 章，“Spring Boot 与企业级应用开发”：主要介绍 Spring Boot 微服务框架的基础概念、Spring Boot 核心类及注解、Spring Boot 与关系型数据库和 NoSQL 数据库的整合及数据操作的方法，最后以 Docker 为例，介绍了微服务的容器化部署。
- 第 6 章，“前后端分离与 Vue、Element UI”：主要介绍前后端分离的开发模式以及相关的 Vue、Element UI 技术。前后端分离既是一种架构模式，也是一种开发组织模式，这种模式已经渐渐成为项目开发的业界标准，从互联网行业到企业级应用都广泛地使用前后端分离模式。
- 第 7 章，“企业级应用基础开发框架的设计与搭建”：介绍了如何以 Spring Boot 为后台，Vue+Element UI 为前台，搭建一个基于开源的 Java EE 的企业级应用基础开发框架，这个框架是轻量级的，可以满足一般企业级应用开发的需求。
- 第 8 章，“企业级门户网站的设计与搭建”：介绍了如何以第 7 章创建的企业级应用基础开发框架为基础，开发一个满足实用要求的企业级门户网站。

致谢

首先感谢人民邮电出版社的编辑老师们，特别是傅道坤老师和单瑞婷两位老师，作为一名首次进行图书写作的作者，如果没有他们辛勤劳动和付出，没有他们的悉心指导和认真校勘，很难想象这本书是否能最终付梓。还要感谢把我带上软件开发道路的前辈、这么多年来一直陪伴着我在这条路上奋战的前同事和现同事，以及众多的同道中人，没有他们的帮助，我也不会在这条路上走得这么远。最后还要感谢我的妻子和两个孩子，我把很多本该属于他们的时间用在了这本书的写作上，从 2016 年构思开始到现在已经有五六年的时间，是他们的支持，让我把这本书最终完成。

献辞

记得 2005 年到 2008 年读研的时候，我的导师王千祥老师是国内中间件和组件开发的专家，当时我才刚刚接触 Spring，那时候 Struts2 还叫 WebWork。还记得当时王老师在中间件课程的第一节课上有一个设问，软件开发是什么？我记得 PPT 上写的是写作？剧本创作？……如同醍醐灌顶一般，就在那时，我忽然想到：在软件开发严密逻辑的背后，其实是创造性思维在发挥着至关重要的作用，软件开发就像写小说、写剧本一样“浪漫”。

从 2013 年到 2014 年，我在 T 公司主持完成了我的第一个企业级应用开发框架——DragonFrame 的设计开发，因为当时是在从事水利信息化的工作，所以起了这么一个“有趣”的名字。在这个过程中，我反复地思考了企业级应用研发的特点和日常工作中遇到的问题，萌发了写一本书来相对系统地介绍企业级应用研发相关知识的想法，并慢慢开始着手材料的准备和公众号的写作，直到 2020 年“偶遇”了人民邮电出版社的傅道坤编辑，这件事才真正步入正轨。

写作本身是一个很好的学习过程。在开始写作的时候，我很“乐观”地认为，最多有半年的时间就可以完成书稿，但实际写作的过程中却充满了曲折。不同于以前写各种开发文档、技术方案、投标文件，每写下一段都有些战战兢兢的感觉，生怕出现任何的偏差，误人子弟，贻笑大方。经过反复查阅资料、翻阅同类图书、与编辑和同事商讨书目，花费了近两年的时间，才最终完成了书稿。在这个过程中，我才更深地理解了那句老生常谈的“由于作者水平有限，书中难免有不足之处，敬请广大读者批评指正”的真实含义。

谨以此书献给每一位具有“严密逻辑”和“浪漫思想”的“码农”。

资源与支持

本书由异步社区出品，社区（https://www.epubit.com）为您提供相关资源和后续服务。

配套资源

要获得本书源代码等配套资源，请在异步社区本书页面中单击 配套资源 ，跳转到下载界面，按提示进行下载操作即可。

提交勘误

作者和编辑尽最大努力来确保书中内容的准确性，但难免会存在疏漏。欢迎您将发现的问题反馈给我们，帮助我们提升图书的质量。

当您发现错误时，请登录异步社区，按书名搜索，进入本书页面，单击“发表勘误”，输入勘误信息，单击“提交勘误”按钮即可。本书的作者和编辑会对您提交的勘误进行审核，确认并接受后，您将获赠异步社区的 100 积分。积分可用于在异步社区兑换优惠券或样书。

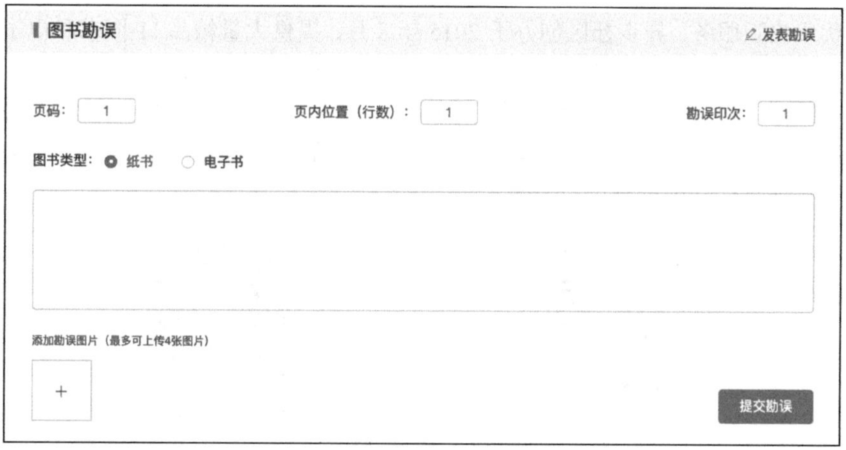

图书勘误　　发表勘误

页码： 1　　页内位置（行数）： 1　　勘误印次： 1

图书类型： 纸书　电子书

添加勘误图片（最多可上传4张图片）

+

提交勘误

扫码关注本书

扫描下方二维码，您将会在异步社区微信服务号中看到本书信息及相关的服务提示。

与我们联系

我们的联系邮箱是 contact@epubit.com.cn。

如果您对本书有任何疑问或建议，请您发邮件给我们，并请在邮件标题中注明本书书名，以便我们更高效地做出反馈。

如果您有兴趣出版图书、录制教学视频，或者参与图书技术审校等工作，可以发邮件给本书的责任编辑（fudaokun@ptpress.com.cn）。

如果您来自学校、培训机构或企业，想批量购买本书或异步社区出版的其他图书，也可以发邮件给我们。

如果您在网上发现有针对异步社区出品图书的各种形式的盗版行为，包括对图书全部或部分内容的非授权传播，请您将怀疑有侵权行为的链接通过邮件发给我们。您的这一举动是对作者权益的保护，也让我们有动力持续为您提供有价值的内容。

关于异步社区和异步图书

"异步社区"是人民邮电出版社旗下 IT 专业图书社区，致力于出版精品 IT 图书和相关学习产品，为作译者提供优质出版服务。异步社区创办于 2015 年 8 月，提供大量精品 IT 图书和电子书，以及高品质技术文章和视频课程。更多详情请访问异步社区官网 https://www.epubit.com。

"异步图书"是由异步社区编辑团队策划出版的精品 IT 专业图书的品牌，依托于人民邮电出版社的计算机图书出版积累和专业编辑团队，相关图书在封面上印有异步图书的 LOGO。异步图书的出版领域包括软件开发、大数据、AI、测试、前端、网络技术等。

异步社区

微信服务号

目　　录

第1章　企业级应用的基础知识

本章主要介绍了企业级应用的定义和特点，以及企业级应用从单体架构到云原生架构的演进历程，可以帮助读者厘清相关的概念，让读者对企业级应用有一个整体的了解，更好地理解企业级应用开发和相关技术架构的特点，为今后从事企业级应用开发工作打好基础。

1.1　企业级应用的基本概念

企业级应用是指那些为商业组织、大型企业而创建并部署的解决方案及应用。本节从企业级应用的定义讲起，帮助读者从整体上了解企业级应用的定义、特点和重点。

1.1.1　企业级应用的定义

当代的企业级应用不再是一个个相互独立的系统。在企业中，一般都会部署多个彼此连接的、通过不同集成层次进行交互的企业级应用，同时这些应用又可能连接其他企业的相关应用，从而构成一个结构复杂的、跨越 Intranet 和 Internet 的分布式企业级应用群集。

企业级应用系统经历了单体架构、分层架构、服务化架构、微服务架构等多个阶段，从技术实现上又分为 C/S 架构、B/S 架构等多种类型。目前主流的企业级应用和互联网应用从技术本质上来说是一回事，都是基于 Internet 或 Intranet、HTTP/HTTPS 协议和浏览器的一种应用。

企业级应用既可以按功能划分为财务会计、ERP（企业资源计划）、CRM（客户关系管理）、SCM（供应链管理）、HRM（人力资源管理）、BI（商务智能）、CMS（内容管理系统）和企业通信等工具，也可以按行业划分为制造行业、零售行业、医药行业、通信行业、金融行业、能源行业等行业应用。

1.1.2　企业级应用的特点

企业级应用有其自身的特点，这是由企业的行业特点所决定的，行业不同则业务背景不同，应用之间有一定的门槛，但组织机构管理、权限管理等这些基础业务又是相通的。企业级应用具有以下 5 个特点。

- 企业级应用的业务逻辑复杂。应用系统作为现实世界的映像，其复杂度受现实生活中各类业务的复杂度的影响。由于涉及大量的数据和多个系统间的协同处理，因此也就从客观上产生了复杂的数据。比如众多不同业务的数据库和数据表之间有复杂的逻辑关系，在某些行业，维护这些表之间的关系和数据就需要一个系统或一个团队。

- 企业级应用的运行环境复杂。一个企业级业务系统既需要系统自身的跨业务集成，又可能需要和很多外部系统集成，集成的方式可能有 ESB、JMS、WebService、Socket 数据包甚至是页面集成或数据库集成，这中间涉及了多种技术和多种工具的组合使用。
- 企业级应用强调数据一致性。通常，企业级应用需要通过事务、交易中间件、数据库锁、各类同步机制来确保数据的一致性。数据是业务运行或生产运营的真实记录，绝不允许数据上出现差错。为了确保业务的稳定可靠，通常要综合运用多种技术手段。
- 企业级应用强调对业务流程的管控。对互联网应用而言，企业级应用的并发量不是特别大。在一般情况下，应用的并发量为 100～200，可以支持 500 并发量的系统就能满足绝大部分企业级应用的需求。但企业级应用还强调业务数据的完整性和一致性，强调用户操作界面的友好性和便捷性，企业级应用需要为数据提供丰富的展现形式，如图表或报表。
- 企业级应用强调开发的规范性。企业级应用重视对软件开发过程的管理，重视行业经验的积累，企业级应用开发需要撰写大量的文档，也需要多人协同开发，还需要进行版本控制和问题跟踪回溯。在很多时候，标准化的要求要大于技术性要求，企业级应用开发绝不是单打独斗，是真正的“兵团化作战”。

企业级应用建设的显著特点在于：尽管业务复杂度相对较高，但是技术实现难度并不是很大，基于一般的 J2EE 架构就可以进行开发，包括一些性能要求较高的场景（如电信网管的话务数据采集、自控系统的数据采集或数据交换等）。只要能运用合理的方法把复杂业务拆解成一个个易于实现的部分，所有的问题就如同庖丁解牛一般迎刃而解。

总结一下：企业级应用是为商业组织、大型企业、政府机关创建的解决方案和应用系统。此类系统具有用户数量大、数据处理量大、并发性强、业务逻辑复杂等特点，同时要求系统能够满足未来业务需求的变化，易于扩展、升级和维护。企业级应用的特点和要求决定了开发企业级应用的过程相当复杂。如何有效地进行企业级应用开发，如何提高系统开发的效率，这就需要从系统架构、技术平台的角度来制定解决方案。

1.1.3　企业级应用的重点

从应用角度来说，企业级应用关心的重点有 3 个：业务、流程和数据。

需要注意的是，这 3 个方面都是重点。下面的“表象”“主线”“核心”是从软件落地的角度来讲的。

- 业务是表象，是从业务人员操作的角度来观察一个系统。对系统的每个使用者来说，业务的目的是解决他所面临的问题，要具有实用性和易用性。
- 流程是主线，它贯穿整个系统，好比是人的神经系统。没有这条主线，业务无法流转，数据也只是抽象层面的数据。
- 数据是核心，是承载业务与流程运转的基础，也是业务最终的体现。对一个企业级应用来说，能否设计出合理的数据结构是能否成功建设系统的基础和关键。

我们在构建一个全新的企业级应用的时候，要为业务服务，但不能被业务所迷惑，数据是核心的关注点，流程是把一切串起来的关键。

1.2　企业级应用与软件架构

在企业级应用的建设过程中，离不开系统的软件架构设计，在这个过程中也会应用诸多的软件框架，但软件架构与软件框架是什么关系？企业级应用软件架构是如何演进的？这是常常困扰我们的两个问题。本节就从软件架构与软件框架的区别讲起，带领读者开启一场软件架构的演进之旅。

1.2.1　软件架构与软件框架

在开发过程中，有两个名词会被经常提到，那就是软件架构与软件框架。下面我们就来解释一下这两个名词。

软件架构（software architecture）是有关软件整体结构与组件的抽象描述，可用于指导大型软件系统各个方面的设计。

软件框架（software framework）通常指为了实现某个业界标准或完成特定基本任务的软件组件规范，也指为了实现某个软件组件规范，提供规范所要求的具备基础功能的软件产品。软件框架的功能类似于基础设施，与具体的软件应用无关，但是提供并实现最基础的软件架构和体系。软件开发人员通常会依据特定的软件框架去实现更为复杂的软件应用和业务逻辑，这样的软件应用可以在支持同一种软件框架的软件系统中运行。

从上边的定义可以看出：软件架构是一个系统的设计蓝图，就如同建筑设计一样，软件架构不是描述或者提供某个具体的软件，它是一个“抽象描述”。就像在建筑领域里常说的板楼、塔楼这两种不同类型的建筑，各有各的结构特征、施工方式和优缺点，只要是属于同一类型的建筑，就具备相同的特征。

最常见的软件架构是分层架构（layered architecture），事实上也是标准架构，其他的软件架构还包括事件驱动架构、微内核架构、微服务架构、云原生架构等。

产生软件架构的主要原因是软件规模越来越大、软件复杂度越来越高，这基本上也是产生软件工程的主要原因。

随着软件应用范围的扩大，软件规模越来越大。大型软件项目需要组织一定的人力共同完成，涉及的各专业需求更加聚焦，各专业间分工也越来越明确。但是多数项目管理人员缺乏开发大型软件系统的经验，而多数软件开发人员又缺乏项目管理方面的经验。有时各类人员的信息交流不及时、不准确，还会产生误解。由于软件项目开发人员不能有效地、独立自主地处理大型软件的全部关系和各个分支，因此容易产生疏漏和错误。

软件不仅在规模上快速地扩大，其复杂度也急剧地增加。软件产品的特殊性和人类智力的局限性导致人们无力处理“复杂问题”。从某种意义上讲，软件行业也是劳动密集型产业，只不过密集的是“脑力劳动”。

软件框架是面向某一个领域的、可以复用的“半成品”软件。软件框架是一个可以通用的模板，为新软件的开发提供公共的基础功能和基础组件，就如同建筑工程中的各种预制件一样。

在 Java 企业级应用开发中，常见的软件框架如 SSH（Spring+Structs+Hibernate）、SSM（Spring+Spring MVC+MyBatis），这两个基本上是个通用的软件框架，当然也包括现在流行的基于 Spring Boot 的前后端分离框架。

所以，总结一下软件架构与软件框架的区别。

- 软件架构是抽象的，软件框架则是具体的。
- 软件架构多展现为一个设计规约，而软件框架则主要展现为具体的程序代码。
- 软件架构的首要目的大多是指导一个软件系统的实施与开发，而软件框架的首要目的是复用，更加关注于某个具体的领域。因此，软件框架属于某种软件架构，软件架构用于指导该软件框架的开发，反之则不适用。

1.2.2　软件架构的发展简史

任何事物都不是从天而降的，都有其自身产生、成长、发展的过程，软件架构也是一样。从最初的"无体系结构"设计到现行的基于架构的软件设计，基本上经历了 4 个阶段。

- "无体系结构"设计阶段：以通过汇编语言进行小规模应用程序开发为特征。
- 萌芽阶段：出现了程序结构设计主题，以控制流图和数据流图构成的软件结构为特征。
- 初级阶段：出现了从不同侧面描述系统的结构模型，以 UML 为典型代表。
- 高级阶段：以描述系统的高层抽象结构为中心，不关心具体的建模细节，划分了体系结构模型与传统软件结构的界限，该阶段以软件架构大师 Kruchten 提出的"4+1"视图模型为标志。

Kruchten 在 1995 年提出了"4+1"视图模型。"4+1"视图模型使用 5 个不同的视图，也就是逻辑视图、过程视图、物理视图、开发视图和场景视图来描述软件体系结构。每一个视图只关注系统的一个侧面，5 个视图结合在一起才能够反映出系统的软件体系结构的全部内容。

提示

1995 年，菲力浦·克鲁森（Philippe Kruchten）在 *IEEE Software* 上发表了题为 *The 4+1 View Model of Architecture* 的论文，引起了业界的极大关注，最终"4+1"视图模型被统一软件开发过程（RUP）采纳。

软件架构也在不断地演进中，最早是单体架构，然后是分层架构、服务化架构、微服务架构，直到云原生架构。

1.2.3　单体架构

单体架构可以理解为"All in One"的架构。如果从近三十多年软件发展的历史来讲，这里更倾向于 DOS 操作系统为主的时代，对于 MZ 格式或者 PE 格式的可执行程序（扩展名为.exe 的文件），运行时就是一个独占 PC 的操作界面，这些程序几乎独占了一台"主机"的所有资源。单体架构应用的数据访问、表现逻辑和业务处理都在一个应用程序中集中体现，是一种很古老的软件形态，单体架构所有的功能都紧密地耦合在一台主机上，维护和扩展都很不方便，如图 1-1 所示。

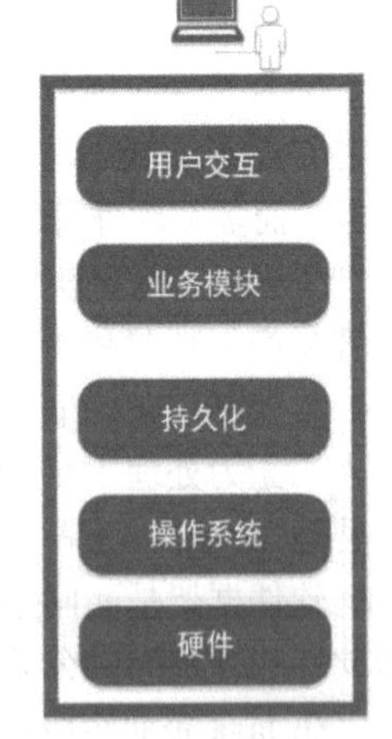

图 1-1　单体架构

在进入网络时代之后，单体架构多指那种所有的业务模块都发布在一个 WAR 包或 EAR 包中的 Web 应用，但对 Web 应用来讲，一般用户侧有浏览器，后台有数据库，其中浏览器负责前端的解析和展示，数据库负责后台的持久化，因此也被认为是分层架构或者多层架构。

1.2.4 分层架构

分层架构可以说是最常见的软件架构，也是事实上的标准架构。分层架构是将软件模块按照水平切分的方式分成多个层，每层由多个模块组成，层与层之间通过定义好的接口进行互操作。

由于分层架构过于经典，以至于将一个软件系统进行分层，已经成为每个开发人员“下意识”的想法，甚至认为软件本来就是分层的。然而事实却不是这样，分层架构带来逻辑清晰、高内聚、低耦合的同时，也带来了性能的消耗和开发成本的增加，这些都是要依赖计算能力的提高和劳动生产率的提高来化解的。

最常见的分层架构是三层架构，四层架构往往是将三层架构中的领域层进一步地拆分，但是无论怎么分层，业务逻辑永远属于领域层。在三层架构之前还有二层架构，多数二层架构是基于 C/S 架构开发的。

三层架构将系统分为表现层、应用层（也被称为领域层或业务层）和持久层。

- 表现层是系统访问层，是直接与用户交互的层面。表现层要为用户提供一个具有良好操作性的交互界面。表现层通过规范化的流程、友好的界面设计和方便的操作设计，按照面向对象和组件化思路实现，提高系统的可维护性，切实为用户业务的操作提供支持。表现层多采用 B/S 架构。用户使用浏览器访问系统，一般应用需要兼容 IE、Firefox、Chrome 等主流浏览器，移动端用户使用原生应用调用的 WebView 进行操作。表现层使用的技术包括 Vue、jQuery、HTML5、CSS 等。
- 应用层负责处理业务逻辑，是整个系统的核心层，是业务逻辑实现的具体承担者。应用层负责处理表现层的请求，调用持久层并返回请求结果，实现各子系统的业务逻辑。
- 持久层是系统信息汇集、存储和管理的基础，通过统一标准、统一信息编码体系和信息资源模型，面向系统各类应用功能，提供集中的数据管理和访问服务。

经过上述分层操作，单体架构就变成了三层架构，如图 1-2 所示。

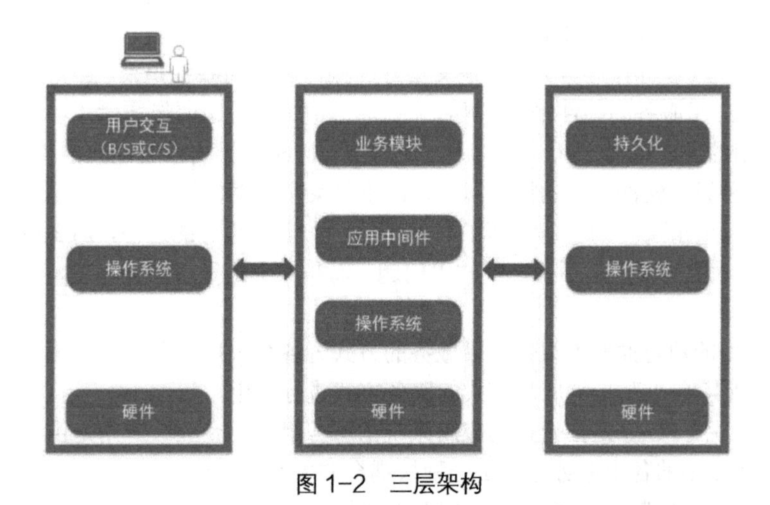

图 1-2 三层架构

在图 1-2 中，左边是表现层，也就是终端用户使用计算机，通过浏览器或客户端程序连接服务器操作软件系统，完成某个业务的处理。

中间是应用层，也被称作应用服务器，通常会使用 Tomcat、JBoss、WebLogic、WebSphere 等中间件来承载业务后台。

最右边是持久层，在实际的企业级应用中多数持久层指的就是数据库。常用的关系型数据库有 MySQL、SQL Server、Oracle、Sybase、DB2 等。主流的非关系型数据库主要有 Memcached、Redis 等，一般应用于缓存等非关键数据的存储，其优点是数据查询速度快，有良好的编程接口。

四层架构也是很常见的，在工程实践中往往会采用四层架构。四层架构往往是在三层架构的基础上，将应用层进一步拆分为应用基础层和应用业务层。应用基础层一般为业务应用层的具体业务提供工作流引擎、报表中间件、消息中间件、基础业务组件、作业调度等通用性的业务支撑服务和构件。应用业务层就是在应用基础层的通用构件的基础上，开发构建出来的具体业务模块。四层架构的好处是：一方面使业务层次更加清楚，另一方面也实现了软件代码的复用，提高了开发效率，让专业的人干专业的事情，实现分工协作。

在使用分层架构时，需要注意以下两点。

- 遵循分层原则，同样职责的放在一个层里，不同层次之间不能循环依赖，不同包与包之间不能循环依赖。
- 注意分层架构中的边界划分，最重要的是分层架构的每一层需要关注自己的职责。如持久层只负责提供查询、更新和存储数据的服务，与具体的业务逻辑无关。

1.2.5　服务化架构

SOA（service-oriented architecture，面向服务的架构）的概念是由 Gartner 公司在 1996 年提出的，其本质上是面向服务的思想在企业 IT 架构方面的应用。从 SOA 开始，软件架构就走向了一个全新的“服务化架构时代”。

面向服务的思想，是面向对象思想之后的一种新的思想，其核心特征就是以松耦合、粗粒度的服务单元来构建软件。作为一种思想，SOA 不涉及任何具体的技术实现细节作为一个组件模型，SOA 将应用程序的不同功能单元（被称作服务）之间定义良好的接口和契约联系起来。接口是采用中立的方式进行定义的，它应该独立于服务的硬件平台、操作系统和编程语言。这使得构建在各种各样系统中的服务可以使用统一和通用的方式进行交互，可以很方便的实现同构或异构系统之间的相互调用。

由于 SOA 是一种组织软件开发的指导思想，而不是某个具体的技术，因此对开发人员来说，如果在写每一个程序、每一个函数、每一行代码的时候都能融入面向服务的思想，那么最终的开发效率会显著提高，构建成本会大大降低。这不是一个技术问题，而是一个指导思想的问题，与具体技术问题不在同一个层次。

SOA 将重复公用的功能抽取为组件，以服务的方式为各系统提供服务。系统层与服务层之间采用 Web Service、RPC 或其他“请求/响应”模式的服务方式进行调用，如图 1-3 所示。

对企业级应用来说，SOA 是指企业的应用系统由服务组成，企业级应用是由许多标准的服务“组装”起来的，应用系统中的各个服务之间是一种松耦合的关系。SOA 通过开放式的数据模型、统一的通信标准、丰富的服务、松散的耦合、灵活的架构，转变了人们对应用系统的认识。

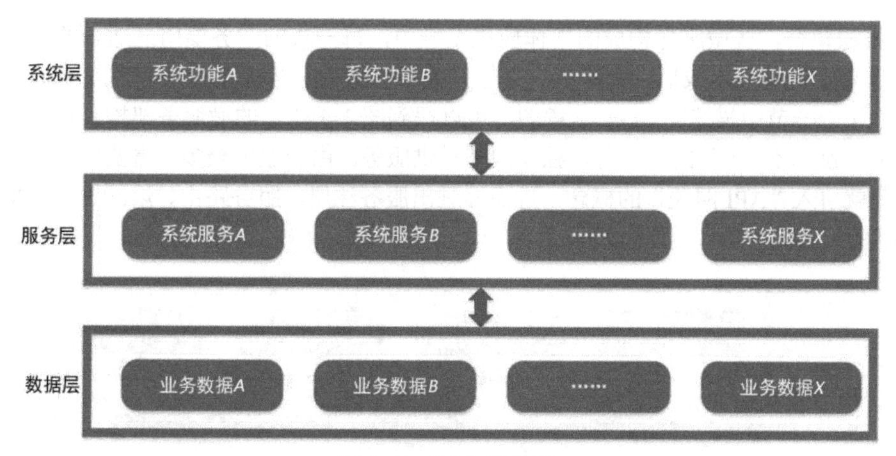

图 1-3 SOA 示意图

在工程实践中，企业服务总线（Enterprise Service Bus，ESB）是实现 SOA 的主要技术之一，但并不是说 ESB 就等价于 SOA，ESB 只是 SOA 的一种落地形式。SOA 相关的技术包括 Web Service、SOAP、WSDL、UDDI、XML 等。现在流行的微服务架构（MSA）也是 SOA 的一种具体实现，它是由 James Lewis 和 Martin Fowler 在 2014 年提出的概念。

SOA 所实现的核心任务是管理企业中的服务单元，任务可具体分解为：服务单元的登记、服务单元的调用、服务单元的运行、服务单元的部署、用户界面管理以及安全控制等。

SOA 的服务基于简单的“请求-响应”模型，在软件行业中，基于这种服务的编程思想最早表现为函数，将数据传给函数，函数再返回处理的结果。SOA 的服务具有以下 4 个特征。

- 针对某一特定要求的输出，该服务就是去实现某一业务逻辑。
- 具有完备的、独立的（self-contained）特性。
- 消费者并不需要了解此服务的实现过程。
- 可能由底层其他服务组成。

1.2.6 微服务架构

微服务架构是服务化架构的一种落地形式，同时也是开发软件的一种架构和组织方法。

微服务是由单一应用程序构成的小型独立服务，微服务架构能够通过明确定义的 API 进行通信，实现由多个小型独立服务组成一个复杂的大型应用的效果，各个组成部分拥有自己的进程，可进行轻量化处理，它们之间具有松耦合、低复杂性的特征。每一个微服务都可以被独立部署，这使得修复缺陷或者引入新特性更加容易，不同技术栈之间可以使用不同的框架、不同的数据库，甚至不同的操作系统。同时，微服务架构支持容器化部署，能够独立扩展，可以很方便地进行横向扩展。

微服务架构最主要的特点就是 4 个字：小、独、轻、松。

- 小是指微服务要小而完整，模块边界要清晰。
- 独是指遵循单一原则，每个微服务应该都可以被独立部署、独立演进、独立升级。
- 轻是指轻量级，每个微服务都是轻量化的服务，不论是从协议上还是从技术实现上，微服务架构都是轻量化的，易于用户接受，如采用 RESTful 等轻量协议传输。

- 松是指松耦合，在微服务构成的整体应用系统中，每一块的业务要用最适合的技术去实现，而不一定都用一种技术或语言去实现，这也是微服务架构非常重要的一个特点。

于是，基于上一节中描述的 SOA 示意图，可以得到图 1-4 所示的微服务架构示意图，服务层被拆成一个个“小、独、轻、松”的微服务，独立向外提供服务。由于服务众多，需要对服务进行管理或者说治理，因此就引入“API 网关”的概念，进而演进出服务注册、服务路由、熔断管理、集群配置等一系列的组成构件。

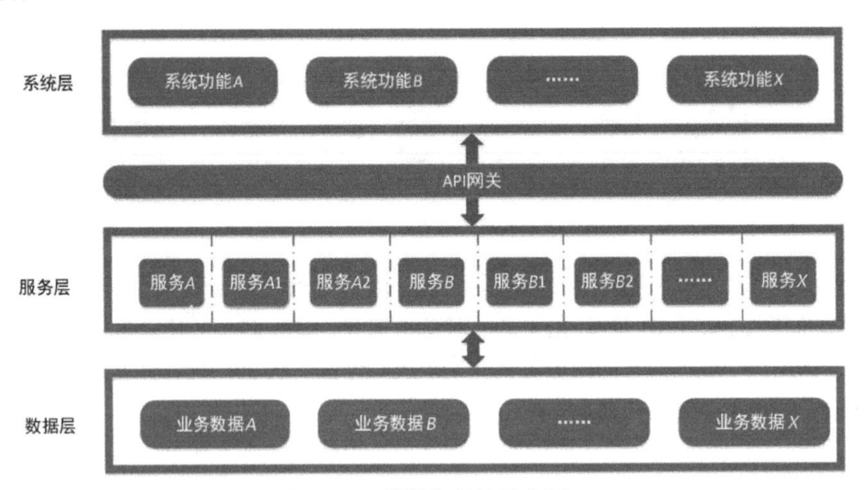

图 1-4　微服务架构示意图

微服务架构主要有以下 4 个优点。

- 服务拆分粒度更细，有利于资源重复利用，提高开发效率。
- 微服务架构可以更加精准地为每个服务制定优化方案，提高系统可维护性。
- 微服务架构采用去中心化思想，服务之间采用 RESTful 等协议通信，相比 ESB 更轻量。
- 微服务架构容易进行开发和测试，每个组件都可以进行持续集成式开发，可以做到实时部署，还可以不间断地升级，迭代周期短，适用于互联网时代。

所有事物都具有两面性，微服务架构也不例外，微服务架构主要有以下 3 个缺点。

- 微服务过多，服务治理成本高，不利于系统维护。因此，一般提到微服务都离不开 DevOps 和容器化。
- 开发分布式系统的技术成本高（容错、分布式事务等），对团队来说挑战大。
- 分布式的本质使得微服务架构很难实现原子性操作，交易回滚会比较困难。

1.2.7　C/S 与 B/S 架构

C/S 和 B/S 架构从本质上讲是一种技术实现架构，这与软件架构并不完全是同一种维度。但是从软件架构的发展历程上讲，C/S 与 B/S 架构又是绕不过去的。下面分别介绍一下 C/S 和 B/S 架构。

1. C/S 架构

C/S（Client/Server，客户机/服务器）架构通常采取两层模式，偶尔也有三层模式。

在 C/S 架构的两层模式中，包含客户端和服务器，客户端是一个或多个在用户的电子计算机上运行的程序，负责完成与用户的交互操作。C/S 架构是一种胖客户端架构，客户端需要实现绝大多数的业务逻辑和界面展示，因此在 C/S 架构中，客户端需要承受很大的压力。

服务器负责管理数据，常见的服务器端有两种：一种是数据库服务器，客户端通过连接数据库直接访问数据库服务器中的数据；另一种是 Socket 服务器，客户端程序通过 Socket 与服务器端的程序通信。服务端程序也可能连接数据库，这种模式被称为 C/S 架构中的三层模式。

C/S 架构在技术上较为成熟，主要优点如下所示。

- 交互性强、可以有很丰富的界面和操作。
- 具有安全的存取模式，便于实现多层认证。
- 响应速度快，有利于处理大量数据。
- 在本机运行，能够直接对底层硬件进行操作。

C/S 架构的主要缺点如下所示。

- 缺少通用性，系统维护、升级时需要进行重新设计和开发，增加了维护和管理的难度。
- 客户端由专用的语言开发而成，跨平台能力较差。如果需要在不同系统平台下运行，就必须重新开发客户端。
- 只能在小型的局域网中使用。
- 只有安装程序才可使用系统，因此不适合面向不确定用户群的场景。

2. B/S 架构

B/S（Browser/Server，浏览器/服务器）架构是随着 Internet 技术的兴起而出现并发展的。在 B/S 架构中，显示逻辑交给了用户侧的浏览器，业务处理逻辑集中在后台的应用服务器上，避免了庞大的胖客户端，减少了客户端的压力。因为客户端包含的逻辑很少，所以 B/S 架构中的客户端也被称为瘦客户端。

B/S 架构的优点如下所示。

- 无须安装客户端，只要有 Web 浏览器就可以直接访问。
- B/S 架构可以直接放在广域网上，通过一定的权限控制实现多客户访问，交互性较强。
- B/S 架构无须升级多个客户端，升级服务器即可实现业务系统的升级。

B/S 架构的缺点如下所示。

- 尽管浏览器也有一定的标准，但是浏览器的兼容性是每一个 B/S 架构开发人员所面临的挑战。
- 不仅表现能力无法同 C/S 架构一样，而且由于浏览器安全机制的影响而无法控制一些本地资源。
- 在用户操作的响应速度和安全性上需要付出更多的设计成本。
- B/S 架构的交互基于“请求-响应”模式，通常需要浏览器端发起刷新请求才能更新数据，即使采用 Ajax 也只是一定程度的缓解，并没有完全解决实时通信的问题。

提示

早期，很多 B/S 架构系统为了实现推送技术，所用的方法都是轮询。轮询是指由浏览器每隔一段时间（如每秒）向服务器发出 HTTP 请求，然后服务器将最新的数据返回给客户端。这种传统的模式带来一个很明显的缺点，即浏览器需要不断地向服务器发出请求，然而 HTTP 请求与回复可能会包含较长的头部信息，其中真正有效的数据可能只是很小的一部分，这样会消耗很多带宽资源。

在这种情况下，HTML5 定义了 WebSocket 协议，不仅能更好地节省服务器资源和带宽，而且能够实时地进行通信。WebSocket 是 HTML5 提供的一种在单个 TCP 连接上进行全双工通信的协议。浏览器和服务器只需要完成一次握手，就可以直接创建持久性的连接，从而进行双向数据传输。

1.2.8 架构设计的维度

在软件工程中，非功能性需求与软件架构之间存在着紧密联系。在架构设计时，除了要考虑系统的功能性需求，还要考虑性能、可靠性、可用性、安全性、可扩展性、可伸缩性、可维护性等维度。在设计一个企业级应用的架构时，架构师通常要权衡利弊，综合考虑如何保障这些维度的实现。

下面是一些通常要考虑到的、比较重要的架构设计的维度：

- 性能

性能是一个系统的重要指标，也是无法回避的一个设计维度。系统必须满足预期的性能目标，在并发用户数、并发事务数、吞吐量、响应时间等方面达到设计目标，才能支撑用户的正常操作。

性能是由设计之初的设计方案所决定的，在工程实践中，性能也是需要不断优化的。优化的手段涉及硬件运行环境、操作系统、数据库到网络的分发加速、集群到编码的优化修改，手段众多，基本上涉及了软件运行的各个环节。

- 可靠性

软件可靠性（software reliability）是软件产品在规定的条件下和规定的时间内完成规定功能的能力。换言之，可以直接理解成“软件能够有效地完成某一业务”的特性。

应用软件系统规模越来越大、越来越复杂，其可靠性也越来越难保证。但是，在一些关键的应用领域，如航空、军工、工业控制等，系统的可靠性尤为重要。在金融、交通等服务性行业，软件系统（例如“铁路 12306”）的可靠性则直接影响到行业声誉和竞争力。由于业务系统直接影响到企业的经营和管理，因此业务系统必须是可靠的。

- 可用性

可用性是指系统在指定时间内提供服务能力的概率。我们一般采取集群、分布式等手段提升系统的可用性。高可用性（high availability，HA）一直都是系统架构设计方面的一个热点。

如果系统一直能够提供服务，就认为系统的可用性是 100%。如果系统每运行 100 个时间单位，会有 1 个时间单位无法提供服务，就认为系统的可用性是 99%。很多公司的高可用目标是 4 个 9，也就是说系统的可用性为 99.99%，这就意味着，系统的年停机时间为 53 分钟。可用性的计算公式如下：

可用性=故障间隔平均时间/（故障间隔平均时间+故障恢复平均时间）×100%

由以上公式，可以推算出表 1-1 所示的可用性等级类别。

表 1-1　可用性等级类别

可用等级	级别	可用性百分比	全年允许停机时间
基本可用	2 个 9	99%	87.6 小时
较高可用性	3 个 9	99.9%	8.8 小时
高可用性	4 个 9	99.99%	53 分钟
极高可用性	5 个 9	99.999%	5 分钟

- 安全性

用户的业务数据具有非常高的商业价值，如果被泄露或被篡改将会带来重大损失。安全性是软件系统的一个重要指标，也是架构设计的一个重要目标。

企业级应用的安全性目标包括保密性、完整性、可用性、可靠性和不可否认性，这些要通过用户认证（鉴权）、访问控制、数据保密、数据完整校验、不可否认性服务来实现。对于一般的企业级应用常见的安全问题有跨站脚本攻击（cross-site scripting，CSS 或 XSS）、SQL 注入（SQL injection）、跨站点请求伪造攻击（cross-site request forgery，CSRF）等。

通常，在企业级应用上线前要对应用进行安全检测，满足要求后方可上线。一般要求企业级应用要达到等级保护二级的标准。

- 可扩展性

企业级应用的业务复杂，既有稳态业务（需求相对固定，不会有显著变化的业务），也有敏态业务（需求变化快，要求能够快速响应的业务），而且业务和技术都在不断的发展变化，这就在客观上要求企业级应用需要具备根据需求变化随时进行扩展改造的能力。

可扩展性指功能的横向扩展。与其他非功能性需求不同的是，可扩展性关注的是功能需求。衡量一个企业级应用可扩展性好坏的标准是在扩展原系统功能时，是否无须改动原有系统或者只要很小的改动就能满足功能扩展的需要。可扩展性可以通过软件框架（如 OSGi 技术、接口设计、回调函数、参数化构造等）来实现可塑性很强的代码结构，通过关注点分离来提高软件的可扩展性。

- 可伸缩性

为满足企业级应用的用户增长的需求，企业通常选择具备可伸缩性的服务器平台，通过负载平衡等策略，充分考虑用户增长所带来的性能上的扩展。可伸缩性关注的是系统增长以满足未来需求的能力。

当受到硬件设备的限制，单纯通过软件上的性能优化已经无法提升系统性能时，就需要增加硬件服务器来运行更多的软件系统，从而在不修改软件系统的情况下，满足用户的需求。

难道这不就是增加一台服务器，把再重装一套软件吗？实际上并没有这么简单。因为企业级应用的流程相当复杂，会话中保留了很多用户自身的信息和必要的参数，必须实现会话的共享和同步，才能实现真正的可伸缩，或者说支持弹性计算。

云计算的一个关键特性就是能够以较小的成本为企业提供计算资源的弹性扩展和动态伸缩，这也是这几年云计算大行其道的一个原动力。

- 可维护性

维护软件系统包括修复现有的错误，以及将新的需求和改进添加进已有系统。可维护性与可扩展性的区别就是，可维护性关注原有功能的改进，可扩展性关注新功能的建设。因此对于用户提出的问题或改进建议，一个易于维护的系统可以及时地实现高效的反馈和支持，同时有效地降低维护成本。

- 其他维度

还有一些软件架构设计维度是软件设计需达到的最基本的要求，如表 1-2 所示。

表 1-2 一些基本的软件架构设计维度

维度类型	维度特性描述
稳定性	软件系统必须是在用户的使用周期内能够长期稳定运行的，这要求系统具有一定的容错能力
灵活性	软件系统应该具备满足不同特点的用户群和目标市场的能力，具备一定的“应变能力”
易用性	软件系统必须让用户拥有较好的用户体验，便于用户使用
可移植性	企业在实施应用系统后经常会对操作系统、数据库等运行环境进行更新，这时就需要可移植性强的企业级应用程序，能够方便地从一个运行环境移植到另一个运行环境，而无须重新编写代码

1.2.9 云计算与架构

从 20 世纪 40 年代中期第一台计算机诞生到现在，信息技术已经发展近 80 年，从最初单纯地满足科学计算到今天的全球信息互联，可以把信息技术简单划分成 4 个时代：大型机时代、电子计算机时代、互联网时代和云计算时代。

云计算的本质是把具备计算能力的专用服务变为公共服务，云计算的目标是让用户像用电、用水一样使用信息基础设施。

以日常生活中的用电来说，最初的供电模式是直接发电和供电，厂网一体，直接给最终用户供电，不存在调度之说。经过多年的发展，现在已经变成了由发电厂发电，由电网公司进行输电和配电，最终用户接受的是供电服务，并不清楚所有的电是由哪个发电厂所发。这就是一种彻底的“服务化”，如图 1-5 所示。

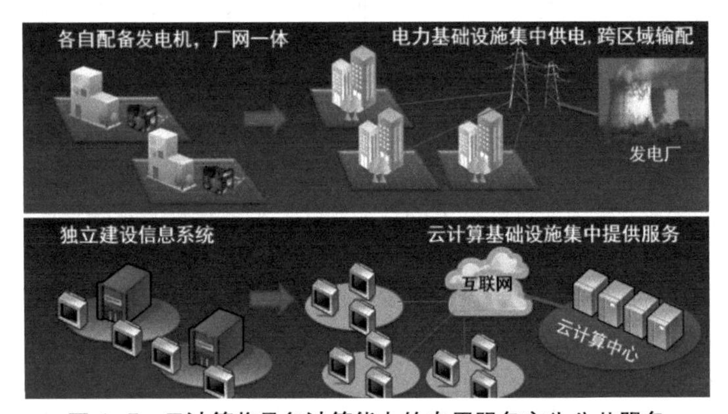

图 1-5　云计算将具备计算能力的专用服务变为公共服务

云计算是一种能够将动态伸缩的虚拟化资源通过互联网以服务的方式提供给用户的计算模式。云计算的特征是：规模较大、具有可伸缩性、边界模糊、无法确定具体位置，就像天空中的云彩一样，因此被命名为“云计算”。从技术角度来看，云计算的 5 个特征是网络接入、弹性、资源池化、可计量的服务和按需自服务。

刚出现云计算概念的时候，总有人把“云计算”与“分布式计算”混为一谈，其实二者还是有本质区别的。云计算是分布式计算在网络时代的发展，虽然两者的计算规模较大，但对分布式计算的计算是刚性的，即计算目的是明确的，分界是清楚的。云计算则是柔性的、可变化的，云计算的任务更加复杂，且具有数据关联性。

云计算包括 3 个层次的服务：基础设施即服务、平台即服务和软件即服务。

- 基础设施即服务（Infrastructure as a Service，IaaS）是虚拟化后的硬件资源和相关管理功能的集合，IaaS 面向企业或开发人员，提供基础资源的支持，包括计算、存储和网络等资源。
- 平台即服务（Platform as a Service，PaaS）是将原本在开发人员机器上跑的开发工具放到网络上，为开发人员提供软件运行的平台环境，或让业务服务以 API、SDK 的形式被应用调用，包括分布式数据、操作系统、中间件、开发库、部署工具、监控工具、人工智能服务、容器管理、推送服务、通信服务等。比如华为云 DevCloud 面向开发人员提供研发工具与服务，让开发团队基于云服务的模式按需使用工具与服务，随时随地在云端进行项目管理、代码托管、代码检查、代码编译构建、代码测试、项目部署、项目发布。

- 软件即服务（Software as a Service，SaaS），是把原来在用户计算机中的各类应用放到网络上，为用户提供服务。SaaS 面向企业或个人终端用户，通过网络租用的形式提供包括管理类、业务类、行业类等应用。SaaS 可以调用 PaaS 层的能力，也可以使用 IaaS 层的资源进行独立开发。

云计算体系下的软件架构如图 1-6 所示。

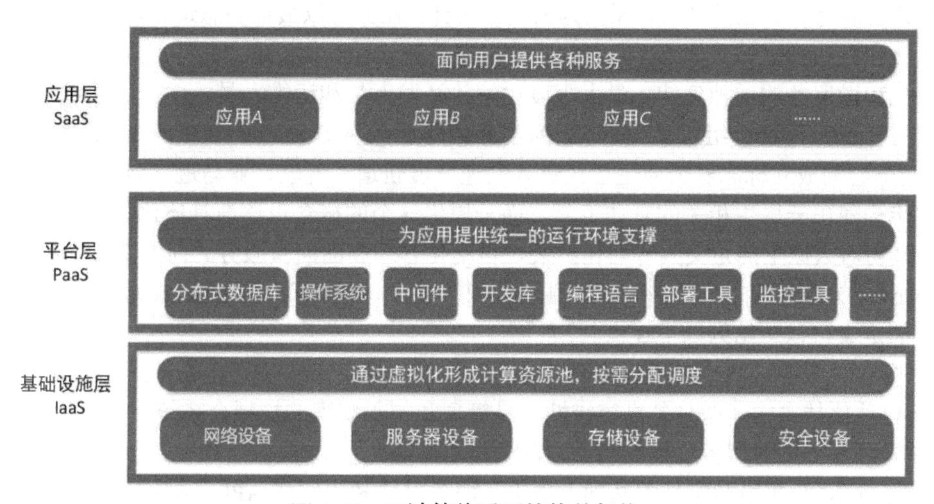

图 1-6 云计算体系下的软件架构

业务发展促进了云计算的出现，云计算的出现使软件架构发生了变化。接下来，对电子计算机时代和云计算时代作一个比较：在电子计算机时代，微型计算机是硬件层，对应云计算时代的基础设施层 IaaS；BIOS、中断是最基本的软件层，再加上操作系统、开发工具对应云计算时代的平台层 PaaS；而各类的应用则对应云计算时代的应用层 SaaS，这样就构建出一个完整的计算机体系。

在传统模式下，各业务所依托的基础硬件资源（服务器、存储等）一般都是按峰值配备，独立部署，资源难以共享，一旦设备出现故障，应用就会无法使用。

而在云计算模式下，把众多的计算资源合并成一个大的计算资源池，实现了计算资源的充分共享，根据各个业务的需要，提供相应的计算能力，即使个别的设备出现故障，应用也不会受影响。

因此，在云计算时代，软件架构更多落在了 PaaS 层和 SaaS 层，尤其是 SaaS 层。从整个概念上讲，这与 SOA 的思想是一脉相承的。云计算时代下的企业级软件架构更多是要解决可伸缩性、可扩展性和并发性的问题。

提示

资源虚拟化好比是一只孙猴子用自己的一把毫毛变出成千上万只小孙猴子，每只小孙猴子都可以独立地完成任务，一只被打倒，另一只马上就可以冲上来补位。通过虚拟化技术，开发人员只需关注业务逻辑，无须考虑底层资源的供给与调度问题。硬件资源可以被有效地细粒度分割和管理，然后资源虚拟化以服务方式提供硬件和软件资源，使单点崩溃不会影响全局。

1.2.10　云原生架构概述

伴随云计算的滚滚浪潮，云原生（cloud native）的概念应运而生，云原生是一种构建和运行应用程序的方法，是一套技术体系和方法论。本节将简要介绍云原生架构。

云原生是一个组合词：cloud 表示应用程序位于云中，而不是传统的数据中心中；native 表示应用程序从设计之初就考虑到云的环境，原生为云而被设计，在云上以最佳姿态运行，充分利用和发挥云平台的弹性运算和分布式运算优势。云原生本质上也是一种软件架构，最大的特点是在云环境中运行，这也算是服务化和微服务的一种延伸，最大限度地解放开发人员和运维人员。

2015 年由 Linux 基金会组织了一个“云原生计算基金会”（The Cloud Native Computing Foundation，CNCF）该基金会的成立标志着云原生正式进入高速发展轨道，谷歌、亚马逊、微软、思科等大厂纷纷加入，并逐步构建出云原生相关的具体工具，而云原生这个的概念也逐渐具体化。

CNCF 最初对云原生的定义为容器化封装、自动化管理和面向微服务。而到 2018 年，随着服务网格（service mesh）的加入，CNCF 对云原生的定义发生了改变，而这也逐渐成为被大家认可的官方定义。云原生的定义可以总结为以下 3 点。

- 基于容器、服务网格、微服务、不可变基础设施和声明式 API 构建的可弹性扩展的应用。
- 基于自动化技术构建的具备高容错性、易管理和便于观察的松耦合系统。
- 能和云厂商提供的服务解耦的统一开源云技术生态。

可以看出，CNCF 在最初定义的基础上加上了服务网格和声明式 API，这为云原生的概念增加了更深一层的意义。建立一个相对中立的开源云生态对云原生的生态定位来说很重要，这也是 CNCF 最初成立的宗旨之一——打破云原生巨头企业的垄断。

目前 CNCF 所托管的应用已达 14 个，图 1-7 为 CNCF 公布的云原生全景图，给出了云原生生态的参考体系。

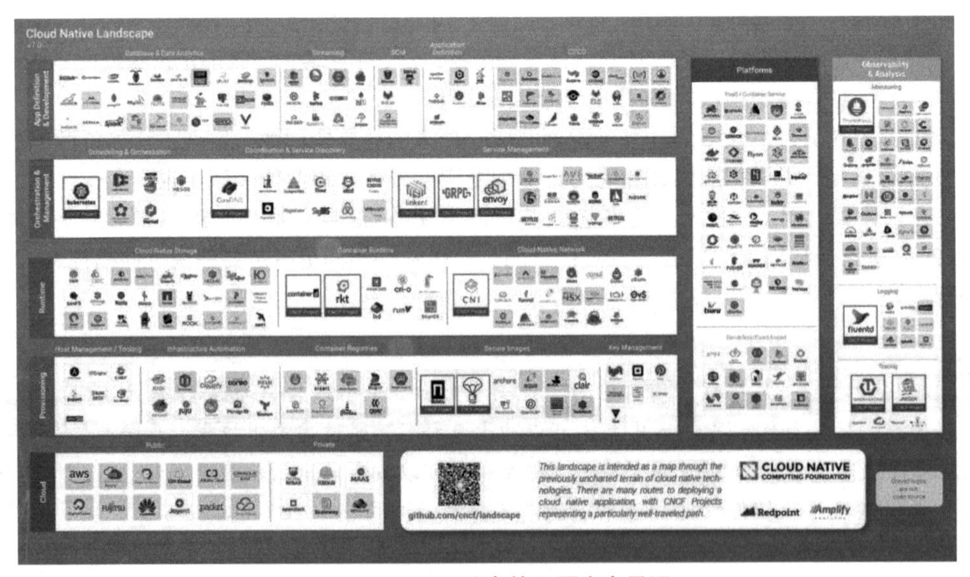

图 1-7　CNCF 公布的云原生全景图

提起云原生，就绕不开 Herouk 团队提出的十二要素（The Twelve Factors），这是一系列云原生应用架构的模式集合。这些模式可以用来判定什么样的应用才是云原生应用，只要遵循十二要素的设计就具备云原生的特性。下面来逐一介绍十二要素。

- 基准代码：一份基准代码多份部署，使用 Git 或者 SVN 管理代码，并且有明确的版本信息。
- 依赖：显式声明依赖，应用依赖了哪些第三方库要显式地定义在某个文件中。
- 配置：在环境中存储配置。配置应该与代码分离，代码中不应该包含任何与特定环境相关的敏感信息，环境变量可以非常方便地在不同的部署间被修改，不用修改任何代码。
- 后端服务：把后端服务当作附加资源。后端服务是指程序运行所需要的、通过网络调用的各种服务，如数据库（MySQL、CouchDB）、消息/队列系统（RabbitMQ、Beanstalkd）、SMTP 邮件发送服务（Postfix），以及缓存系统（Memcached）。
- 严格分离构建和运行：基准代码通过构建、发布和运行这 3 个阶段转化成一份部署。构建阶段是指对代码进行编译、打包等操作，然后生成可执行文件。
- 无状态进程：以一个或多个无状态进程运行应用，如果存在状态，就将状态外置到后端服务中，例如数据库、缓存等。
- 端口绑定：应用通过端口绑定来提供服务，同时监听发送至该端口的请求。
- 并发：通过进程模型进行扩展，有进程和线程两种扩展方式。进程扩展的扩展性更好，架构更简单，隔离性更好。线程扩展使编程更复杂，但是更节省资源。
- 易处理：只有满足快速启动和优雅终止，才能使服务更健壮，实现最大化的健壮性。
- 开发环境与线上环境等价：尽可能保持开发和预发布的环境与线上环境相同。
- 日志：把日志当作事件流，微服务架构中服务数量的爆发需要具备调用链分析能力，可以快速定位故障。
- 管理进程：把后台管理任务当作一次性进程运行，一些工具类在生产环境上的操作可能是一次性的，因此最好把它们放在生产环境中执行，而不是在本地环境中执行。

十二要素是一组相对完备的云原生应用设计理念，它为构建云原生应用提供了可落地的指导原则。之后，还增加了 3 个要素。

- API 优先：通过设计和使用 API 对系统的不同层次进行解耦，API 如同契约，一旦被发布，就应该尽量减少对外接口的改动。
- 通过遥测感知系统状态：云原生应用需要通过遥测来感知应用以及服务器本身的状态，暴露尽量多的检测信息可以为运维工程师或云调度系统提供判断和处理问题的依据，应用本身则需要提供包括 APM 信息、健康检查、系统日志在内的采集数据。
- 认证和鉴权：为了保证系统安全性，避免未授权访问和水平越权，可以通过 OAuth2 认证和 RBAC 权限控制模型，实现系统的认证和鉴权。

在企业级应用的开发设计阶段，要充分考虑上述的设计原则，就可以有效地保证我们开发的企业级应用可以轻松地向云平台迁移，充分利用和发挥云平台弹性计算的资源调度能力。

当然，云原生的路还很漫长，各类厂商和开源的云原生产品也层出不穷，我们需要不断地学习这些前沿架构，并不断的充实、补充知识，并应用到具体的企业级应用开发中，这才是企业级应用面向未来互联网发展的必由之路。

第2章 Java与企业级应用开发

本章将介绍 Java 和 Java EE 的基础知识、相关中间件和常用的框架，本章还将介绍我们最常用的 Java EE 中间件 Tomcat 的安装。通过本章的学习，读者可以全面了解并掌握 Java EE 的完整知识体系。

2.1 Java 简介

Java 是由 Sun 公司推出的高级程序设计语言，随着 Sun 被 Oracle 公司收购，Java 也被纳入 Oracle 公司的麾下。Java 最大的特点是其跨平台的特性，可运行于多个平台，如 Windows、macOS、Linux、UNIX 等操作系统。

Java 起源于 Sun 公司一个名为“Green Project”的项目，旨在为家用电器提供支持，让这些电器智能化并且能够彼此交互，这些家电还可以由远程客户端控制。对电视机顶盒这类消费设备来说，一方面由于设备的处理能力和内存有限，因此要求语言短小、代码紧凑，另一方面因为厂商会选择各种不同的 CPU，所以要求语言可移植且不与特定的平台捆绑在一起。

James Gosling 是该计划的软件负责人和架构师，也被称为 Java 之父。他最初的目标是为“Green Project”找到一个合适的语言来运行。他选择了 C++，并对有需要的地方进行了扩展。但是由于这些功能不能满足计划的需要，因此他开始夜以继日地忙于新语言的开发，并将其命名为“Oak”，这是因为他办公室窗外有一棵橡树。后来，由于 Oak 已被用作另一种已存在的编程语言名称，因此他选择了一个新的名字：Java，其灵感来源于咖啡。随着互联网的普及，Java 已经成为全球流行的开发语言。

Java 从诞生到现在已经走过了 20 多个年头，一些具有里程碑意义的节点如下所示。

- 1995 年 5 月，Java 语言诞生。
- 1996 年 1 月，Sun 公司发布了 Java 的第 1 个开发工具包（JDK1.0）。
- 2009 年 4 月，Sun 公司被 Oracle 公司以 74 亿美元收购，取得 Java 的版权。
- 2014 年 3 月，Oracle 公司发表 Java SE 8。
- 截至 2021 年 9 月，Oracle 公司最新的 JDK 版本为 Java SE 17。

Java 曾经被分为 3 个体系，即 J2SE、J2EE 和 J2ME，现在这 3 个体系的命名略有变化，如下所示。

- Java SE（J2SE）（Java 2 Platform Standard Edition，Java 平台标准版）
- Java EE（J2EE）（Java 2 Platform, Enterprise Edition，Java 平台企业版）
- Java ME（J2ME）（Java 2 Platform, Micro Edition，Java 平台微型版）

三者之间的关系如图 2-1 所示：

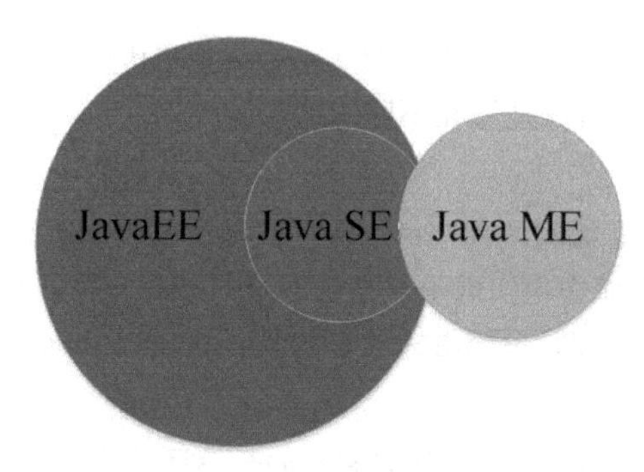

图 2-1 3 个 Java 体系之间的关系

Java 语言具有如下的特点。

1. 简单

Java 语言源于 C++，继承了 C++的优点的同时，去除了 C++中比较难的多重继承、运算符重载、指针、虚拟基础类等概念，所以 Java 语言学习起来更简单，使用起来也更方便。只需理解一些基本的 Java 概念，就可以用 Java 编写出适合于各种情况的应用程序。

2. 面向对象

Java 是一种面向对象的编程语言。面向对象是一种编程思维，也是一种思考问题的方式，面向对象的三大特征是封装、继承和多态（抽象）。由于面向对象的特性能够直接反映现实生活中的对象，比如物体、动物、人等，因此开发人员更容易理解 Java，也更容易编写 Java 程序。

3. 分布式

Java 是面向网络的语言。通过 Java 提供的类库可以处理 TCP/IP 协议，用户可以通过 URL 地址在网络上很方便地访问其他对象。Java 提供了 RMI、CORBA、Web Service 等技术，也提供了分布式对象之间的方法调用。

4. 解释性

Java 编译程序会生成字节码，而不是通常的机器码，这使得使用 Java 开发程序比用其他解释型语言开发程序要快很多。Java 解释器会直接对 Java 字节码进行解释和执行。字节码本身携带了许多编译时的信息，这使得连接过程更加简单。

5. 健壮性/鲁棒性

一开始 Java 被设计出来就是为了编写高可靠和稳健的软件的。Java 提供了强类型机制、垃圾回收器、异常处理、安全检查机制等手段，使其具有很好的健壮性。另外，Java 在编译时还可捕获类型声明中的许多常见错误，避免动态运行时出现不匹配问题。

6. 安全性

Java 的存储分配模型是用来防御恶意代码的主要方法之一。Java 不支持指针，一切对内存的访问都必须通过对象的实例变量来实现，这样就避免了使用欺骗手段访问对象的私有成员，也避免了指针操作中容易产生的错误，所以很多大型企业级应用都会选择用 Java 进行开发。

7. 体系结构中立

Java 解释器会生成与体系结构无关的字节码指令，于是只要安装了 Java 运行环境（JRE），Java 程序就可在任意处理器上运行。这些字节码指令对应 Java 虚拟机中的表示，Java 解释器得到字节码后，会对字节码进行转换，使得 Java 程序能够在不同的平台运行。

8. 可移植性

Java 并不依赖平台，用 Java 编写的程序可以在任何操作系统上运行。Java 程序可以被方便地移植到网络的不同机器中。Java 的类库中也实现了与平台不同的接口，使得这些类库可以被移植。另外，Java 编译器是由 Java 实现的，Java 运行时系统由标准 C 实现，这使得 Java 系统本身也具备可移植性。

9. 高性能

因为 Java 是一种先编译后解释的语言，所以它不如全编译性语言快。但 Java 设计者制作了“及时”编译程序，这样就可以实现全编译。Java 字节码的设计使之能直接转换成对应特定 CPU 的机器码，从而得到较高的性能。

10. 多线程

Java 是多线程语言，多线程机制使应用程序能够并行执行，而且同步机制保证了对共享数据的正确操作。通过使用多线程，程序设计者可以用不同的线程分别完成特定的任务，而不需要采用全局的事件循环机制，这样就能很容易地实现网络上的实时交互操作。

11. 动态性

Java 的设计使它适合一个不断发展的环境。类库中可以自由地加入新的方法和实例变量而不会影响用户程序的执行，Java 是一个动态的语言。另外，Java 通过接口来支持多重继承，使之比严格的类继承具有更灵活的方式和扩展性。

2.2 实战：安装 JDK

JDK 的全称是 Java Development Kit，是针对 Java 开发所推出的软件开发工具，包含了 Java 的运行环境（JVM、Java 系统类库）和 Java 开发常用的基本工具，这些工具可以帮助开发人员对 Java 程序进行开发、监控和调试。JDK 提供的常用工具如表 2-1 所示。

表 2-1 JDK 提供的常用工具

工具类型	描述
jps	jps 可用来查看当前系统中 Java 进程的 PID、主类名称以及 JVM 启动参数
jstack	jstack 能够生成 Java 虚拟机当前时刻的线程快照。一般用于服务器出现卡顿时，查看堆栈以及各个线程的运行状态，从而判断线程卡顿的原因
jstat	jstat 是 Java 虚拟机的统计监测工具，一般用来分析 Java 虚拟机的垃圾回收情况，判断程序的资源使用情况
jmap	jmap 可以生成 Java 虚拟机中堆内存的转储文件（dump），还可以查看堆内存使用状态
jhat	jhat 可以配合 jmap 使用，分析 jmap 生成的转储文件，得到更直观的结果
jinfo	jinfo 可以查看正在运行的 Java 程序的扩展参数，也可以修改正在运行的 JVM 的参数

JDK 主要有两个分支：OracleJDK 和 OpenJDK，这两个分支都是由 Oracle 公司维护的，但 Oracle 公司的 JDK11 是收费的，不能用于商业目的开发。由于 OpenJDK 本身是没有 LTS（长期支持）版本的，

一般只能被维护 3 个月，3 个月后出问题则无人支持，这就突显出 JDK 的优势，比如 JDK8、JDK11 都是 LTS 版本，会影响到用户的使用偏好，有利于 JDK 的推广。

于是，有个组织把 OpenJDK 的代码进行打包和测试，最后形成二进制可执行文件进行发布，这个软件就是 AdoptOpenJDK。AdoptOpenJDK 是基于 GPL 开源协议开发的、无品牌的 OpenJDK 版本，以免费软件的形式提供给用户。AdoptOpenJDK 会提供至少 4 年的免费 LTS 版本。在 Windows 平台下，AdoptOpenJDK 就是一个.msi 文件，根据安装向导，点击“下一步”就能成功安装。

本书后续示例将使用 Spring Boot 2 进行开发，因为运行环境至少需要 Java 8，所以这里我们选择 AdoptOpenJDK 8 作为安装示例进行介绍。

可以从清华大学开源软件镜像站下载扩展名为.msi 的 AdoptOpenJDK 安装文件，根据默认安装方式进行安装。安装过程相对简单，根据提示一步一步操作即可。需要注意的是安装路径的选择，这里我们选择的 JDK 安装目录为 C:\java，如图 2-2 所示。

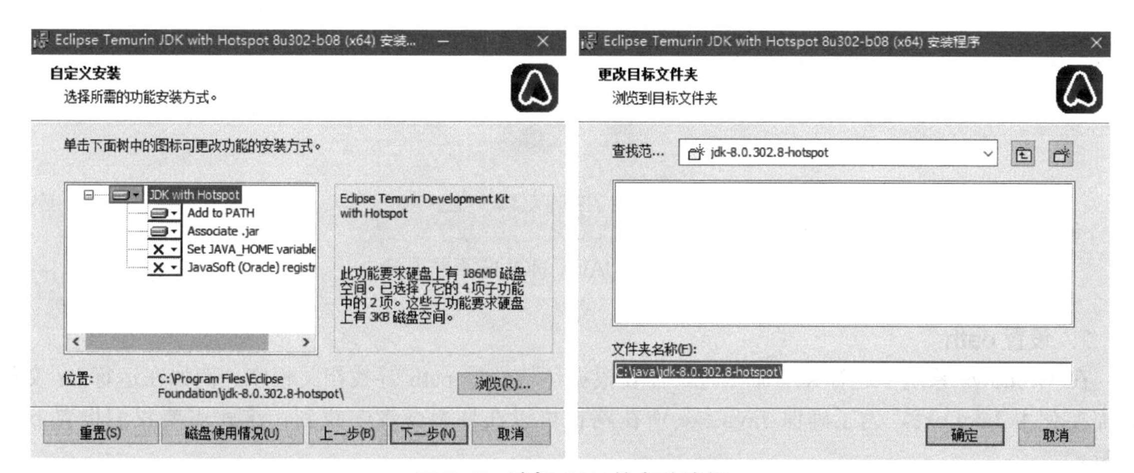

图 2-2 选择 JDK 的安装路径

注意

JDK 不要安装在包含空格或中文的目录中，如 C:\Program Files，否则可能会引起不可预见的问题。

在安装完 JDK 之后，需要进行环境变量（JAVA_HOME、path、CLASSPATH）的设置。

1. 设置 JAVA_HOME

JAVA_HOME 的值是 JDK 的安装目录，在启动 Java 应用时会用到，例如，运行 Tomcat 前需要设置此变量。

.msi 格式的安装文件会将 Java.exe 所在目录添加到 PATH 环境变量中，且能够增加对.jar 等 Java 相关文件的打开方式，但仍需配置 JAVA_HOME 系统变量。

在桌面上用鼠标左键点击“我的电脑”→“属性”→“高级系统设置”→“环境变量”，然后用鼠标左键点击“系统变量(S)”下的“新建”，在新建环境变量窗口创建 JAVA_HOME 系统变量。

如图 2-3 所示去新建 JAVA_HOME 系统变量，用安装 JDK 的目录作为变量值。注意变量名要严格区分字母的大小写。

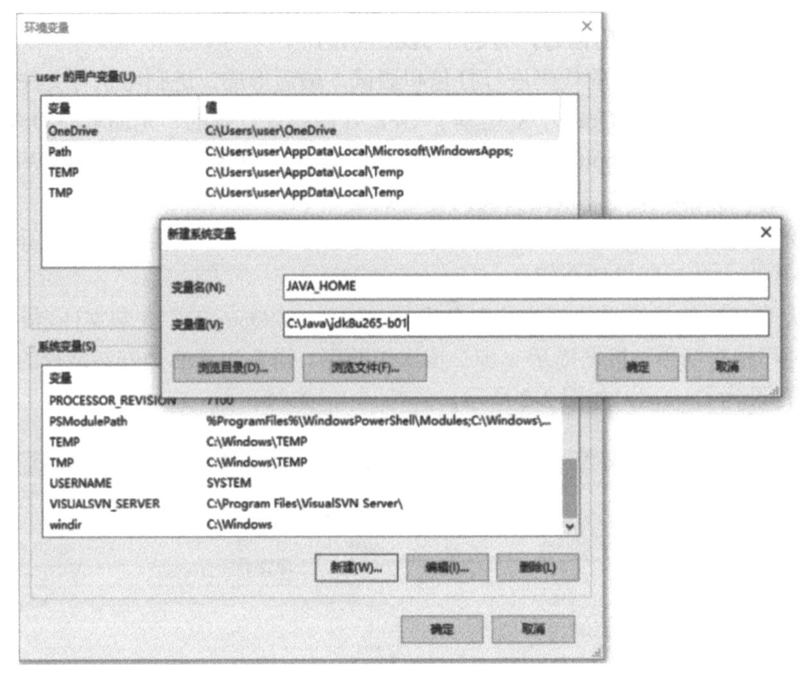

图2-3　新建JAVA_HOME系统变量

2. 设置path

在Windows系统中运行某个命令时，需要根据环境变量path寻找相关程序。例如在运行.jar文件时需要使用Java.exe，为了确保Java.exe所在路径可以在环境变量中找到，这就需要我们设置path变量。

在桌面上用鼠标左键点击“我的电脑”→“属性”→“高级系统设置”→“环境变量”，选中path变量进行编辑，在path的变量值中添加“;%JAVA_HOME%\bin;%JAVA_HOME%\jre\bin”。

3. 设置CLASSPATH

设置CLASSPATH的作用是明确要去哪里寻找字节码文件(.class文件)，如果不设置，CLASSPATH的默认值是当前目录。在设置CLASSPATH后，如果没有把当前目录（“.”，即英文输入法状态下的点）添加进去，那么就不包含当前目录（这点和path不同，path总是包含当前目录），会导致找不到类的错误。因此，设置CLASSPATH时，一般要先添加当前目录，再添加其他值（不同的值之间用英文分号分开）。Java初学者不必自己设置CLASSPATH，只有当你需要用到第三方jar包（如JDBC驱动程序），而又没有使用Eclipse、IDEA、Ant等开发工具，只是纯粹地使用javac、java等命令开发程序时，才需要手动设置CLASSPATH。

在桌面上用鼠标左键点击“我的电脑”→“属性”→“高级系统设置”→“环境变量”，然后用鼠标左键点击“系统变量(S)”下的“新建”，在环境变量窗口新建CLASSPATH，输入“.;%JAVA_HOME%\lib\dt.jar;%JAVA_HOME%\lib\tools.jar;”，这里注意最前面有个“.”。

在完成如上设置之后，打开cmd命令窗口，输入java –version命令，验证环境变量配置是否正确，该命令在命令窗口显示出当前的JDK版本号，如图2-4所示。

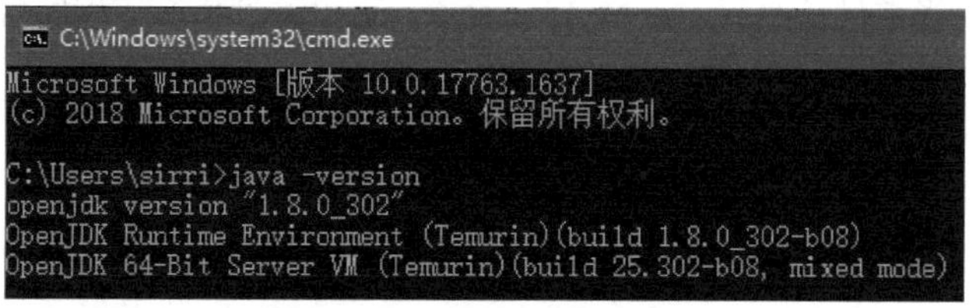

```
C:\Windows\system32\cmd.exe
Microsoft Windows [版本 10.0.17763.1637]
(c) 2018 Microsoft Corporation。保留所有权利。

C:\Users\sirri>java -version
openjdk version "1.8.0_302"
OpenJDK Runtime Environment (Temurin)(build 1.8.0_302-b08)
OpenJDK 64-Bit Server VM (Temurin)(build 25.302-b08, mixed mode)
```

图 2-4　查看 JDK 版本号

2.3　实战：我的第一个 Java 程序

打开记事本，输入代码清单 2-1 中的代码。

代码清单 2-1　我的第一个 Java 程序

```
1.    public class MyFirst {
2.        public static void main(String[] args) {
3.                System.out.println("This is My first Java...");
4.        }
5.    }
```

代码清单 2-1 所示的是一个最简单的、可运行的 Java 程序，一个可以独立运行的 Java 程序必然就有一个 main 函数，即第 2 行显示的这个公共的（public）、静态的（static）且没有返回值的（void）主函数。

将该程序文件保存到硬盘的一个目录中，如 D 盘的 MyFirst 目录中，并将该文件命名为 MyFirst.Java。

打开 cmd 命令窗口，进入 D 盘的 MyFirst 目录，输入 javac MyFirst.java 命令进行编译，如图 2-5 所示。

```
D:\MyFirst>javac MyFirst.java
```

图 2-5　用 javac 编译 MyFirst 类

编译完成后，会生成字节码格式的目标文件，通常是以.class 为扩展名。在命令行窗口输入 dir 命令查看编译的目标文件是否存在，如图 2-6 所示，可以看到目录中存在一个名为 MyFirst.class 的文件，这个文件就是编译后生成的 Java 字节码文件。

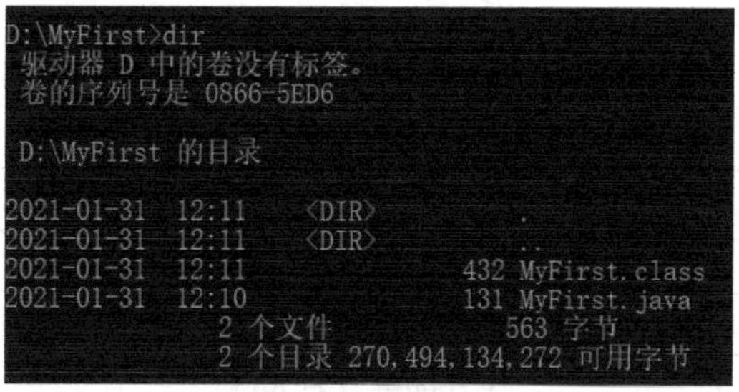

```
D:\MyFirst>dir
 驱动器 D 中的卷没有标签。
 卷的序列号是 0866-5ED6

 D:\MyFirst 的目录

2021-01-31  12:11    <DIR>          .
2021-01-31  12:11    <DIR>          ..
2021-01-31  12:11               432 MyFirst.class
2021-01-31  12:10               131 MyFirst.java
               2 个文件            563 字节
               2 个目录 270,494,134,272 可用字节
```

图 2-6　查看目标文件

在命令行窗口中，对当前目录执行 java MyFirst 命令，可以看到执行该程序后的输出，如图 2-7 所示。

```
D:\MyFirst>java MyFirst
This is My first Java...

D:\MyFirst>
```

图 2-7　运行编译后的 MyFirst 类

2.4　Java EE 概述

随着 Java 在软件开发领域的流行，Java EE 也成为当前企业级应用开发的首选平台之一，尤其是在企业级 Web 应用开发领域，Java EE 占据了很大的市场。本节主要介绍 Java EE 的发展历程、体系架构、常见中间件和常用框架。

2.4.1　什么是 Java EE

Java EE 是 Java Platform Enterprise Edition 的缩写，意为 Java 平台企业版，之前也称作 Java 2 Platform Enterprise Edition（J2EE），最早是由 Sun 公司推出的企业级应用解决方案标准平台。

Java EE 是在 Java SE 基础上构建的，提供 Web 服务、组件模型、管理和通信 API，可以用来实现面向服务的企业级架构和企业级应用程序。

Java EE 并不是一门编程语言，而是一组标准化的中间件体系结构，代表着一种软件架构和设计思想，旨在解决企业级应用开发中的一系列问题，提高企业开发和部署企业级应用的标准化程度。

Java EE 所包含的各类组件、服务架构及技术层次，均有共同的标准和规格，这可以让各种遵循 Java EE 标准的不同系统之间存在良好的兼容性，解决企业后端使用的信息产品无法彼此兼容，以及企业级应用之间互操作难的问题。

Java EE 是由一系列技术标准所组成的平台，这些相关的标准包括：JDBC、JNDI、EJB、RMI、Java IDL/CORBA、JSP、Servlet、XML、JMS、JTA、JTS、JavaMail、JAF 等。

从 1999 年 12 月发布 J2EE 1.2 到今天，已经走过了 20 多个年头，Java EE 共发布了 8 个版本，最新版本是 Java EE 8。由于 Oracle 公司拥有“Java”商标权，按照法律要求，Eclipse 基金会需要对 Java EE 进行更名。2018 年 2 月，经过社区的投票选择，Java EE 被更名为 Jakarta EE，Java EE 各版本的发布信息如表 2-2 所示。

表 2-2　Java EE 各版本的发布信息

项目类型	发布时间
J2EE 1.2	1999 年 12 月 17 日
J2EE 1.3	2001 年 8 月 22 日
J2EE 1.4	2003 年 11 月 24 日
Java EE 5	2006 年 5 月 8 日

续表

项目类型	发布时间
Java EE 6	2009 年 12 月 10 日
Java EE 7	2013 年 6 月 12 日
Java EE 8	2017 年 8 月 21 日
Jakarta EE 8	2020 年 9 月 10 日

2.4.2 Java EE 的体系架构

Java EE 采用的是多层分布式应用模型，涉及客户层、Java EE 应用服务器层和企业信息系统层。这 3 层分布在 3 个不同的物理位置：客户计算机、Java EE 服务器、后台的数据库或过去遗留下来的系统，Java EE 的体系架构如图 2-8 所示。

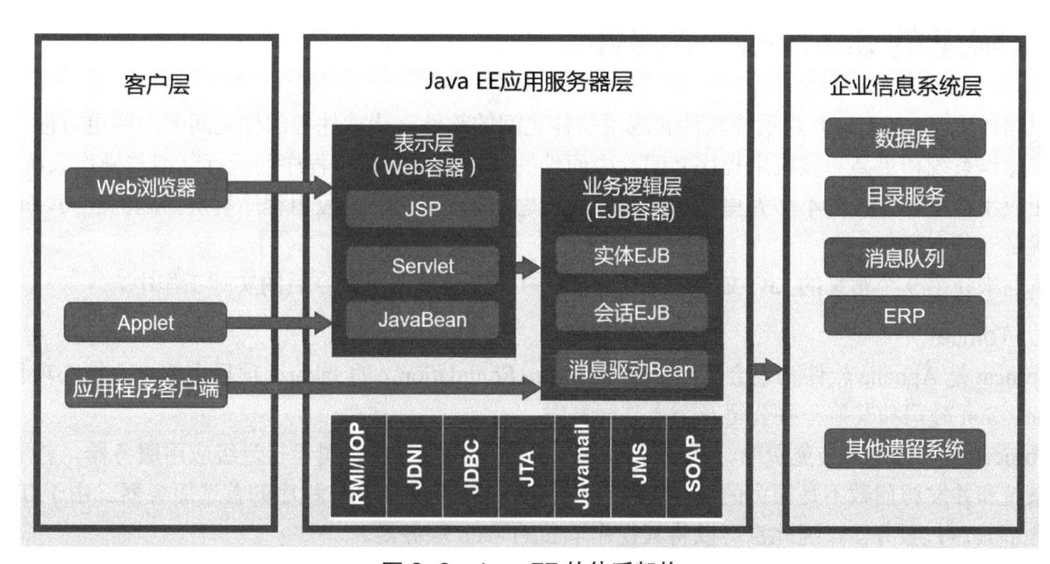

图 2-8 Java EE 的体系架构

1. 客户层

客户层通常由 Web 浏览器、小应用程序（Applet）和应用程序客户端组成。

- Web 浏览器：也称 Web 客户端，会以标准格式显示从服务器传递而来的网页，服务器传递给浏览器的网页是 HTML 或者 XML 格式，浏览器会正确的显示给用户。
- 小应用程序（Applet）：嵌在浏览器中的一种轻量级客户端，当 Web 页面不能充分的表现数据或者应用界面的时候，才会使用 Applet。Applet 是一种替代 Web 页面的手段，可以使用 Java SE 来开发 Applet，Applet 无法使用 Java EE 中的各种服务和 API，需要运行在安装了 Java 虚拟机的客户端 Web 浏览器上。
- 应用程序客户端：相对 Applet 而言，Java EE 应用程序客户端是一个较大量级的客户端，能使用大多数的服务和 API，也能提供强大而灵活易用的用户界面，如使用 Swing 或 AWT 创建的图形化用户界面（GUI）。当然，应用程序可直接访问运行在业务层的Bean，如果需求允许也可以打开HTTP连接，与运行在Web层的Servlet建立通信。

2. Java EE应用服务器层

Java EE应用服务器层主要包括两大容器：Web容器和EJB容器，分别对应表示层和业务逻辑层。

- Web容器用来管理Servlet等Web组件的运行，对客户请求的响应和结果的返回提供支持。
- EJB容器负责所有EJB的运行，支持EJB组件的事务处理和生命周期管理，以及Bean的查找和其他服务，EJB容器还支持Java EE多层架构这样的基础结构。EJB容器是控制业务实现的运行环境，同时提供事务管理、持久性管理、安全性管理等重要的系统服务，让开发人员将注意力从开发基础服务转移到业务逻辑的实现上。

3. 企业信息系统层

企业信息系统层负责运行企业信息系统软件，包括数据库、目录服务、消息队列、ERP和其他遗留系统。

2.5 常见的Java EE中间件

中间件（middleware）是系统软件和应用软件之间的软件，让软件各部件之间的沟通更方便。中间件处在操作系统和更高一级应用程序之间，中间件的功能是：将应用程序的运行环境与操作系统隔离，从而让应用程序开发人员不必为更多系统问题而忧虑，能直接关注该应用程序解决问题的能力。Java EE容器就是一种中间件。

下面来介绍9个常见的Java EE中间件，这些中间件会被使用到今后的实际工作中。

1. Tomcat

Tomcat是Apache软件基金会（Apache Software Foundation）的Jakarta项目中的一个核心项目，由Apache、Sun公司和其他一些公司及个人共同开发。

Tomcat服务器是一个免费的、开放源代码的Web应用服务器，属于轻量级应用服务器，普遍在中小型系统和并发访问数不是很大的场合下被使用，是开发和调试JSP程序的首选服务器。由于Tomcat也包含了HTTP服务器，因此也可以将其视作单独的Web服务器。

2. WebLogic

长期以来，WebLogic一直被认为是市场上最好的J2EE工具之一，它同时也是世界上第一个成功商业化的Java EE应用服务器，被广泛应用于金融、通信、能源、政府等行业。WebLogic最早由WebLogic公司开发，后来WebLogic公司并入BEA公司，最终BEA公司又并入Oracle公司。

WebLogic具备Java的动态功能和Java企业标准的安全性。作为Java应用服务器，WebLogic可以用于开发、集成、部署和管理大型分布式Web应用、网络应用和数据库应用。

3. JBoss

JBoss是一个基于J2EE开放源代码的应用服务器。JBoss代码遵循LGPL许可，可以在任何商业应用中被免费使用。严格来讲JBoss是一个管理EJB的容器和服务器，支持EJB 1.1、EJB 2.0和EJB 3的规范。但是JBoss核心服务不支持Servlet/JSP的Web容器，一般会与Tomcat或Jetty绑定使用。

从JBoss 8.0之后，JBoss就改名为WildFly。WildFly的首个版本为WildFly 8，接棒JBoss AS 7，

具有以下优势：启动快、模块化设计、非常轻量、内存占用非常少、更优雅的配置和管理方式、严格遵守 Java EE 和 OSGi 规范。

4. WebSphere

WebSphere Application Server（WAS）是由 IBM 遵照开放标准（例如 Java EE、XML 及 Web Services）开发并发行的一种应用服务器，是 IBM 电子商务计划的核心部分。WebSphere 同 WebLogic 一样是一个完全商业的应用中间件，但是 WebSphere 与 WebLogic 也是一对相爱相杀的“冤家”，在金融、通信、能源、政府等行业打得不可开交。

WebSphere 应用服务器具备很多先进的技术特性，提供特定的配置来满足各种不同关键应用的需要，包括事务管理、安全、集群、性能、可用性、连接性和可伸缩性。WebSphere 应用服务器可以将 Web 应用功能、核心业务系统和企业数据库连起来，从简单的网页显示到复杂的商业交易，WebSphere 应用服务器都可全面支持。

5. Jetty

Jetty 是一个纯粹的、基于 Java 的网页服务器和 Java Servlet 容器。Jetty 作为 Eclipse 基金会的一部分，也是一个自由和开源的项目。

Jetty 不仅作为一个独立服务软件（如 Tomcat）被使用，而且其优良的组件（Component）设计、高内聚低耦合、高扩展性等特性也使得 Jetty 非常易于作为嵌入式工具使用，Jetty 已经成功应用于多个产品（如 Spring Boot）当中。

6. Resin

Resin 是 CAUCHO 公司的产品，是一个非常流行的、支持 Servlets 和 JSP 的引擎，Resin 采用 Java 开发，速度非常快。Resin 包含了一个支持 HTTP/1.1 的 Web 服务器，不仅可以显示动态内容，而且显示静态内容的能力也非常强，其速度与 Apache HTTP Server 相近。许多站点都是使用该 Web 服务器构建的。

Resin 分为普通版和专业版，专业版支持缓存和负载均衡。虽然 Resin 还在更新，但是其在行业内部的影响力已经越来越小了。

7. GlassFish

GlassFish 是由 Sun 公司开发的（现由 Oracle 公司赞助），是一个开源的、兼容商业的 Java EE 应用服务器。GlassFish 提供了 Java EE 规范的所有特性，包括 Web 容器。GlassFish 目前还是 Java EE 规范的参考实现。GlassFish 的 Web 容器实际上源于 Tomcat，不过使用 Tomcat 核心创建的 GlassFish 已经做出了重大的改变，已经很难识别出初始代码。GlassFish 的开源版本由社区提供支持，而 GlassFish 服务器的商业版本由 Oracle 公司提供有偿的商业支持，而 Oracle 公司将只为 Java EE 7 之前的版本提供商业支持。从 Java EE 8 开始，GlassFish 将不再包含商业支持选项。

GlassFish 的一个优势是它的管理界面，用户可以通过 Web 图形用户界面、命令行界面和配置文件等方式对服务器进行设置。GlassFish 常常是第一个实现新版本规范的服务器，而且 GlassFish 非常易于搭建企业级集群环境，所以 GlassFish 非常适合用来学习和研究 Java EE 最新规范。

8. 金蝶 Apusic

金蝶 Apusic 是企业基础架构软件平台，为各种复杂应用系统提供标准、安全、集成、高效的企业中间件。金蝶 Apusic 适用于电子政务、电子商务等不同行业。金蝶 Apusic 拥有 Apusic 应用服务器、

Apusic消息中间件、Apusic企业服务总线、Apusic业务流程管理、Apusic门户、Apusic云计算、Apusic Studio开发平台和Apusic OperaMasks等一系列产品，组成轻量级的企业基础架构软件平台，具备技术模型简单化、开发过程一体化、业务组件实用化的显著特性，产品间无缝集成。

作为国产中间件的一个代表，Apusic应用服务器是中国第一个具有自主知识产权的Java EE应用服务器中间件，同时也是中国第一个通过Java EE国际认证的Java EE应用服务器中间件。

9. 东方通TongWeb

东方通是国内最早研究Java EE技术和开发应用服务器的厂商。应用服务器TongWeb的开发目标是利用东方通公司在中间件领域的技术优势，实现符合Java EE规范的企业级应用支撑平台。自投放市场以来，TongWeb取得了良好的业绩，现已广泛应用于电信、银行、交通、电子政务等业务领域。

TongWeb应用服务器是一款标准、安全、高可用且具有丰富功能的企业级应用服务器，为企业级应用提供了便捷的开发、随需应变的灵活部署、丰富的运行监视、高效的管理等关键支撑。

2.6 Java EE的常用框架

本节主要介绍了在开发中常常会使用或者遇到的一些主流的、常见的Java EE开发框架，了解这些框架对企业级应用开发大有裨益，建议大家多关注、多研究。

2.6.1 Struts2

Struts2框架是一个用于开发Java EE应用的开源框架，它利用并延伸了Java Servlet API，鼓励开发人员采用MVC架构进行开发。Struts2以WebWork优秀的设计思想为核心，吸收了Struts框架的一部分优点，提供了一个用更加整洁的MVC设计模式实现的Web应用程序框架。

Struts2是Struts的下一代产品，是在Struts1和WebWork的技术基础上进行开发的全新框架。Struts2的体系结构与Struts1的体系结构差别巨大，但是与WebWork的体系结构很相似，这是因为Struts2是以WebWork为核心实现的，采用拦截器的机制来处理用户的请求，这样的设计也使得业务逻辑控制器能够与Servlet API完全脱离开，所以Struts2可以理解为WebWork的更新产品。虽然从Struts1到Struts2有着非常大的变化，但是相对于WebWork，Struts2的变化很小。

Struts2本质上相当于一个Servlet，在MVC设计模式中，Struts2作为控制器（Controller）建立模型与视图的数据交互。Struts2的整体架构如图2-9所示。

对于日常的Web工作，比如获取请求参数、转发、重定向、校验参数等，使用Servlet技术基本都可以完成，但相比使用Servlet，Struts2用起来更加方便，也具备线程安全的特征。

Struts2可以选择使用POJO类来封装请求的参数，或者直接使用Action的属性。Servlet的线程安全问题主要是实例变量使用不当而引起的，而Struts2的Action是一个请求对应一个实例（每次请求时都会新建一个对象），因此没有线程安全方面的问题。

提示

POJO的全称是“Plain Ordinary Java Object”，意为“简单而普通的Java对象”。POJO的内在含义是指那些没有从任何类继承、也没有实现任何接口，更没有被其他框架侵入的Java对象。

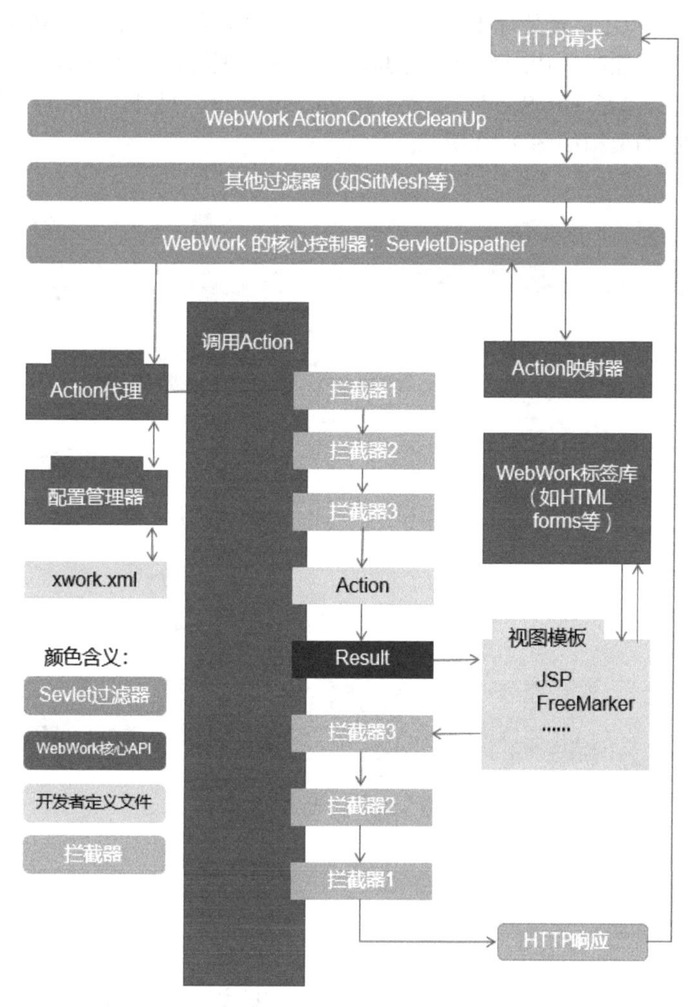

图 2-9 Struts2 的整体架构

2.6.2 Spring MVC

Spring MVC 是 Spring 框架的一部分，顾名思义，Spring MVC 是专注于 Web 应用的框架。Spring MVC 的角色划分清晰，分工明细，并且和 Spring 框架无缝结合，已经成为当今业界最主流的 Web 开发框架。

框架的目的是帮助我们简化开发，Spring MVC 也是为简化日常 Web 开发而出现的。Spring MVC 是一个典型的 MVC 框架，它使用了 MVC 架构模式的思想，将 Web 层进行职责解耦。Spring MVC 基于请求驱动的请求-响应模型，通过“模型-视图-控制器”架构实现了业务逻辑、UI 逻辑和控制逻辑的分离，达到了元素之间松耦合的目的。MVC 的含义如下所示。

- 模型（Model）：指 Java 中 JavaBean 的一个对象，用来封装数据，一般是 POJO 类。
- 视图（View）：指 JSP 技术或者 HTML 技术，用来呈现模型数据、生成 HTML 输出或其他用户要求的显示格式。

- 控制器（Controller）：负责处理用户的请求，建立适当的模型，并把它传递给视图渲染。

Spring MVC 通过一套注解，让一个简单的 Java 类成为处理请求的控制器，而无须实现任何接口。如果使用 Servlet，就必须继承 HttpServlet 或者实现 Servlet 接口。另外，Spring MVC 还支持 RESTful 编程风格。Spring MVC 的架构如图 2-10 所示。

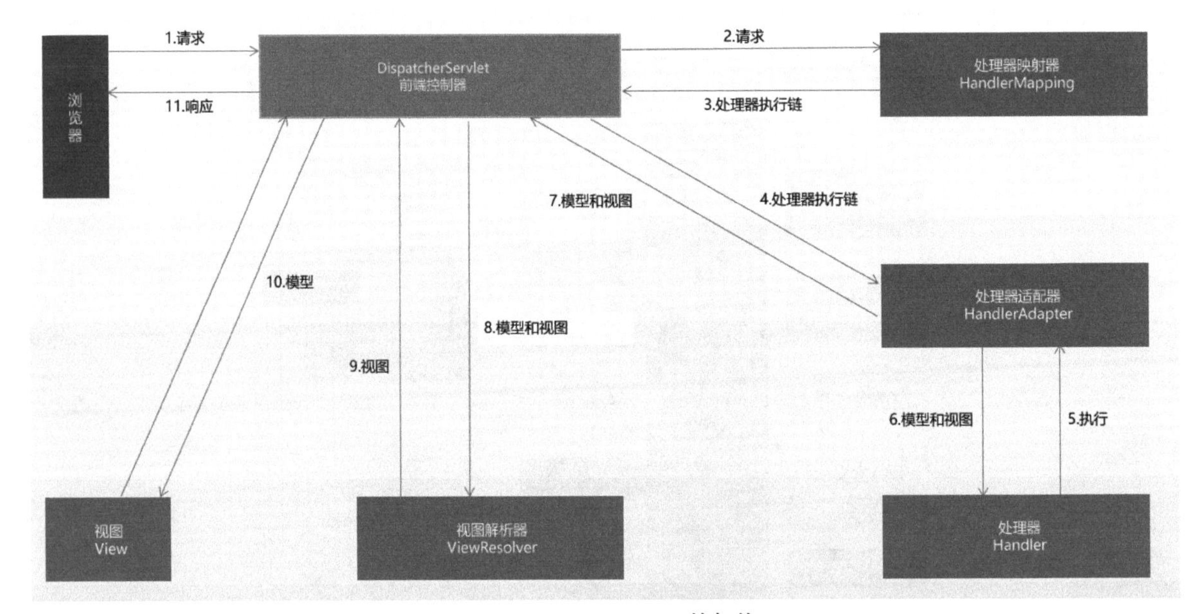

图 2-10 Spring MVC 的架构

2.6.3 Hibernate

Hibernate 是一个开源的对象关系映射框架，它对 JDBC 进行了非常轻量级的对象封装，将 POJO 与数据表建立映射关系。Hibernate 是一个全自动的 ORM 框架，可以自动生成和自动执行 SQL 语句，使得 Java 程序员可以随心所欲地用面向对象编程思维来操纵数据库。

Hibernate 可以应用在任何使用 JDBC 的场合，既可以在 Java 的客户端程序中使用，又可以在 Servlet/JSP 的 Web 应用中使用。最重要的是，Hibernate 可以在应用 EJB 的 Java EE 架构中取代 CMP（container-managed persistence，容器管理持久化），完成数据持久化的重任。

Hibernate 具有以下 5 个特点。

- 将对数据库的操作转换为对 Java 对象的操作，从而简化开发。通过修改一个“持久化”对象的属性，从而修改对应数据表中的数据记录。
- 提供线程和进程两个级别的缓存，以此来提升应用程序的性能。
- 提供丰富的映射方式，将 Java 对象之间的关系转换为数据表之间的关系。
- 屏蔽不同数据库实现之间的差异，在 Hibernate 中只需要通过“方言”的形式指定当前使用的数据库，就可以根据底层数据库的实际情况生成合适的 SQL 语句。
- Hibernate 是非侵入式的，它不要求持久化类实现任何接口或继承任何类，POJO 类便可满足要求。

提示

ORM（object relational mapping）框架采用元数据来描述对象与关系映射的细节，元数据一般采用XML 格式，并且存放在专门的对象-映射文件中。

ORM 的优点是具备提高开发效率、降低开发成本、使开发更加对象化、可移植、可以很方便地引入数据缓存之类的附加功能。

ORM 的缺点是自动化进行关系数据库的映射时需要消耗系统性能，但消耗不大，一般可以忽略。在处理多表联查、复杂 where 条件的查询时，ORM 的语法就会变得复杂。

2.6.4 MyBatis

MyBatis 的前身是 iBATIS，iBATIS 是一款优秀的持久层框架，用于帮助开发人员完成数据库操作。iBATIS 支持自定义 SQL、存储过程以及高级映射。MyBatis 免除了编写几乎所有的 JDBC 代码、设置参数和获取结果集的工作。MyBatis 可以通过简单的 XML 或注解来配置和映射原始类型，将接口和 Java POJO 映射为数据库中的记录。

提示

iBATIS 一词来源于“internet”和“abatis”的组合，是一个基于 Java 的持久层框架。iBATIS 提供的持久层框架包括 SQL Maps 和 Data Access Objects（DAOs）。

MyBatis 是一个半自动化的持久层框架，与 Hibernate 框架相比，两者各有所长。Hibernate 框架中的 SQL 语句已经被封装，可以直接使用，无须过多关注底层实现，只需要管理对象。而 MyBatis 属于半自动化框架，要自行管理映射关系，SQL 需要手工完成，虽然稍微烦琐，但是可以避免不必要的查询，提高系统性能。同时 MyBatis 通过手动来编写 SQL 语句，也更容易维护 SQL 语句。

MyBatis 有以下 6 个优点。

- MyBatis 文件很小且简单，没有任何第三方依赖，安装很简单，只需要两个 jar 文件和几个 SQL 映射文件。MyBatis 易于学习和使用，通过阅读文档和源代码，开发人员可以完全掌握它的设计思路和实现。
- MyBatis 不会对应用程序或者数据库的现有设计产生任何影响。SQL 写在 XML 中，便于统一管理和优化。通过 SQL，基本上不使用数据访问框架就可以实现所有功能。
- 通过提供 DAO 层，MyBatis 将业务逻辑和数据访问逻辑分离开，使系统的设计更加清晰，更加容易维护和进行单元测试。SQL 和代码的分离，提高了框架的可维护性。
- 提供映射标签，支持对象与数据库的 ORM 字段关系映射。
- 提供对象关系映射标签，支持对象关系的组建与维护。
- 提供 XML 标签，支持编写动态 SQL。

相比 Hibernate，MyBatis 有以下 3 个缺点。

- 编写 SQL 语句时，工作量很大，尤其是当字段多、关联表多时，更是如此。
- SQL 语句依赖于数据库，导致数据库移植性差，一旦系统需要更换数据库，就需要进行数据库的适配工作。因此，在编写 SQL 时，建议使用标准的 SQL 语法。
- 二级缓存机制不佳，需要配合自己的代码来实现性能优化。

2.6.5 Spring 框架

Spring 框架是为了解决软件开发的复杂性问题而创建的。Spring 使用基本的 JavaBean 来完成以前只可能由 EJB 完成的事情。然而，Spring 的用途不局限于服务器的开发。从简单性、可测试性和松耦合性而言，绝大部分 Java 应用都可以从 Spring 中受益。

Spring 的一个最大优势就是使 Java EE 开发更加容易，解决传统的 Java EE 框架过于“重”的问题。同时，之所以 Spring 与 Struts、Hibernate 等单层框架不同，是因为 Spring 致力于用统一的、高效的方式来构造整个应用，并且可以将单层框架以最佳的方式组合在一起，建立一个连贯的体系。可以说 Spring 是一个提供了更完善的开发环境的框架，可以为 POJO 对象提供企业级的服务。

Spring 最初来自 Rod Johnson 所著的一本很有影响力的图书 *Expert One-on-One J2EE Design and Development*，该书出版于 2002 年，这本书中第一次出现了 Spring 的一些核心思想。2004 年，Rod Johnson 出版了另外一本图书 *Expert One-on-One J2EE Development without EJB*，更进一步地阐述了不使用 EJB 开发 Java EE 企业级应用的一些设计思想和具体做法。

Spring 5 由 7 个明确定义的模块组成，如图 2-11 所示。

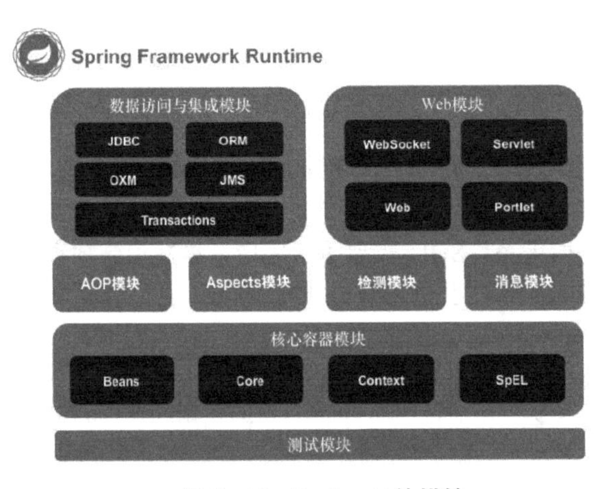

图 2-11 Spring 5 的模块

作为一个整体，这些模块提供了开发企业级应用所需的一切，开发人员可以自由地挑选适合自己的企业级应用的模块而忽略其余的模块。

所有的 Spring 模块都是在核心容器之上构建的。核心容器负责 Bean 的创建、配置和管理等全生命周期管理。

1. 测试模块

在做单元测试时，Spring 会初始化一些测试过程中需要用到的资源对象。测试模块支持将 Spring 的组件放在 JUnit 或 TestNG 框架中进行测试。

2. 核心容器模块

这是 Spring 框架最基础的模块，它提供了依赖注入（dependency injection）特征来实现容器对 Bean 的管理。这里最基本的概念是 BeanFactory，它是任何 Spring 应用的核心。BeanFactory 是工厂模式的一个实现，它使用 IoC 将应用配置和依赖说明从实际的应用代码中分离出来。

核心容器模块的 BeanFactory 使 Spring 成为一个容器，而上下文模块使 Spring 成为一个框架。核心容器模块扩展了 BeanFactory 的概念，增加了对国际化（i18n）消息、事件传播以及验证的支持。

另外，这个模块提供了许多企业服务，例如电子邮件、JNDI 访问、EJB 集成、远程以及任务调度（task scheduling）服务，也包括了对模板框架（例如 Velocity 和 FreeMarker）集成的支持。

3. AOP 和 Aspects 模块（面向切面编程模块）

Spring 在 AOP 模块中对面向切面编程提供了丰富支持。AOP 模块是在 Spring 应用中实现切面编程的基础。为了确保 Spring 与其他 AOP 框架的互用性，Spring 的 AOP 支持基于 AOP 联盟定义的 API。AOP 联盟是一个开源项目，它的目标是通过定义一组共同的接口和组件来促进 AOP 的使用以及不同 AOP 实现之间的互用性。

Spring 的 AOP 模块也将元数据编程引入了 Spring。使用 Spring 的元数据支持，可以在源代码中增加注解，指示 Spring 在何处以及如何应用切面函数。

Spring 的 Aspects 模块提供与 AspectJ 的集成，AspectJ 是一个成熟的、功能强大的 AOP 框架。

4. 检测模块

相当于一个检测器，提供对 JVM 和 Tomcat 的检测，这个模块较少使用，了解即可。

5. 消息模块

该模块提供了对消息传递体系结构和协议的支持。

6. 数据访问与集成模块

使用 JDBC 经常会导致大量重复代码的出现，如每一个数据库操作需要取得连接、创建语句、处理结果集、关闭连接。Spring 的 JDBC 和 DAO 模块抽取了这些重复代码，因此可以保证数据库访问代码的干净简洁，还可以避免因关闭数据库资源失败而产生的问题。

对于那些更喜欢使用对象/关系映射工具而不是直接使用 JDBC 的人，Spring 提供了 ORM 模块。Spring 并不试图实现自身的 ORM 解决方案，而是为几种流行的 ORM 框架（包括 Hibernate、JDO 和 MyBatis 等）提供集成方案。

另外，这个模块还使用 AOP 模块来为 Spring 应用中的对象提供事务管理服务，不但支持上述的 ORM 框架，而且也支持 JDBC。

7. Web 模块

Spring 的 Web 模块提供了与 Web 相关的技术支持，包括 WebSocket、Servlet 等，更重要的是该模块提供了 Spring MVC 模块。

2.6.6 Spring Boot 框架

Spring 是一个非常优秀的框架，但 Spring 的配置十分烦琐，有些配置不论谁使用都是一样的，所以没有必要每次都配置。同时，项目的依赖管理也是一件费时费力的事情，在环境搭建时，需要分析导入库，一旦选错了依赖的版本，就可能带来不兼容的问题。

Spring Boot 针对上述 Spring 中存在的问题提供了解决方案。Spring 基于“约定优于配置”的思想，会自动帮助开发人员完成某些固定的配置，让开发人员把更多的精力放在业务逻辑的处理上；而 Spring Boot 用起步依赖的方式，把某些相关功能打包到一起，方便导入，还提供了一些默认的功能。

因此，Spring Boot 框架可以理解为一种对 Spring 的完善，它不是对 Spring 功能进行增强，而是提供了一种快速使用 Spring 的方式。

Spring Boot 简化了基于 Spring 的应用开发，只需要简单操作就能创建一个独立的、生产级别的 Spring 应用。Spring Boot 为 Spring 平台及第三方库提供开箱即用的设置（提供默认设置，存放默认配置的包，也就是启动器），这样便可以有条不紊地开始一个应用业务的开发。多数 Spring Boot 应用只需要很少的 Spring 配置。

我们可以使用 Spring Boot 创建 Java 应用，并使用 java –jar 启动它，就能得到一个生产级别的 Web 工程。

Spring Boot 与微服务并没有直接关系，但由于 Spring Boot 精简的理念，十分切合微服务的设计思想，使之成为 Java 微服务开发的首选框架。

提示

起步依赖其实就是特殊的 Maven 依赖或者 Gradle 依赖，它把几个常用库聚合到一起，利用传递依赖解析，组成了特定功能的依赖。

2.6.7 Spring Cloud 框架

Spring Cloud 是一系列框架的有序集合。Spring Cloud 利用 Spring Boot 的开发便利性巧妙地简化了分布式系统的开发，如服务发现注册、配置中心、消息总线、负载均衡、断路器、数据监控等，都可以用 Spring Boot 做到一键启动和部署。Spring Cloud 并没有重复制造“轮子”，它只是将目前各家公司开发的比较成熟、经得起实际考验的服务框架组合起来，通过 Spring Boot 风格进行再封装，舍弃了复杂的配置和实现原理，最终给开发人员留下了一套简单易懂、易于部署和维护的分布式系统开发工具包。

Spring Cloud 的核心功能主要有：服务注册和发现、服务路由、服务断路器、服务和服务之间的调用、分布式/版本化配置、负载均衡、分布式消息传递等。Spring Cloud 各组件的工作流程如图 2-12 所示。

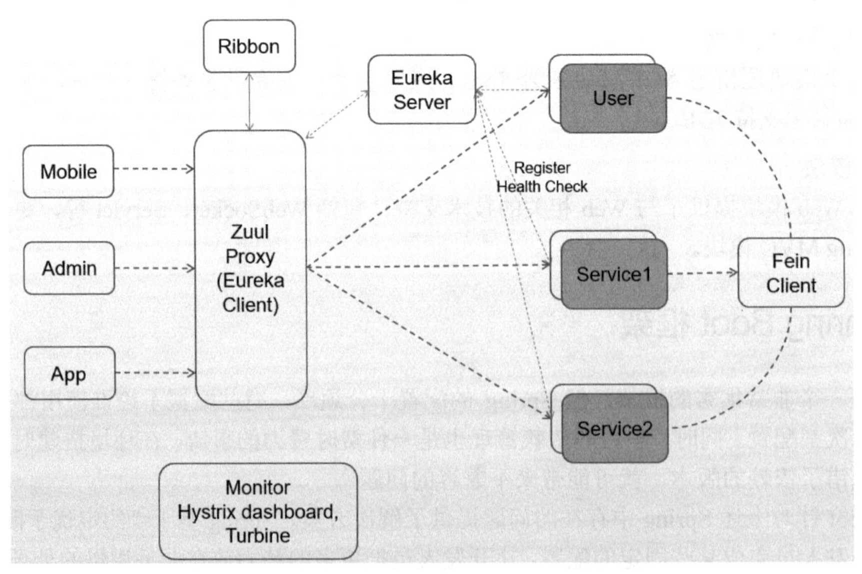

图 2-12 Spring Cloud 各组件的工作流程

我们来具体介绍一下各组件的工作流程：

（1）请求统一通过 API 网关（Zuul）来访问内部服务；

（2）网关接收到请求后，从注册中心（Eureka）获取可用服务；

（3）在 Ribbon 均衡负载后，分发到后端具体实例；

（4）微服务之间通过 Feign 进行通信和业务处理；

（5）Hystrix 负责处理服务超时熔断；

（6）Turbine 监控服务间的调用和熔断相关指标。

2.7 实战：Tomcat 安装与启动

在本书的应用实战开发中，会使用企业中常用的 Tomcat 作为中间件环境，现在介绍一下 Tomcat 的安装与启动。

Tomcat 是一个轻量级的开源 Web 服务器，是 Apache 基金会的核心项目。Tomcat 作为应用服务器，可以作为 JSP 和 Servlet 的运行环境，在企业级应用中被广泛地使用。

从 Apache 官网或清华大学开源软件镜像站可以下载 windows-x64 版本的 Tomcat，后续实例中使用的版本为 8.5.xx。读者将下载的 Tomcat 解压到合适目录即可完成安装（本书以 C:/Java/apache-tomcat-8.5.xx 为例）。Tomcat 安装目录下各子目录的用途说明如表 2-3 所示。

表 2-3　Tomcat 安装目录下各子目录的用途说明

子目录名称	用途
bin	存放 Tomcat 的脚本文件，包括启动、停止和其他一些工具，例如 tomcat-juli.jar
conf	存放 Tomcat 服务器的全局配置文件，例如 server.xml 中定义了运行 Tomcat 时要监听的 Web 服务端口、通信端口和 AJP 端口
lib	存放 Tomcat 服务器提供的依赖包，可供所有 Web 应用使用
logs	存放运行 Tomcat 时记录的日志文件
temp	存放运行 Tomcat 时产生的临时文件
webapps	存放 Tomcat 所运行的 Web 应用。安装后，这个目录里会有 Tomcat 的默认应用
work	存放 Tomcat 运行过程中通过 JSP 生成的 Servlet 文件和字节码文件

解压安装后，进入 Tomcat 安装目录下的 bin 子目录，运行 startup.bat 就可以启动 Tomcat。首次启动时可能会遇到后台乱码的情况，如图 2-13 所示。

进入 Tomcat 安装目录下的 conf 子目录中，找到一个名为“logging.properties”的文件，打开这个文件，找到如下配置项：

```
java.util.logging.ConsoleHandler.encoding = UTF-8
```

将“UTF-8”修改为“GBK”，即修改为：

```
java.util.logging.ConsoleHandler.encoding = GBK
```

保存修改后，重新启动 Tomcat，就可以看到正常的日志输出，如图 2-14 所示。

图 2-13　Tomcat 后台乱码

```
Tomcat
20-Sep-2021 08:42:00.033 信息 [main] org.apache.coyote.AbstractProtocol.init 初始化协议处理器 ["http-nio-8080"]
20-Sep-2021 08:42:00.574 信息 [main] org.apache.tomcat.util.net.NioSelectorPool.getSharedSelector Using a shared selecto
r for servlet write/read
20-Sep-2021 08:42:00.588 信息 [main] org.apache.catalina.startup.Catalina.load Initialization processed in 1273 ms
20-Sep-2021 08:42:00.622 信息 [main] org.apache.catalina.core.StandardService.startInternal 正在启动服务[Catalina]
20-Sep-2021 08:42:00.622 信息 [main] org.apache.catalina.core.StandardEngine.startInternal 正在启动 Servlet 引擎：[Apach
e Tomcat/8.5.71]
20-Sep-2021 08:42:00.636 信息 [localhost-startStop-1] org.apache.catalina.startup.HostConfig.deployDirectory 把web 应用
程序部署到目录 [C:\java\apache-tomcat-8.5.71\webapps\docs]
20-Sep-2021 08:42:00.879 信息 [localhost-startStop-1] org.apache.catalina.startup.HostConfig.deployDirectory Web应用程序
目录[C:\java\apache-tomcat-8.5.71\webapps\docs]的部署已在[241]毫秒内完成
20-Sep-2021 08:42:00.880 信息 [localhost-startStop-1] org.apache.catalina.startup.HostConfig.deployDirectory 把web 应用
程序部署到目录 [C:\java\apache-tomcat-8.5.71\webapps\examples]
20-Sep-2021 08:42:01.212 信息 [localhost-startStop-1] org.apache.catalina.startup.HostConfig.deployDirectory Web应用程序
目录[C:\java\apache-tomcat-8.5.71\webapps\examples]的部署已在[332]毫秒内完成
20-Sep-2021 08:42:01.212 信息 [localhost-startStop-1] org.apache.catalina.startup.HostConfig.deployDirectory 把web 应用
程序部署到目录 [C:\java\apache-tomcat-8.5.71\webapps\host-manager]
20-Sep-2021 08:42:01.241 信息 [localhost-startStop-1] org.apache.catalina.startup.HostConfig.deployDirectory Web应用程序
目录[C:\java\apache-tomcat-8.5.71\webapps\host-manager]的部署已在[29]毫秒内完成
20-Sep-2021 08:42:01.242 信息 [localhost-startStop-1] org.apache.catalina.startup.HostConfig.deployDirectory 把web 应用
程序部署到目录 [C:\java\apache-tomcat-8.5.71\webapps\manager]
20-Sep-2021 08:42:01.277 信息 [localhost-startStop-1] org.apache.catalina.startup.HostConfig.deployDirectory Web应用程序
目录[C:\java\apache-tomcat-8.5.71\webapps\manager]的部署已在[34]毫秒内完成
20-Sep-2021 08:42:01.277 信息 [localhost-startStop-1] org.apache.catalina.startup.HostConfig.deployDirectory 把web 应用
程序部署到目录 [C:\java\apache-tomcat-8.5.71\webapps\ROOT]
20-Sep-2021 08:42:01.302 信息 [localhost-startStop-1] org.apache.catalina.startup.HostConfig.deployDirectory Web应用程序
目录[C:\java\apache-tomcat-8.5.71\webapps\ROOT]的部署已在[25]毫秒内完成
20-Sep-2021 08:42:01.307 信息 [main] org.apache.coyote.AbstractProtocol.start 开始协议处理句柄["http-nio-8080"]
20-Sep-2021 08:42:01.321 信息 [main] org.apache.catalina.startup.Catalina.start Server startup in 732 ms
```

图 2-14　正常启动 Tomcat 后的日志输出

这时，在浏览器中输入 http://localhost:8080/，如果看到 Tomcat 首页，就说明 Tomcat 已经成功安装并运行。

第3章 Servlet与JSP技术

本章介绍了Java EE标准中两个非常经典的技术：Servlet与JSP。虽然现在已经很少直接书写Servlet和JSP了，但是像Struts2和Spring MVC这些框架的底层都是跟Servlet有关的。JSP作为Java Web的基础，实际工作中还有很多大型的企业级应用项目会用到JSP技术，而且掌握了JSP，再想学会其他类似模板技术也可以很快掌握。所以，不论是Servlet还是JSP，都很有必要的了解和学习，只有打下坚实的基础，后面的框架学习和使用才能更加得心应手。

3.1 Servlet技术介绍

说起Java企业级应用，就离不开Servlet。早期，Java的出现是为了解决传统的单机程序跨平台运行的问题，随着网络时代的来临，Java转向了Web。在这个过程中，Servlet是Java EE体系中常见的动态页面技术，它采用的请求-响应模式是当前Web应用的标准模式。

3.1.1 什么是Servlet

Web为了提供交互性内容采用了客户端/服务器模式，服务器产生静态页面，这些静态页面是事先写好的，会将其提供给能够解释并显示的客户端浏览器。但是需求是千变万化的，静态页面不能满足用户日益增长的需求，于是出现了交互式的技术，如CGI、Applet、Servlet、JSP等。

当年，在Sun公司的应用程序模型的描述中，在Java平台下开发Java企业级应用的一种首选规范是：前端使用Applet、HTML和JSP，后端使用Enterprise Java Beans（EJB）支持的Servlet和其他技术。但最终Applet和EJB没有成长起来，Servlet和JSP却大行其道。JSP在本质上是一种特殊的Servlet，因此，也常有人说Servlet是Java Web的核心。

Servlet在Java EE API规范中的定义是：Servlet是一个运行在Web服务器中的Java小程序。Servlet将会接收和响应来自Web客户端的请求，然后使用HTTP（超文本传输协议）进行通信。

从上面的定义就可以看出来，Servlet是运行在服务器上的。Servlet能够按照用户提交的内容处理并返回相应的资源，输出HTML页面并展示动态数据。Servlet只要按标准要求实现正确的接口，就能够处理HTTP请求。

实现Servlet有以下3种方式。

- 第1种方式：实现Servlet接口，然后实现接口中的5个方法。
- 第2种方式：继承GenericServlet，并仅实现一个方法：service。
- 第3种方式：继承HttpServlet，复写doGet和doPost方法。

可以看出Servlet是个特殊的Java类，这个Java类不一定要继承HttpServlet。但在实际的项目工程中，多数采用第三种方式，本章的实战示例也是按照第3种方式来实现的。

虽然Servlet结构简单，但由于表现、逻辑、控制、业务等全部在Servlet类中，因此会造成Servlet类代码混乱（HTML代码和Java代码都写在一起），代码重复性高、阅读性差、开发困难。因此，在实际应用中主要采用Servlet作为控制器来控制业务流程。

Servlet的最新版本是4.0，作为Java EE 8规范体系的一部分发布，可以很好地支持HTTP/2优化，实现了请求/响应复用（Request/Response multiplexing），并允许框架利用服务器推送。

3.1.2　Servlet的特点

Servlet具有以下特点。

- Servlet本身不能独立运行，需要在一个Web应用服务器中运行，如Tomcat、WebLogic、JBoss等。
- Servlet使用方便。Servlet提供了大量的实用工具例程，例如自动解析和解码HTML表单数据、读取和设置HTTP头、处理Cookie、跟踪会话状态等。
- Servlet运行效率高。服务器上仅有一个Java虚拟机在运行，Servlet的优势在于当有多个来自客户端的访问请求时，Servlet会为每个请求分配一个线程而不是进程。
- Servlet还能够在各个程序之间共享数据，使得数据库连接池之类的功能很容易实现。
- Servlet支持跨平台。Servlet是用Java类编写的，因此它可以在不同的操作系统平台和不同的应用服务器平台中运行。

3.1.3　Servlet的生命周期

在每个Servlet实例的生命周期中有3种事件，这3种事件分别对应由Servlet引擎所唤醒的3个方法。

- init()方法。当Servlet第一次被装载时，Servlet引擎会调用这个Servlet的init()方法，且只会调用一次。如果某个Servlet有特殊的初始化需要，那么可以通过重写该方法来执行初始化任务。这是一个可选的方法。如果某个Servlet不需要初始化，那么在默认情况下会调用父类的init方法。在init方法调用完成之前，系统是不会调用Servlet去处理任何请求的。
- service()方法。这是Servlet最重要的方法，是真正处理请求的方法。对于每个请求，Servlet引擎将调用Servlet的service方法，并将Servlet请求对象和Servlet响应对象作为参数传递给Service方法。
- destroy()方法。这是相对于init的可选方法。当Servlet即将被卸载时，Servlet引擎会调用destroy方法，这个方法用来清除并释放分配给init方法的资源。

Servlet的生命周期可以归纳为以下10个步骤。

步骤1：装载Servlet，这项操作一般是动态执行的。然而，Servlet通常会提供一个管理的选项，用于在Servlet启动时强制装载和初始化特定的Servlet。

步骤2：服务器创建一个Servlet实例。

步骤3：服务器调用Servlet的init方法。

步骤4：一个客户端请求到达服务器。

步骤5：服务器创建一个响应对象。

步骤 6：服务器激活 Servlet 的 service 方法，将请求对象和响应对象作为参数传递。

步骤 7：service 方法获得关于请求对象的信息，处理请求，访问其他资源，获取需要的信息。

步骤 8：service 方法使用响应对象的方法，将响应传回服务器，最终到达客户端。Service 方法可能激活其他方法以处理请求，如 doGet、doPost 或其他程序员自己开发的方法。

步骤 9：对于更多的客户端请求，服务器创建新的请求对象和响应对象，仍然激活此 Servlet 的 service 方法，并将这两个对象作为参数传递给它，重复以上的循环，但不会再次调用 init 方法，因为 Servlet 一般只初始化一次。

步骤 10：当服务器不再需要 Servlet 时，比如当服务器要关闭时，服务器调用 Servlet 的 destroy 方法，进行销毁操作。

3.1.4 HttpServlet 的编程接口

在实际的工程项目中，实现 Servlet 通常采用继承 HttpServlet，并复写其方法来完成，这就涉及 Servlet API 的两个 Java 包：javax.servlet 包和 javax.servlet.http 包。

- javax.servlet 包中定义了 Servlet 接口、相关的通用接口和类。
- javax.servlet.http 包中主要定义了与 HTTP 协议相关的 HttpServlet 类、HttpServletRequest 接口和 HttpServletResponse 接口。

Servlet 核心类图如图 3-1 所示，其中 HttpServlet 类继承自 GenericServlet 类，而 GenericServlet 类又实现了 Servlet 的接口。

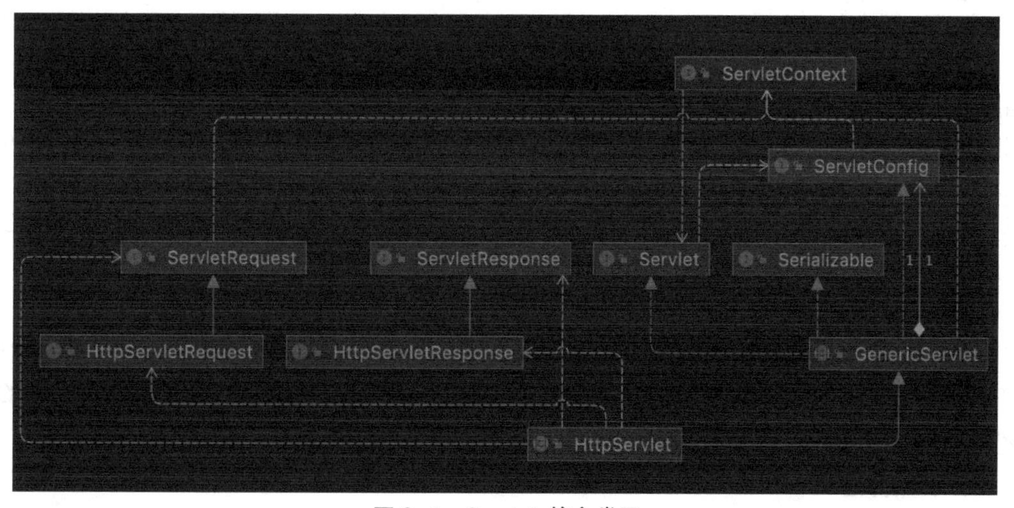

图 3-1 Servlet 核心类图

通常我们会引用 Tomcat 的<CATALINA_HOME>/lib/servlet-api.jar 文件作为 Servlet API 的类库文件。

Javax.servlet 包中定义了所有的 Servlet 类都必须实现或扩展的通用接口和类，也定义了多个方法，其中的 init()方法、service()方法、destroy()三个方法用来管理 Servlet 的生命周期：

1. init()方法

在 Servlet 的生命周期中，仅在服务器装入 Servlet 时，会执行一次 init()方法。可以配置服务器，设定在启动服务器或客户端首次访问Servlet时装入Servlet。无论有多少客户端访问Servlet，都不会重复执行init()方法。

缺省的init()方法通常是符合要求的，但也可以用定制的init()方法来重写它，典型的是管理服务器资源。例如，初始化数据库连接时，在init()方法中初始化连接池可以提高并发性能。缺省的init()方法设置了Servlet的初始化参数，并用它的ServletConfig对象参数来启动配置，因此所有覆盖init()方法的Servlet应调用super.init()以确保仍然执行这些任务。在调用service()方法之前，应确保已完成了init()方法。

2. service()方法

service()方法是Servlet的核心。每当一个客户请求一个HttpServlet对象时，该对象的service()方法就要被调用，而且给这个方法传递一个请求对象（ServletRequest）和一个响应对象（ServletResponse）作为参数。在HttpServlet中已存在service()方法。缺省的服务功能是调用与HTTP请求方法对应的do功能。例如，如果HTTP请求方法为GET，那么缺省情况下就调用doGet()。Servlet应该为Servlet支持的HTTP方法覆盖do功能，如doGe，doPost，这是因为HttpServlet.service()会检查请求方法是否调用了适当的处理方法。

Servlet的响应可以是下列两种类型。

- 一个输出流，浏览器根据它的内容类型（如text/html）进行解析。
- 一个HTTP错误响应，重定向到另一个URL、Servlet或者JSP。

3. destroy()方法

destroy()方法仅在服务器停止并卸装Servlet时执行一次。如果缺省的destroy()方法不能满足要求，就可以根据业务需求复写它。与init()方法类似，destroy()方法典型的应用是管理服务器资源，例如可以用来关闭数据库连接池，释放数据库资源。

当服务器卸装Servlet时，destroy()方法的调用会发生在所有service()方法调用完成后，或在指定的时间间隔过后。由于Servlet在运行service()方法时可能会产生其他线程，因此在调用destroy()方法时，应确认这些线程已经终止或关闭。

在javax.servlet包中，还定义了其他几个主要方法，如doGet()方法、doPost()方法、getServletConfig()方法、getServletInfo()方法等，用来实现指定的某一类业务。

1. doGet()方法

在一个客户通过HTML表单发出一个GET请求或直接请求一个URL后，doGet()方法会被调用。与GET请求相关的参数会被添加到URL的后面，并与这个请求一起发送。如果不会修改服务器的数据，就应该使用doGet()方法。

2. doPost()方法

在一个客户通过HTML表单发出一个POST请求后，doPost()方法会被调用。与POST请求相关的参数会作为一个单独的HTTP请求从浏览器发送到服务器。如果需要修改服务器的数据，就应该使用doPost()方法。POST请求具有幂等性。

3. getServletConfig()方法

getServletConfig()方法会返回一个ServletConfig对象，该对象用来返回初始化参数和ServletContext。ServletContext接口会提供有关Servlet的环境信息。

4. getServletInfo()方法

getServletInfo()方法是一个可选的方法，该方法会提供有关 Servlet 的信息，如作者、版本、版权等信息。

当服务器调用 Servlet 的 service()、doGet()和 doPost()这 3 个方法时，均需要请求对象（HttpServletResponse）和响应对象（HttpServletResponse）作为参数。请求对象提供有关请求的信息，而响应对象提供一个将响应信息返回给浏览器的途径。

3.1.5 实战：Maven 的安装与配置

Maven 是 Apache 下的一个采用纯 Java 开发的开源项目，是一个基于 POM（Project Object Model）的项目管理软件。Maven 可以帮助 Java 开发人员更方便的对项目进行构建、依赖管理，Maven 也可以被用于构建和管理各种项目，例如 C#、Ruby、Scala 和其他语言编写的项目。作为构建工具，Maven 将在本书的实战案例中被使用，本节先介绍一下 Maven 的安装与配置过程。

1. 下载并安装 Maven

可以从 Apache 官网或者清华大学开源软件镜像站中找到 Maven 的下载方式，下载 Apache Maven zip 格式的安装包。Apache 官网的 Maven 下载页面如图 3-2 所示，当前最新版本为 3.8.2。

图 3-2 Apache 官网的 Maven 下载页面

如图 3-3 所示，将安装包解压到合适目录，这里以 C:/Java/apache-maven-3.8.2 为例。

2. 配置 Maven 的环境变量

与安装 JDK 类似，Maven 也需要配置环境变量，步骤与配置 JDK 类似。

在桌面上用鼠标左键点击“我的电脑”→“属性”→“高级系统设置”→“环境变量”，然后用鼠标左键点击系统变量(S)选项卡下的“新建”，在新建系统变量窗口中创建 MAVEN_HOME 系统变量，变量值为 Maven 的安装目录，如图 3-4 所示。这里需要注意的是，变量名要严格的遵照字母大小写进行输入。

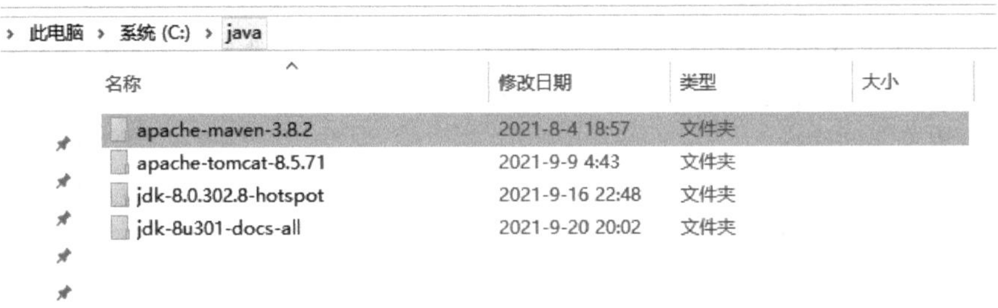

图 3-3　Maven 安装目录

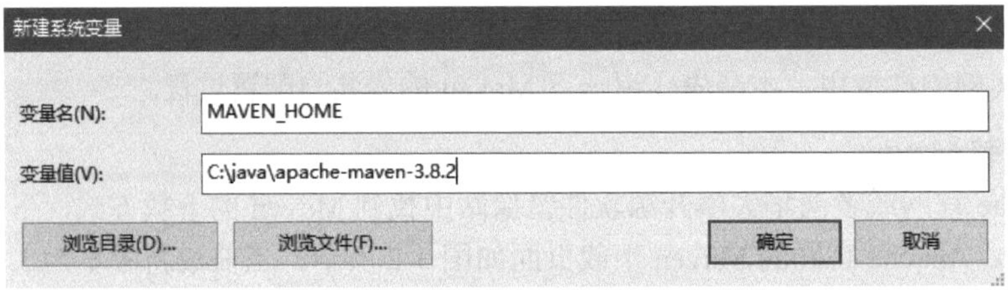

图 3-4　创建 MAVEN_HOME 系统变量

接下来，修改 path 系统变量，在变量值末尾添加“;%MAVEN_HOME%\bin;”。

完成上面的设置后，打开 cmd 命令窗口，输入 mvn –version 命令，验证上述的环境变量是否配置正确，命令行窗口会显示当前 Maven 的版本信息，如图 3-5 所示。

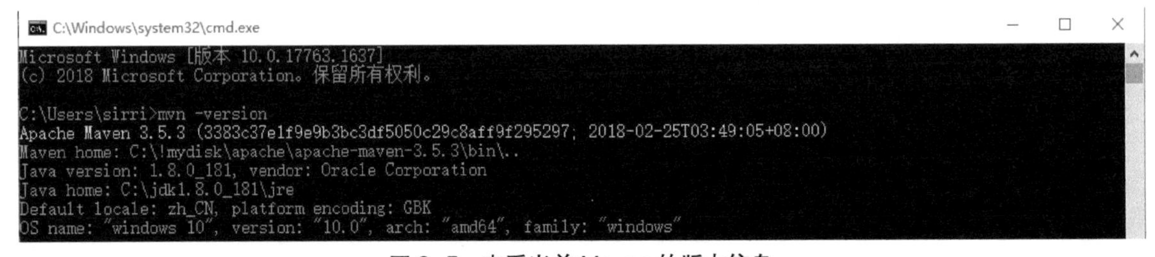

图 3-5　查看当前 Maven 的版本信息

3. 更改 Maven 源

由于访问 Apache 官方源的速度不稳定，为了保证访问速度，最好是指定国内的镜像，因此需要在 Maven 目录下，修改 conf 目录中的 settings.xml 文件。在 mirrors 标签中，添加 mirror 标签，增加国内镜像地址。这里推荐阿里云、网易等镜像源，阿里云镜像源如代码清单 3-1 所示，网易镜像源如代码清单 3-2 所示。

代码清单 3-1　阿里云镜像源

```
1.     <mirror>
2.          <id>alimaven</id>
3.          <name>aliyun maven</name>
```

```
4.    <url>http://maven.aliyun.com/nexus/content/groups/public/</url>
5.         <mirrorOf>central</mirrorOf>
6.    </mirror>
```

代码清单 3-2 网易镜像源

```
1.    <mirror>
2.    <id>nexus-163</id>
3.       <mirrorOf>*</mirrorOf>
4.       <name>Nexus 163</name>
5.       <url>http://mirrors.163.com/maven/repository/maven-public/</url>
6.    </mirror>
```

3.1.6 实战：IDEA 的安装与配置

IntelliJ IDEA（以下简称为 IDEA）是业界公认最好的 Java 开发工具，具有智能代码提示、多框架支持、版本控制等功能。本节介绍 IDEA 的安装与配置过程。

1. 下载并安装 IDEA

IDEA 的官方网站可以直接下载 IDEA。安装完成后，直接打开，进入 IDEA 激活界面，如图 3-6 所示。

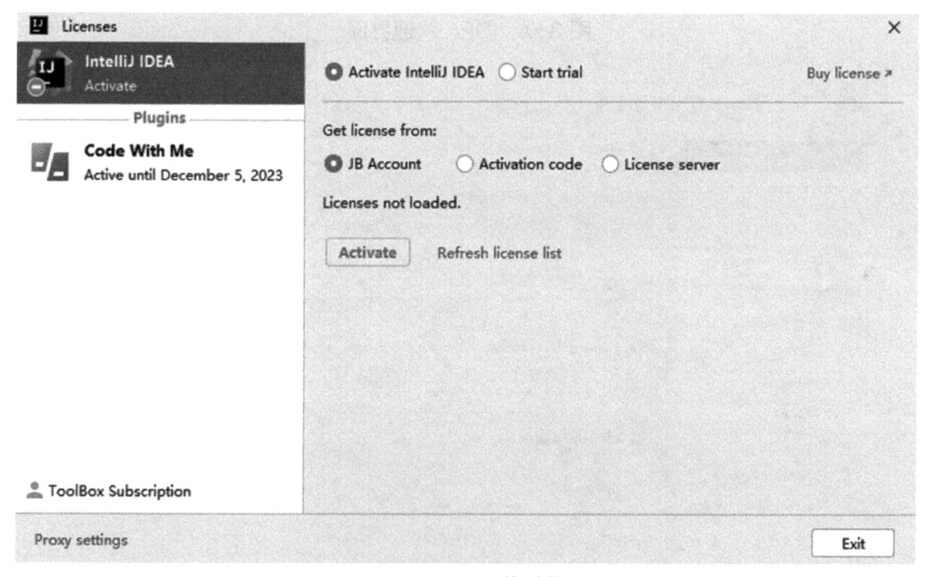

图 3-6 IDEA 激活界面

在激活界面，可以使用 JetBrains 账号登录或者选择试用 IDEA，成功后进入 IDEA 欢迎界面，如图 3-7 所示。

2. 新建项目

在 IDEA 欢迎界面中，选择“New Project”，即可进入新建项目的界面，如图 3-8 所示。

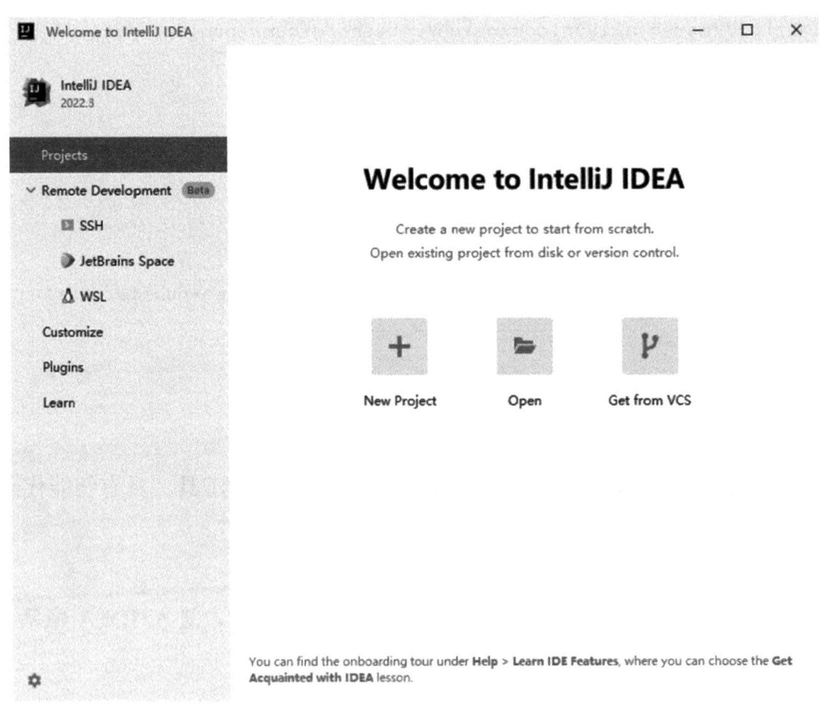

图 3-7　IDEA 欢迎界面

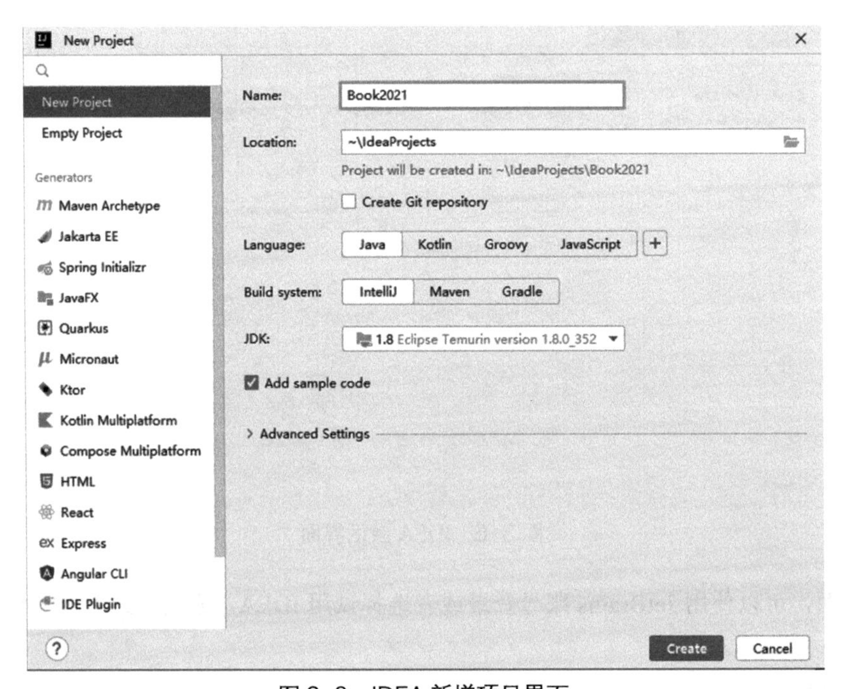

图 3-8　IDEA 新增项目界面

此时输入项目名称后，单击“Create”即可进入 IDEA 主界面，如图 3-9 所示。

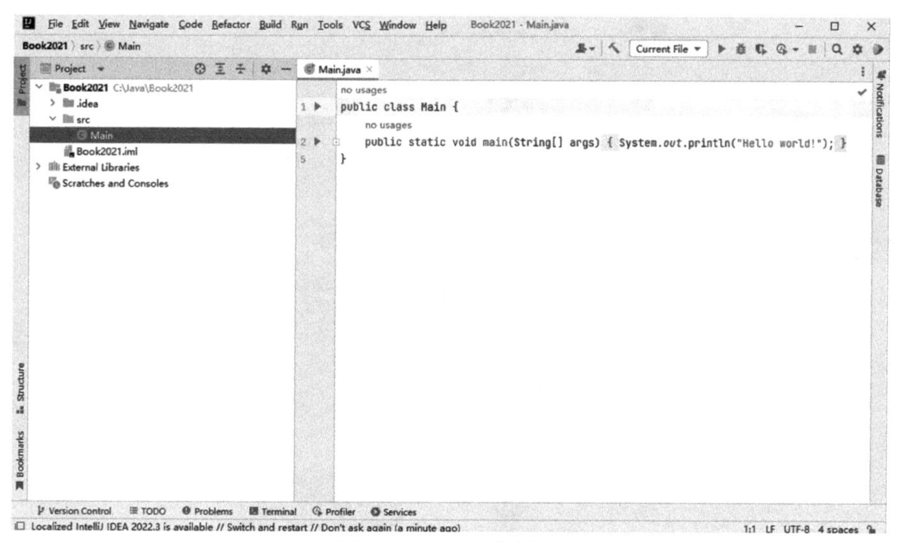

图 3-9 IDEA 主界面

3. 配置 JDK

在 IDEA 界面中用鼠标左键点击“File”→“Project Structure”，在设置界面中选择“SDKs”，然后点击界面左上角的“+”，在弹出的下拉框中选择“Add JDK...”，如图 3-10 所示。

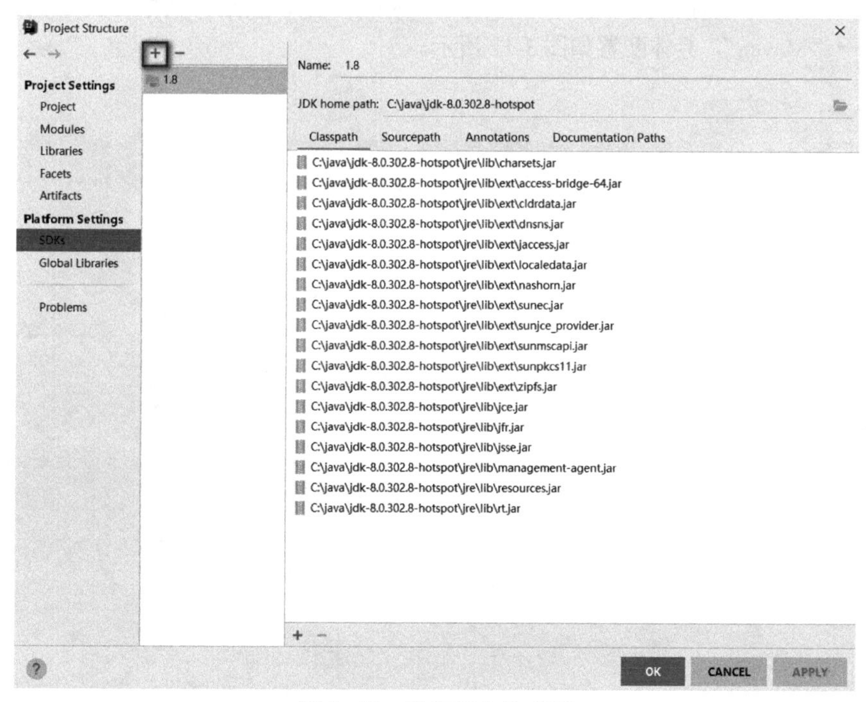

图 3-10 添加指定的 JDK

然后选择指定 JDK 的路径，这里选择的是 C:\java\jdk-8.0.302.8-hotspot，如图 3-11 所示。

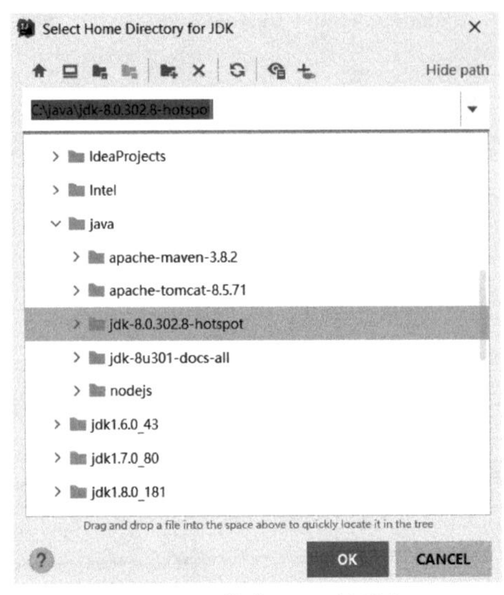

图 3-11　指定 JDK 的路径

4. 配置 Maven

3.1.5 节已经成功安装了 Maven。在 IDEA 中，可以使用 IDEA 自带的 Maven，如果不使用 IDEA 自带的 Maven，也可以指定 Maven 配置文件，具体的配置方法如下所示。

在 IDEA 界面中用鼠标左键点击“File”→“Settings”，在设置界面中选择“Build, Execution, Deployment”→“Maven”，具体配置如图 3-12 所示。

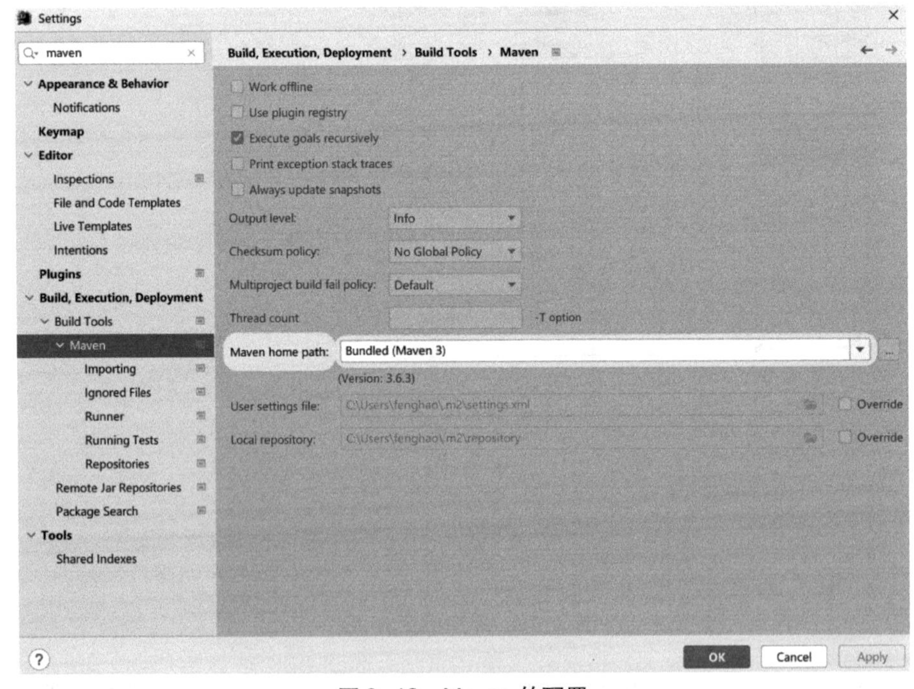

图 3-12　Maven 的配置

5. 安装中文插件

IDEA 中可以安装插件，插件使代码的编写过程更加的顺畅、便利。常用的插件有 Lombok、Maven Helper、中文语言包。下面以安装中文语言包为例，介绍一下插件的安装。

在界面中选择“File”→“Settings”，在打开的界面中，选择“Plugins”。在搜索栏中输入“Chinese”，选择“Chinese（Simplified）”，点击“Install”，安装成功之后重启 IDEA，即可使用中文语言包插件。插件的安装界面如图 3-13 所示。

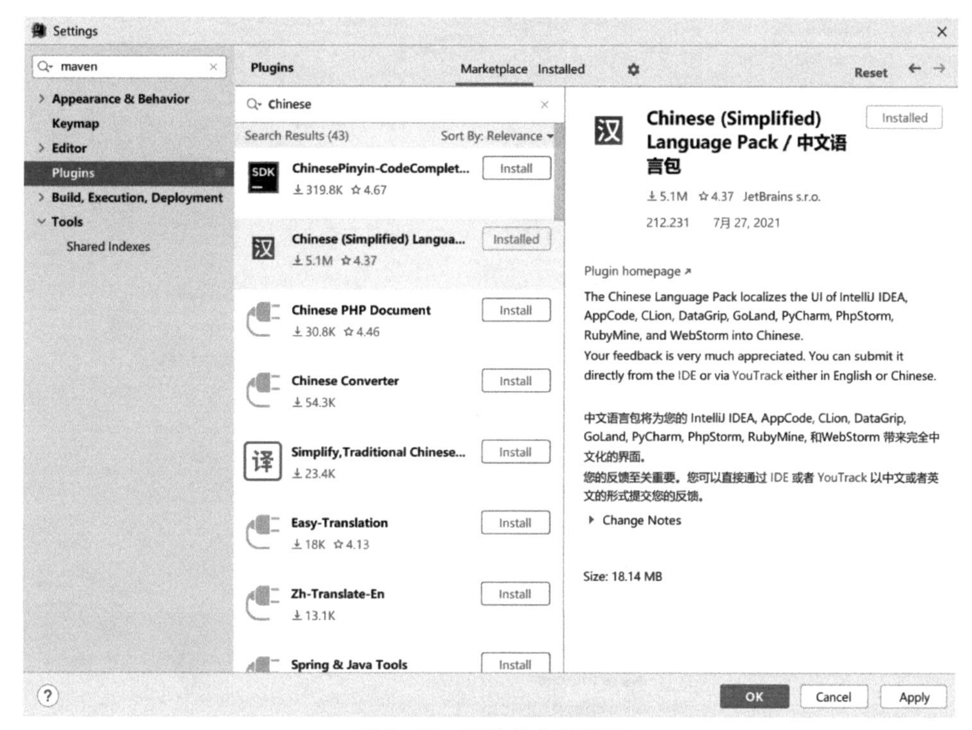

图 3-13 插件的安装界面

3.1.7 实战：我的第一个 Servlet

接下来，使用 IDEA 来实现一个 Servlet。打开 IDEA，选择“新建项目”，项目类型为“Java Enterprise”（某些版本中为 Java EE）。语言选择“Java”，项目构建系统选择“Maven”，项目 SDK 选择“Java 1.8”，如图 3-14 所示。

项目新建完毕后，IDEA 会默认创建最基本的项目结构，如图 3-15 所示。

其中，java 目录为源码目录，resources 可以用来存放资源文件，这些资源文件在打包时会默认加入到目标文件中。由于我们使用 Maven 作为项目构建系统，在 Maven 的规范中，网站应用资源会存放在 webapp 目录中。在 webapp 目录中，有默认生成的系统首页 index.jsp，其下的 WEB-INF 目录是 Web 应用的安全目录，客户端无法访问此目录中的内容，只有服务端可以访问，常用于存放配置文件、编译后的字节码文件等。

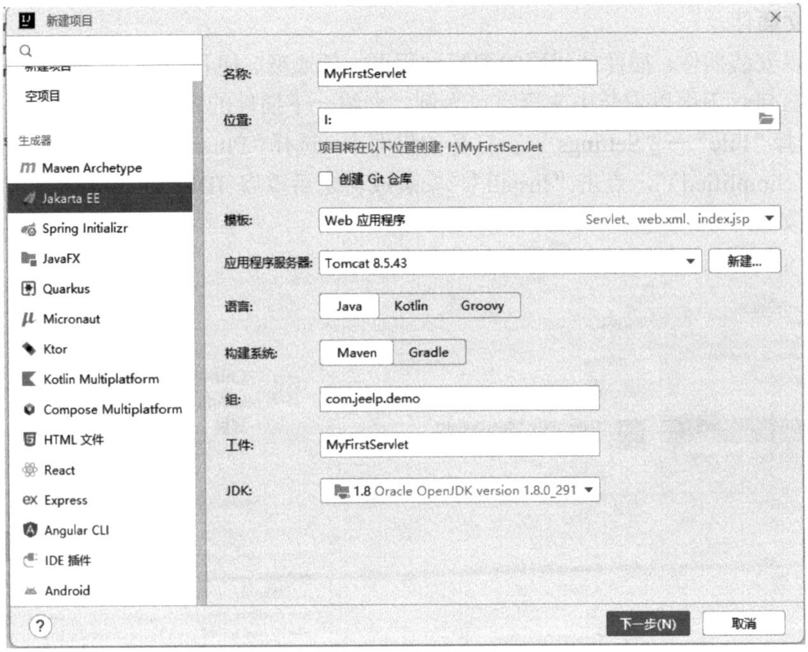

图 3-14　新建项目

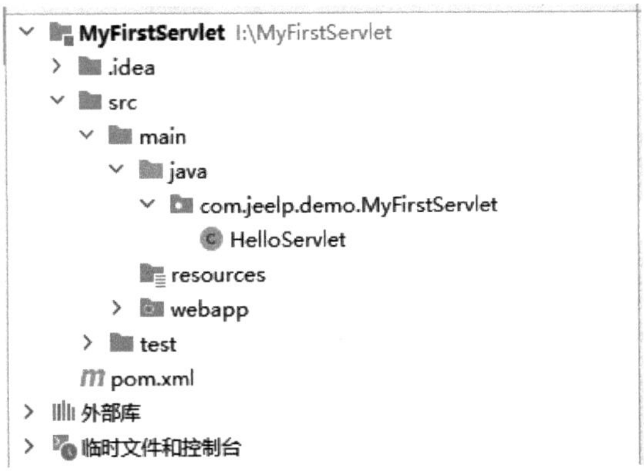

图 3-15　默认创建的项目结构

通过向导生成的Servlet类如代码清单3-3所示。

代码清单3-3　我的第一个Servlet程序

```
1.     package com.jeelp.demo.MyFirstServlet;
2.     import Java.io.*;
3.     import Javax.servlet.http.*;
4.     import Javax.servlet.annotation.*;
5.
6.     @WebServlet(name = "helloServlet",  value = "/hello-servlet")
7.     public class HelloServlet extends HttpServlet {
8.         private String message;
9.
10.        public void init() {
```

```
11.            message = "Hello World!";
12.        }
13.
14.        public void doGet(HttpServletRequest request, HttpServletResponse response)
     throws IOException {
15.            response.setContentType("text/html");
16.            PrintWriter out = response.getWriter();
17.            out.println("<html><body>");
18.            out.println("<h1>" + message + "</h1>");
19.            out.println("</body></html>");
20.        }
21.    }
22.        public void destroy() {
23.        }
24.    }
```

在代码清单 3-3 中，第 6 行代码通过 Servlet 3.0 提供的 WebServlet 注解完成部署描述，不再需要在 web.xml 中进行配置。第 14～20 行代码实现了 Get 接口，通过这个接口生成一段 HTML 的字符串，其作用是在页面上显示 Hello World。

接下来，尝试运行 Servlet 项目，使用运行工具栏可以方便地运行和调试项目，如图 3-16 所示。

图 3-16　运行工具栏

在创建项目时，如果未选择 Tomcat 作为项目的应用程序服务器，可以在运行工具栏中添加新配置，使用本地 Tomcat 服务器，并选择本地 Tomcat 的安装目录，如图 3-17 所示。

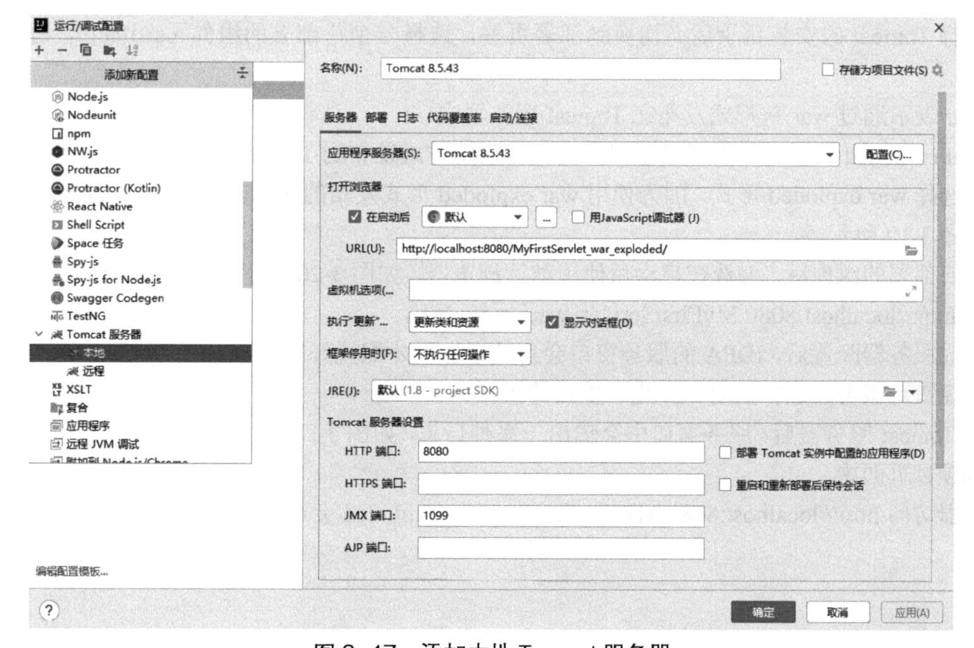

图 3-17　添加本地 Tomcat 服务器

在配置服务器的页签中，点击“配置”，选择本地 Tomcat 的安装目录，如图 3-18 所示。

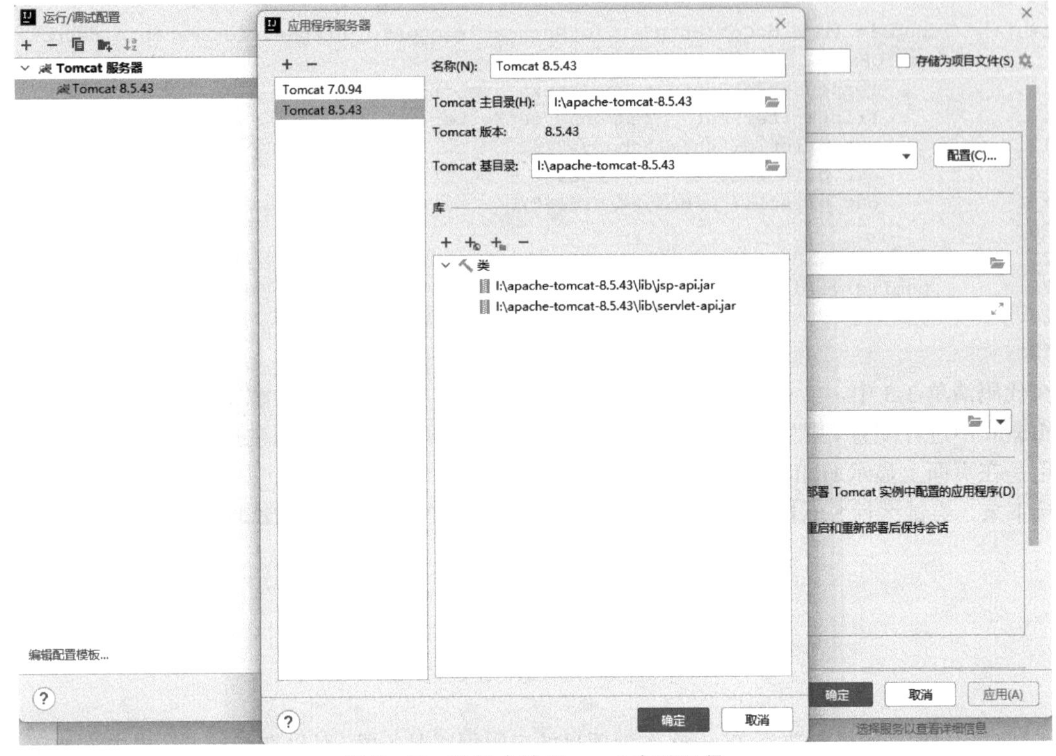

图 3-18　选择本地 Tomcat 安装目录

在选择 Tomcat 的安装目录后，切换到部署页签，选择一个待部署的组件（artifact），有如下两种形式。

- war 表示通过 war 包形式发布在 Tomcat 服务器中。
- war exploded 表示将当前应用以保持文件目录的方式发布到 Tomcat 服务器中。

一般选择 war exploded 形式，因为使用 war exploded 形式发布的应用支持热部署，方便进行开发和调试，如图 3-19 所示。

选择要部署的组件后，勾选在启动后使用默认浏览器，如图 3-20 所示，可以发现打开的 URL 已经自动变为 http://localhost:8080/MyFirstServlet_war_exploded/。

在完成服务器配置后，IDEA 的服务窗口会自动添加刚才配置好的 Tomcat 服务器，如图 3-21 所示，可以在该窗口对服务器进行启动、停止、重启等操作。

启动 Tomcat 服务器后，服务窗口中会输出一系列日志，如图 3-22 所示。同时也会自动打开浏览器，并跳转到项目页面中。

浏览器访问 http://localhost:8080/MyFirstServlet_war_exploded/会显示出 index.jsp 的页面，如图 3-23 所示。

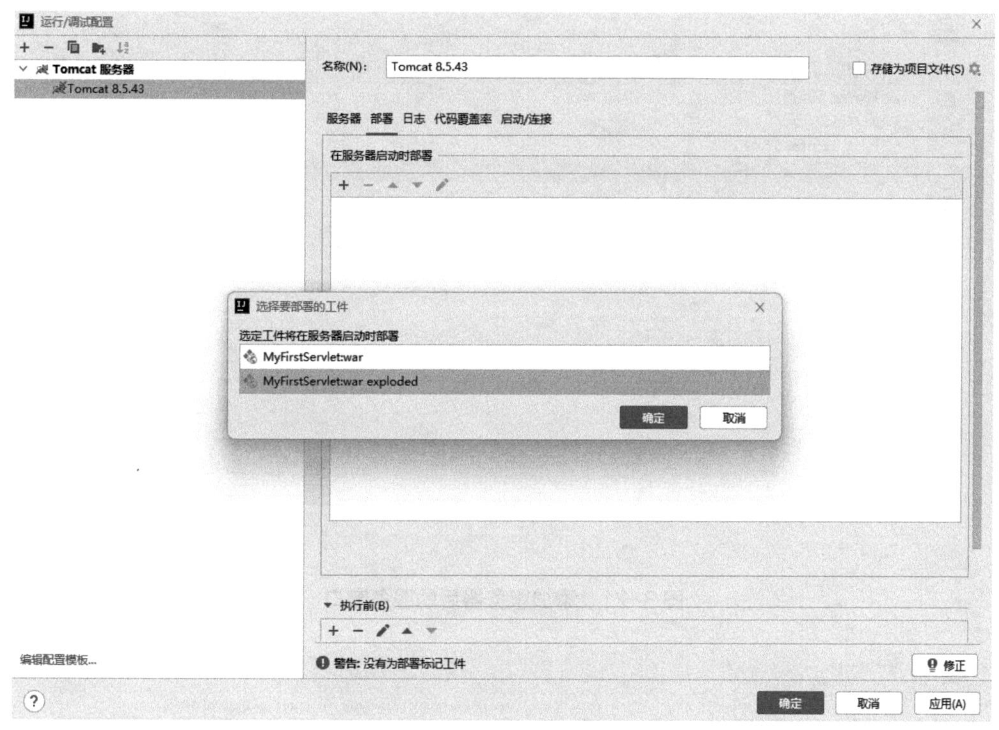

图 3-19 选择要部署的组件

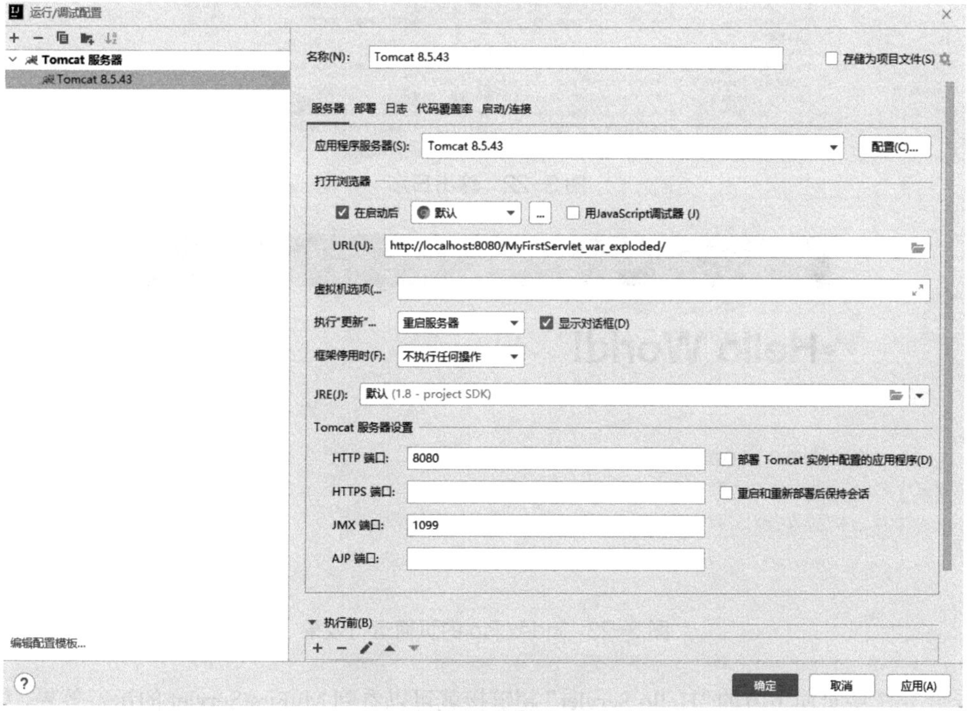

图 3-20 完成服务器配置

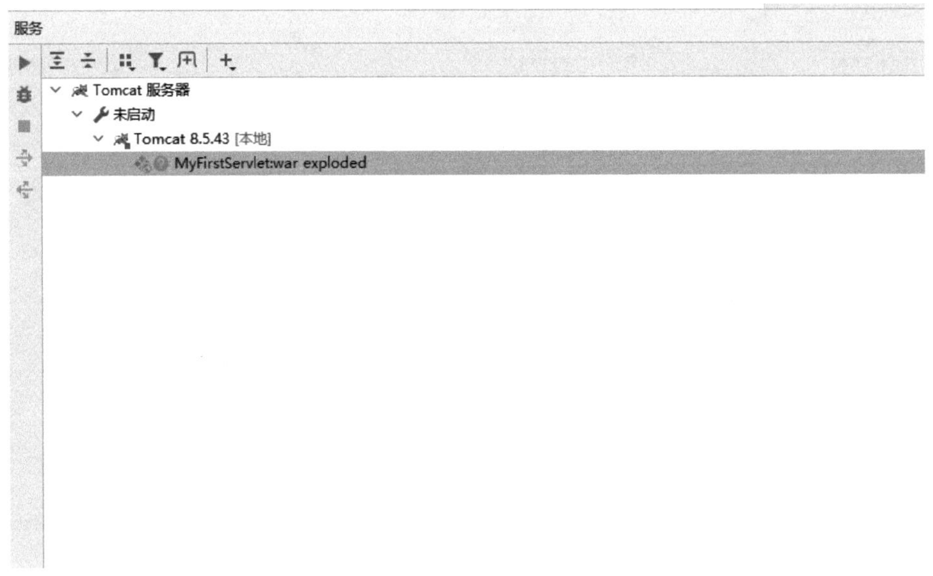

图 3-21　添加服务器后的服务窗口

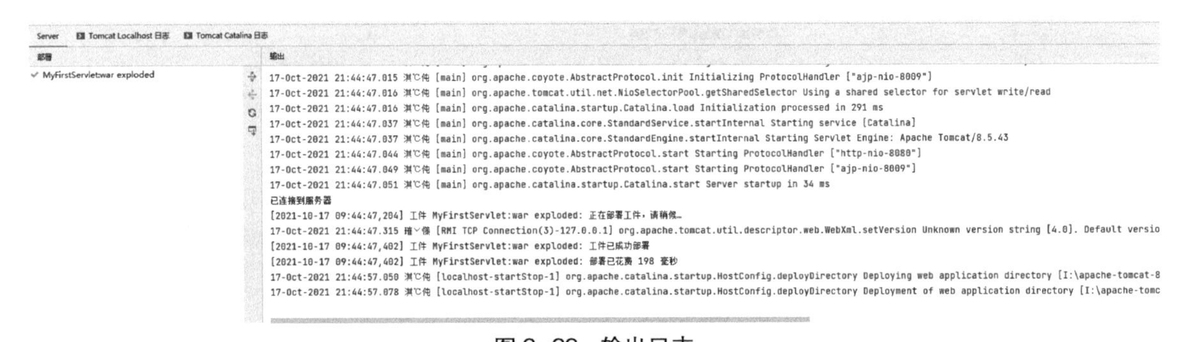

图 3-22　输出日志

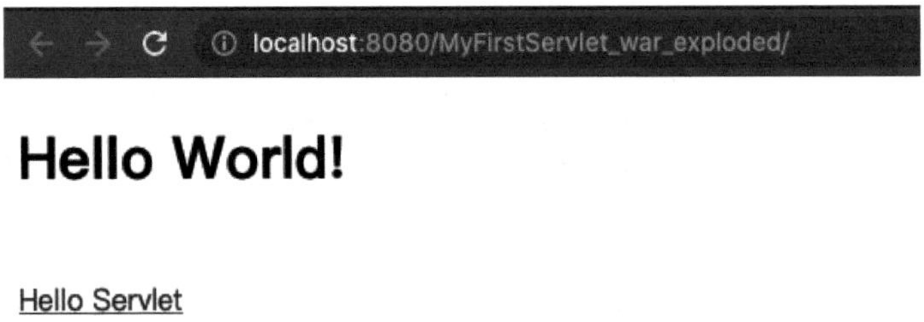

Hello World!

Hello Servlet

图 3-23　index.jsp 的页面运行效果

点击图 3-23 中页面下方的“Hello Servlet”超链接就可以看到 MyFirstServlet 的运行效果，如图 3-24 所示。

Hello World!

图 3-24 MyFirstServlet 的运行效果

3.2 JSP 技术介绍

JSP 是在 Servlet 技术的基础上发展起来的，是一个简化的 Servlet 设计，其目的是提供一种更为直观、快捷的 Servlet 开发方法。随着技术的发展，新的企业级应用已经很少直接采用 JSP 技术进行开发，但很多旧的遗留系统都是用 JSP 技术开发的。掌握 JSP 技术对于读者今后读懂遗留代码，理解业务逻辑，从而进行企业级应用开发会有很大的帮助。

3.2.1 JSP 概述

JSP 的全称是 Jakarta Server Pages，也曾被称为 JavaServer Pages，是由 Sun 公司主导创建的一种动态网页技术标准。JSP 将 Java 代码和特定的变动内容嵌入静态页面中，实现以静态页面为模板，动态生成部分内容的效果。

JSP 本质上是一种特殊的 Servlet，主要用于实现 Java Web 应用程序的用户界面。JSP 文件在运行时会被 JSP 编译器转换成更原始的 Servlet 代码。JSP 编译器可以先把 JSP 文件编译成用 Java 代码编写的 Servlet，然后再由 Java 编译器编译成能快速执行的字节码，或者直接编译成字节码。

JSP 部署在支持 Java EE 的中间件服务器上，可以响应客户端发送的请求，并根据请求内容动态地生成 HTML、XML 或其他格式的 Web 网页，然后返回给请求者。

JSP 引入了被称为“JSP 动作”的 XML 标签，用来调用内建功能。也可以创建 JSP 标签库，然后像使用标准 HTML 或 XML 标签一样去使用它们。利用标签库能实现增强功能，提升服务器的性能，而且不受跨平台的限制。JSP 标签有多种功能，比如访问数据库、记录用户选择信息、访问 JavaBeans 组件等，还可以在不同的网页中传递控制信息和共享信息。

虽然 JSP 程序与 ASP、CGI 程序有着相似的功能，但是 JSP 程序有如下优势。

- 性能更加优越，JSP 可以直接在 HTML 网页中动态嵌入元素，而不需要单独引用 CGI 文件。
- 服务器调用的是已经编译好的 JSP 文件，而不像 CGI 和 Perl 那样必须先载入解释器和目标脚本。
- 由于 JSP 基于 Java Servlet API，因此 JSP 拥有各种强大的企业级 Java API，包括 JDBC、JNDI、EJB、JAXP 等。
- JSP 页面可以与处理业务逻辑的 Servlet 一起使用，这种模式被 Java Servlet 模板引擎所支持。
- JSP 是 Java EE 技术规范中不可或缺的一部分，是一个完整的企业级应用平台，JSP 可以用最简单的方式去实现最复杂的应用。

3.2.2 JSP 的生命周期

JSP 是一种特殊的 Servlet，所以 JSP 从创建到销毁的整个生命周期类似于 Servlet 的生命周期，不过 JSP 的生命周期还包括将 JSP 文件编译成 Servlet 的过程。

JSP 的生命周期会经过以下 4 个阶段。

1. 编译阶段

Servlet 容器编译 Servlet 源文件，生成 Servlet 类。当一个 JSP 页面第一次被客户端访问时，Servlet 容器会生成.java 文件，最终编译成.class 字节码文件。如果打开.java 文件进行查看，就可以看到一个 Servlet。

2. 初始化阶段

加载与 JSP 对应的 Servlet 类，创建其实例，并调用其初始化方法。

3. 执行阶段

调用与 JSP 对应的 Servlet 实例的服务方法。

4. 销毁阶段

调用与 JSP 对应的 Servlet 实例的销毁方法，然后销毁 Servlet 实例。

JSP 的整个生命周期如图 3-25 所示。

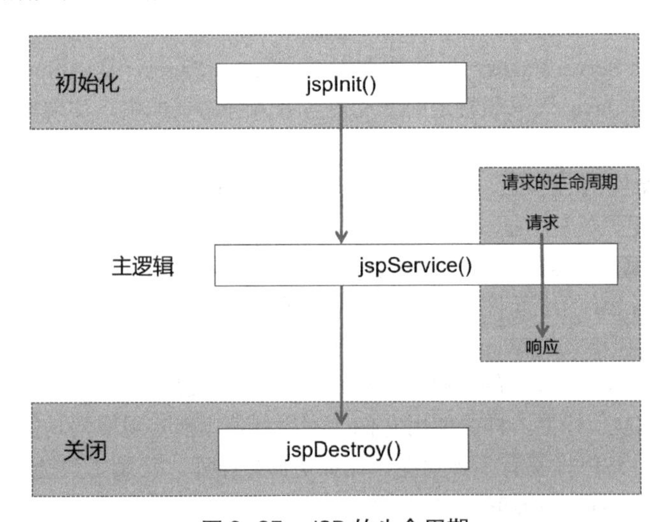

图 3-25　JSP 的生命周期

3.2.3 JSP 的基本语法

根据 JSP 规范定义的基本语法，一个 JSP 文件由模板数据和 JSP 构成元素两大部分组成。

模板数据是 JSP 容器不会处理的部分（静态部分），用来实现数据显示和样式控制，例如 JSP 页面中的 HTML 内容会直接发送到客户端的浏览器中。

JSP 构成元素是 JSP 文件的动态部分，需要引擎进行处理。JSP 构成元素有严格的语法结构，必须符合语法规范，才能被处理，否则会导致编译错误。JSP 构成元素有 4 种类型：指令元素、脚本元素、动作元素和注释，其中脚本元素包括表达式、脚本和声明 3 种子元素。

JSP 构成元素的详细信息，如图 3-26 所示。

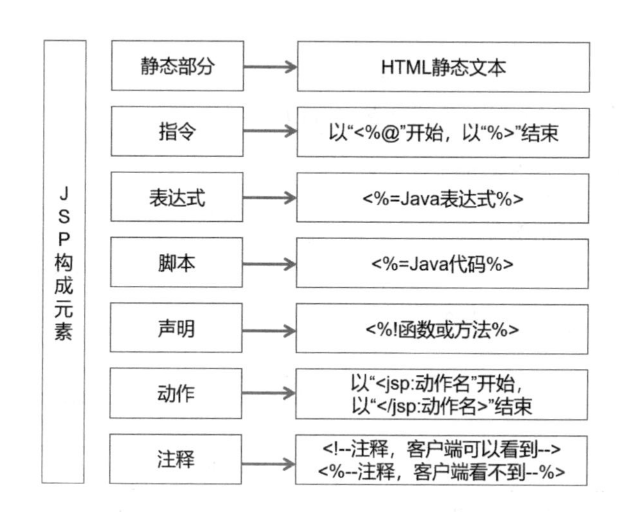

图 3-26 JSP 构成元素

下面以代码清单 3-4 为例，介绍一下各类 JSP 构成元素。

代码清单 3-4 JSP 文件结构示例

```
1.    <%@ page language="Java" import="Java.util.*" pageEncoding="UTF-8"%>
2.    <!DOCTYPE HTML PUBLIC "-//W3C//DTD HTML 4.01 Transitional//EN">
3.    <html>
4.        <head>
5.            <title>JSP 文件结构示例</title>
6.        </head>
7.        <body>
8.            <!--  一段 HTML 注释信息 -->
9.                <%out.println("Hello World! "); %>
10.       </body>
11.   </html>
```

在代码清单 3-4 中，第 1 行代码是一个指令标签，用来声明页面使用的语言、导入的包和页面编码。第 2～7 行代码是一段模板数据，这是一段 HTML，都是静态内容，与普通的 HTML 文件完全一致。第 8 行代码是一段注释信息。第 9 行代码是一行内嵌的 Java 代码，是脚本元素。第 10～11 行代码是一段模板数据，这里是一段 HTML，表示文件结束。这个示例中没有涉及动作元素。

3.2.4 JSP 指令

指令元素主要用于为转换阶段提供整个 JSP 页面的相关信息，指令不会产生任何到当前输出流中的输出。指令元素有 3 种：page 指令、include 指令和 taglib 指令。

在起始符号<%@之后和结束符号%>之前，可以加空格，也可以不加，但是<和%之间、%和@之间不能有任何空格。

1. page 指令

page 指令作用于整个 JSP 页面，定义了许多与页面相关的属性，这些属性用于和 JSP 容器通信。page 指令的示例如代码清单 3-5 所示。

page 指令的语法表示如下：

```
<%@ page attr1="value1" attr2="value2" ...%>
```

在 JSP 规范中，还提供了 XML 语法格式的 page 指令：

```
<jsp:directive.page attr="value" .../>
```

代码清单 3-5　page 指令的示例

```
1.    <%@ page language="Java" import="Java.util.*" contentType=text/html;charst=gb2312" %>
```

page 指令一共有 13 个属性，如表 3-1 所示。

表 3-1　page 指令的属性

属性	描述
language	指定在脚本元素中使用的脚本语言，默认是 Java
extends	指定 JSP 页面转换后的 Servlet 类继承自哪一个类，属性的值是完整的限定类名。通常不需要使用这个属性
import	指定脚本环境中可以使用的 Java 类。和 Java 程序中的 import 声明类似，该属性的值是以逗号分隔的导入列表。注意：page 指令中只有 import 属性可以重复设置。import 默认导入的列表是 java.lang.*、javax.servlet.*、javax.servlet.jsp.*和 javax.servlet.http.*
isErrorPage	表明当前的 JSP 页面是否是另一个 JSP 页面的错误处理页面，默认值为 false
contentType	指定用于响应的 JSP 页面的 MIME 类型和字符编码，如<%@page contentType="text/html; charset=gb2312"%>
pageEncoding	指定 JSP 页面使用的字符编码。若设置了这个属性，则 JSP 页面的字符编码使用该属性指定的字符集；若没有设置这个属性，则 JSP 页面使用 contentType 属性指定的字符集；若这两个属性都没有指定，则使用字符集“ISO-8859-1”
session	表明在 JSP 页面中是否可以使用 session 对象，默认值是 true
buffer	指定 out 对象（类型为 JSPWriter）使用的缓冲区大小，none 不适用缓冲区，所有的输出直接通过 ServletResponse 的 PrintWriter 对象写出。该属性的值只能以 kb 为单位，默认值是 8kb
autoFlush	当缓冲区满的时候，指定缓存的输出是否应该自动刷新。若设置为 false，当缓冲区溢出的时候，一个异常将被抛出，默认值是 true
isThreadSafe	表明对 JSP 页面的访问是否是线程安全的。若设置 true，则向 JSP 容器表明这个页面可以同时被多个客户端请求访问。若设置 false，则 JSP 容器将对转换后的 Servlet 类实现 SingleThreadModel 接口，默认值是 true
info	指定页面的相关信息，该信息可以通过调用 Servlet 接口的 getServletInfo()方法得到
errorPage	当 JSP 页面发生异常时，指定转向哪一个错误处理页面。如果一个页面通过使用该属性定义了错误页面，那么在 web.xml 文件中定义的任何错误页面将不会被使用
isELIgnored	定义在 JSP 页面中是否执行或忽略 EL 表达式。若设置为 true，则 EL 表达式将被容器忽略；若设置为 false，则 EL 表达式将被执行

注意

无论将 page 指令放在 JSP 文件的哪个位置，它的作用范围都是整个 JSP 页面，但是为了 JSP 程序的可读性以及养成良好的编程习惯，通常应该将 page 指令放在 JSP 文件的顶部。

2. include 指令

include 指令用于在 JSP 页面中静态包含一个文件，该文件可以是 JSP 页面、HTML 网页、文本文件或一段 Java 代码。包含 include 指令的 JSP 页面在转换时，JSP 容器会在其中插入所包含文件的文本或代码。

include 指令的语法表示如下：

```
<%@include file="relativeURLspec"%>
```

XML 语法格式的 include 指令表示如下：

```
<jsp:directive.include file="relativeURLspec"/>
```

其中，file 属性的值被解释为相对于当前 JSP 文件的 URL。

提示

最好不要在被包含的文件中使用<html>、</html>、<body>、</body>等标签，因为这会影响到原 JSP 文件中同样的标签，可能会导致错误。另外，因为原文件和被包含的文件可以访问彼此定义的变量和方法，所以在包含文件是要格外小心，避免在被包含的文件中定义同名的变量和方法，从而导致转换时出错；或者不小心修改了文件中的变量值，从而导致不可预料的结果出现。

3. taglib 指令

taglib 指令允许页面使用用户定制的标签，语法表示如下：

```
<%@taglib (uri="tagLibraryURI" | tagdir="tagDir") prefix="tagPrefix"%>
```

XML 语法格式的 taglib 指令表示如下：

```
<jsp:directive.tablib (uri="tagLibraryURI" | tagdir="tagDir") prefix="tagPrefix"/>
```

taglib 指令有三个属性，如表 3-2 所示。

表 3-2 taglib 指令的属性

属性	描述
uri	唯一地标识与前缀（prefix）相关的标签库描述符，可以是绝对或相对的 URI。这个 URI 被用于定位标签库描述符的位置
extends	指示前缀（prefix）将被用于标识安装在/WEB-INF/tags/目录或其子目录下的标签文件。存在 3 种会发生转换错误的情况：属性的值不是以/WEB-INF/tags/开始；属性的值没有指向一个已经存在的目录；该属性与 uri 属性一起使用
prefix	定义一个 prefix:tagname 形式的字符串前缀，用于区分多个自定义标签。以 jsp:、jspx:、Java:、Javax:、servlet:、sun:和 sunw:开始的前缀被保留。前缀的命名必须遵循 XML 命名规范。在 JSP 2.0 规范中，空前缀是非法的

3.2.5 JSP脚本元素

在JSP页面中嵌入Java代码有3种脚本元素：声明脚本、代码脚本和JSP表达式。JSP 2.0让EL表达式也能成为脚本元素。下面分别介绍一下这三种脚本元素。

1. 声明脚本

声明脚本元素用于声明在JSP页面的脚本语言中使用的变量和方法。声明必须是完整的声明语句，并且遵照Java语言的语法。声明不会在当前的输出流中产生任何的输出。声明以<%!开始，以%>结束，其语法表示如下：

```
<%! declaration(s) %>
```

XML语法格式的声明脚本表示如下：

```
<jsp:declaration>declaration(s)</jsp:declaration>
```

声明脚本的示例如代码清单3-6所示。

代码清单3-6　JSP声明脚本示例

```
1.    <%! int i;  %>
2.    <%! int i=0;  %>
3.    <%! long startTime=System.nanoTime();  %>
```

提示

不要忘了变量名后面的分号，声明只在当前的JSP页面中有效。在JSP容器将JSP页面转换为Servlet类时，利用<%!%>声明的变量将作为该类的实例变量或者类变量（声明时使用了static关键字），多用户并发访问将导致线程安全问题，除非这个JSP文件确定是由单用户访问的或者变量是只读的。

2. 代码脚本

脚本段是在请求处理期间要执行的Java代码段。脚本段可以产生输出，并将输出发送到客户端，输出也可以是一些流程控制语句。脚本段以<%开始，以%>结束，语法表示如下：

```
<% scriptlet %>
```

XML语法格式的代码脚本表示如下：

```
<jsp:scriptlet> scripts </jsp:scriptlet>
```

在JSP容器转换JSP页面为Servlet类时，页面中的代码脚本会按照出现的次序，依次被转换为_jspService()方法中的代码，在代码脚本中声明的变量将成为_jspService()方法中的本地变量，因此，脚本段中的变量是线程安全的。

3. JSP表达式

JSP表达式脚本元素是指Java语言中完整的表达式，在请求处理时计算这些表达式，计算的结果将被转换为字符串，插入当前的输出流中。表达式以<%=开始，以%>结束，语法表示如下：

```
<%=expression%>
```

XML 语法格式的 JSP 表达式表示如下：

```
<jsp:expression> expression </jsp:expression>
```

JSP 表达式示例如代码清单 3-7 所示。

代码清单 3-7 JSP 表达式示例

```
1.      圆周率是：<%= Math.PI %>
```

提示

在书写 JSP 表达式的时候，一定不要在表达式后面添加任何的标点符号。

3.2.6 JSP 动作

在请求处理阶段，动作元素（也称动作标签）会按照动作元素在 JSP 页面出现的顺序被执行，JSP 动作元素的优先级低于指令元素，在被翻译阶段 JSP 页面将首先翻译指令元素，将他们转化为 Servlet，从而设置整个页面。

动作元素遵循 XML 元素的语法，有一个包含元素的开始标签，可以有属性、可选的内容、与开始标签匹配的结束标签。动作元素也可以是一个空标签，可以有属性。与 XML 和 XHTML 一样，JSP 的标签也是区分字母大小写的。JSP 规范定义了一系列的标准动作，用 jsp：作为前缀，标准动作元素如表 3-3 所示。

表 3-3 JSP 标准动作元素

动作元素	描述
jsp:include	用来包含静态和动态的文件。该动作把指定文件插入正在生成的页面
jsp:useBean	寻找或者实例化一个 JavaBean
jsp:setProperty	设置 JavaBean 的属性
jsp:getProperty	取得某个 JavaBean 的属性
jsp:forward	把请求转到一个新的页面
jsp:plugin	根据浏览器类型为 Java 插件生成 OBJECT 或 EMBED 标记
jsp:element	定义动态 XML 元素
jsp:attribute	设置动态定义的 XML 元素属性
jsp:body	设置动态定义的 XML 元素内容
jsp:text	在 JSP 页面和文档中使用写入文本的模板

所有的动作元素都有两个通用属性：id 属性和 scope 属性，如表 3-4 所示。

表 3-4 JSP 动作元素的通用属性

通用属性	描述
id	id 属性是动作元素的唯一标识，可以在 JSP 页面中引用。动作元素创建的 id 值可以通过 PageContext 对象来调用

续表

通用属性	描述
scope	scope属性用于识别动作元素的生命周期。属性可以是request、page、session、application，各属性的具体含义如下：request表示该属性在请求的生命周期内有效，一旦请求被所有的JSP页处理完后，那么该属性就不可引用；page表示该属性只在当前页中有效；session表示该属性在用户会话的生命周期内有效；application表示该属性在各种情况下都有效，并且永远不会变为不可引用，和全局变量相同

1. <jsp:include>

这个动作元素用于在当前页面中包含静态和动态的资源，一旦被包含的页面执行完毕，请求处理将在调用页面中继续进行。被包含的页面不能改变响应的状态代码或者设置报头，避免调用类似setCookie()这样的方法，对这些方法的调用都将被忽略。这个约束和在Javax.servlet.RequestDispather类的include()方法上所施加的约束是一样的，include动作的语法表示如下：

```
<jsp:include page="urlSpec" flush="true|false"  />
```

或

```
<jsp:include page="urlSpec" flush="true|false">
  {<jsp:param.../>}*
</jsp:include>
```

include的动作属性如表3-5所示。

表3-5 include的动作属性

动作属性	描述
page	指定被包含资源的相对路径，该路径是相对于当前JSP页面的URL
flush	该属性时可选的。若设置为true，当页面输出使用了缓冲区，那么在进行包含工作之前，先要刷新缓冲区。若设置为false，则不会刷新缓冲区，默认值是false

要注意区别include指令和<jsp:include>动作。include指令的file属性所给出的路径是相对于当前文件的，而<jsp:include>动作的page属性所给出的路径是相对于当前页面的，要理解相对于当前文件和相对于当前页面的区别，就需要结合include指令和<jsp:include>动作对被包含资源的不同处理方式来考虑。

当采用include指令包含资源时，相对路径的解析发生在转换期间（相对于当前文件的路径来找资源），资源的内容（文本或代码）在include指令的位置处被包含进来，成为一个整体，在预处理的过程中被转换为Servlet源文件。当采用<jsp:include>动作包含资源时，相对路径的解析发生在请求处理期间（相对于当前页面的路径来找资源），当前页面和被包含的资源是两个独立的个体，当前页面将请求发送给被包含的资源。

2. <jsp:forward>

这个动作元素允许将当前的请求转发给一个静态的资源、JSP页面或者Servlet，请求被转向到的资源必须位于同JSP发送请求相同的上下文环境中。

这个动作元素会终止当前页面的执行，如果页面输出使用了缓冲，那么在转发请求之前，缓冲区将被清除；如果在转发请求之前已经刷新缓冲区，那么将抛出IllegalStateException异常。如果页面输出没有使用缓冲，而某些输出已经发送，那么试图调用<jsp:forward>动作将抛出IllegalStateException异常。

这个动作的作用和 RequestDispatcher 接口的 forward()方法的作用是一样的，forward 动作的语法表示如下：

```
<jsp:forward page="relativeURLspec"/>
```

或

```
<jsp:forward page="urlSpec">
{<jsp:param.../>}*
</jsp:forward>
```

<jsp:forward>动作只有一个属性 page，如表 3-6 所示。

表 3-6 forward 的动作属性

动作属性	描述
page	指定请求被转向的资源的相对路径，该路径是相对于当前 JSP 页面的 URL，也可以是经过表达式计算得到的相对 URL

3. <jsp:plugin>、<jsp:params>和<jsp:fallback>

<jsp:plugin>动作用于产生与客户端浏览器相关的 HTML 标签（<OBJECT>或<EMBED>），从而在需要时下载 Java 插件（Plug-in），并在插件中执行指定的 Applet 或 JavaBean。<jsp:plugin>标签将根据客户端浏览器的类型被替换为<object>或<embed>标签。<jsp:plugin>元素的内容可以使用另外两个标签：<jsp:params>和<jsp:fallback>。

<jsp:params>是<jsp:plugin>动作的一部分，并且只能在<jsp:plgin>动作中使用。<jsp:params>动作包含一个或多个<jsp:param>动作，用于向 Applet 或 JavaBean 提供参数。

<jsp:fallback>同样是<jsp:plugin>动作的一部分，并且也只能在<jsp:plugin>动作中使用，主要用于指定 Java 插件不能启动时显示给用户的一段文字。如果插件能够启动，但是 Applet 或 JavaBean 没有发现或不能启动，那么浏览器会提示一段出错信息。

语法表示如下：

```
<jsp:plugin type="bean|applet"
      code="objectCode" codebase="objectCodebase" {align="alignment"} {archive="archiveList"}
      {height="height"} {hspace="hspace"} {jreversion="jreversion"} {name="componentName"}
      {vspace="vspace"} {width="width"} {nspluginurl="url"} {iepluginurl="url"}>
        {<jsp:params>
            {<jsp:param name="paramName" value="paramValue"/> }+
          </jsp:params>
        }
        {<jsp:fallback>arbitrary_text</jsp:fallback>}
</jsp:plugin>
```

<jsp:plugin>动作有 13 个属性，如表 3-7 所示。

表 3-7 plugin 的动作属性

动作属性	描述
type="bean|applet"	指定将要被执行的组件的类型，是 JavaBean 还是 Applet
code="objectCode"	指定将要被执行的组件的完整类名，以.class 结尾。该类名要么以 codebase 为相对路径起点，要么以当前页面为相对路径起点
codebase="objectCodebase"	指定将要被执行的 Java 类所在的目录

续表

动作属性	描述
align="alignment"	指定组件对齐的方式。对齐方式有 left、right、bottom、top、texttop、middle、absmiddle、baseline、absbottom 等
archive="archiveList"	指定以逗号分隔的 Java 归档文件列表。归档文件中可以包含组件要使用的类或其他需要的资源
height="height"和 width="width"	指定组件的高度和宽度，以像素为单位
hspace="hspace"和 vspace="vspace"	指定组件左右、上下留出的空间，以像素为单位
jreversion="jreversion"	指定组件运行时需要的 JRE 版本
name="componentName"	指定组件的名字。在编写脚本代码的时候，可以用该属性的值作为组件的名字来引用这个组件
nspluginurl="url"	指定网景浏览器用户下载 JRE 插件的 URL。
iepluginurl="url"	指定 IE 浏览器用户下载 JRE 插件的 URL。

4. <jsp:param>

这个动作元素以“名-值”的形式为其他标签提供附加信息。它和<jsp:include>，<jsp:forward>和<jsp:plugin>一起使用，语法表示为：

```
<jsp:param name="" value=""/>
```

param 的动作属性如表 3-8 所示。

表 3-8　param 的动作属性

动作属性	描述
name	给出参数的名字
value	给出参数的值，可以是一个表达式

5. <jsp:useBean>、<jsp:setProperty>和<jsp:getProperty>

这三个动作元素用于访问 JavaBean。JavaBean 就是符合某种特定规范的 Java 类。使用 JavaBean 的好处是可以解决代码复用的问题，减少代码冗余，提高代码的可维护性。

<jsp:useBean>用于在 JSP 页面中创建或者复用一个 JavaBean 变量。useBean 的动作属性如表 3-9 所示。

表 3-9　useBean 的动作属性

动作属性	描述
class	指定 Bean 的完整包名
type	指定将引用对象变量的类型
beanName	给出参数的值，可以通过 java.beans.Beans 的 instantiate()方法来指定 Bean 的名字

<jsp:getProperty>用于从指定的 JavaBean 中获取一个属性值。getProperty 的动作属性如表 3-10 所示。

表 3-10 getProperty 的动作属性

动作属性	描述
name	name 属性是必需的，表示要获取属性的 Bean，这个 Bean 必须已定义
property	property 属性是必需的，表示要获取的属性

<jsp:setProperty>用来设置已经实例化的 Bean 对象的属性，有以下两种用法。

- 第 1 种用法是可以在<jsp:useBean>动作元素的后面使用<jsp:setProperty>动作元素，不论<jsp:setProperty>动作元素是找到了一个现有的 Bean 类，还是新创建了一个 Bean 类例，<jsp:setProperty>动作元素都会被执行。
- 第 2 种用法是把<jsp:setProperty>动作元素放入<jsp:useBean>动作元素的内部，只有在新建 Bean 类实例时<jsp:setProperty>动作元素才会被执行，如果是使用现有实例就不执行<jsp:setProperty>动作元素。

setProperty 的动作属性如表 3-11 所示。

表 3-11 setProperty 的动作属性

动作属性	描述
name	name 属性是必需的，表示要设置属性的 Bean
property	property 属性是必需的，表示要设置的属性。有一个特殊用法：如果 property 的值是“*”，那么所有和 Bean 属性名字匹配的请求参数都将被传递给相应的 set 方法
Value	value 属性是可选的，用来指定 Bean 属性的值。字符串数据会在目标类中通过标准的 valueOf 方法自动转换成数字、boolean、Boolean、byte、Byte、char、Character
param	param 属性是可选的，用来指定用哪个请求参数作为 Bean 属性的值。如果当前请求没有参数，那么系统不会把 null 传递给 Bean 属性的 set 方法。可以让 Bean 提供默认属性值，只有当请求参数明确指定了新值时，才会修改默认属性值

这 3 个动作元素的示例如代码清单 3-8 所示。

代码清单 3-8 useBean 示例

```
1.    <jsp:useBean id="myBean" class="com.foo.MyBean" scope="request" />
2.    <jsp:getProperty name="myBean" property="lastChanged" />
3.    <jsp:setProperty name="myBean" property="lastChanged" value="<%= new Date()%>" />
```

在代码清单 3-8 中，第 1 行代码创建了一个 com.foo.MyBean 类的实例，并且把该实例存储在属性 id 为 myBean 的对象中，该实例将在该请求的生命周期内有效，可以在所有被包含或者从主页面（最先接收请求的页面）转到的 JSP 页面之间共享。第 2 行代码和第 3 行代码分别是获取和设置 lastChanged 属性的值。

6. <jsp:element>

这个动作用于动态定义 XML 元素的标签。在<jsp:element>中，可以包含<jsp:attributee>和<jsp:body>，语法表示如下：

```
<jsp:element name="name">
     optional body
</jsp:element>
```

或

```
<jsp:element name="name">
     jsp:attribute*
     jsp:body?
</jsp:element>
```

举例来说：

```
<jsp:element name="employee">
     <jsp:attribute name="name">张三</jsp:attribute>
     <jsp:body>张三属于研发部</jsp:body>
</jsp:element>
```

执行后生成的 XML 如下：

```
<employee name="张三">张三属于研发部</employee>
```

7. <jsp:text>

这个动作用于封装模板数据，它可以在模板数据允许出现的任何地方使用。<jsp:text>元素的作用和在 JSP 页面中直接书写模板数据一样。这个动作没有属性，语法表示如下：

```
<jsp:text>template data</jsp:text>
```

在<jsp:text>动作中不能嵌套其他的动作和脚本元素，但是可以包含 EL 表达式。

3.2.7 JSP 注释

在 JSP 页面中，可以使用两种类型的注释。一种是 HTML 注释，这种注释可以在客户端看到；另一种是 JSP 页面本身的注释，这种注释通常是给程序员看的，被称作 JSP 注释。

1. HTML 注释

注释中可以包含动态的内容，这些动态的内容将被 JSP 容器处理，然后将处理的结果作为注释的一部分。

HTML 注释的语法表示为：<!--comments -->

例：<!--这是注释！ -->

<!-- 1+1 = <%= 1+1 %> -->

2. JSP 注释

JSP 容器将完全忽略这种注释，这种注释对开发人员是非常有用的，可以在 JSP 页面中对代码的功能作注释，而不用担心该注释会被发送到客户端。另外，在脚本段中，我们也可以使用 Java 语言本身的注释机制。

JSP 注释的语法表示为：<%-- comments --%>

例：<%-- 该部分注释在网页中不会被显示--%>

3.2.8 JSP 内置对象

JSP 内置对象也可以被称作隐含对象，它是由容器实现和管理的。在使用 JSP 内置对象时，不需要预先定义这些对象，可以直接使用，从而简化了 JSP 开发。

在 JSP 中一共预先定义了 9 个这样的对象，分别为 request、response、session、application、out、pageContext、config、page 和 exception。在客户端和服务器交互的过程中这些对象分别实现不同的功能。

1. request 对象

request 对象是 javax.servlet.http.HttpServletRequest 类的实例，代表请求对象，主要用于接受客户端通过 HTTP 协议传输到服务器的数据，比如表单中的数据、网页地址后的参数等。request 对象的常用方法如表 3-12 所示。

表 3-12 request 对象的常用方法

方法	说明
getAttribute(String name)	返回由 name 指定的属性值，如果指定的属性值不存在，那么返回 null
getAttributeNames()	返回 request 对象的所有属性的名称集合
getCharacterEncoding()	返回一个 String，包含请求正文中所使用的字符编码
getContentLength()	返回请求正文的长度（字节数），如果不确定，就返回-1
getContenType()	得到请求体的 MIME 类型
getInputStream()	返回请求的输入流，用来显示请求中的数据
getParameter(String name)	获取由 name 指定的客户端传送给服务器的参数，通常是表单中的参数
getParameterNames()	获取客户端传送的所有参数的名字集合
getParameterValues(String name)	获得由 name 指定的参数的所有值
getProtocol()	返回客户端向服务器传送数据所依据的协议名称
getMethod()	获得客户端向服务器传送数据的方法，如 get、post、header、trace 等。
getServerName()	获得服务器的主机名字
getServletPath()	获得 JSP 文件相对于根地址的地址
getRemoteAddr()	获得客户端的网络地址
getRemoteHost()	获取发送此请求的客户端主机名
getRealPath(String path)	获取虚拟路径的真实路径，该方法已经不被推荐使用，建议使用 ServletContext.getRealPath(java .lang.String) 代替
getCookie()	获取所有的 Cookie 对象
setAttribute(String key，Object obj)	设置属性的属性值
isSecure()	返回布尔类型的值，用于确定这个请求是否使用了安全协议，如 HTTPS
isRequestedSessionIdPromCookie()	返回布尔类型的值，表示会话是否使用了 Cookie 来管理会话 ID
isRequestedSessionIdFromURL()	返回布尔类型的值，表示会话是否使用了 URL 来管理会话 ID
getServerPath()	获取客户端所请求的脚本文件的文件路径
getRequestURI()	获得发出请求字符串的客户端地址，不包括请求的参数
getHeader（String name）	获得 HTTP 协议定义的文件头信息
getHeaders（String name）	返回指定名字的请求头的所有值，其结果是一个枚举型的实例
getHeadersNames()	返回所有请求头的名字，其结果是一个枚举型的实例
isRequestedSessionIdFromVoid()	检查请求的会话 ID 是否合法

2. response 对象

response 对象是 javax.servlet.http.HttpServletResponse 类的实例。Response 对象代表响应对象，主要用于向客户端发送数据。response 对象的常用方法如表 3-13 所示。

表 3-13 response 对象的常用方法

方法	说明
addCookie(Cookie cookie）	给客户端添加一个 Cookie 对象，用来保存客户端的信息
addDateHeader(String name，long value)	添加一个日期类型的 HTTP 头信息，用来覆盖同名的 HTTP 头
addIntHeader(String name，int value)	添加一个整型的 HTTP 首部，同时覆盖旧的 HTTP 首部
encodeRedirectURL(String url)	对使用的 URL 进行编译
encodeURL(String url)	封装 URL 并返回到客户端，实现 URL 的重写
flushBuffer()	清空缓冲区
getCharacterEncoding()	取得字符编码类型
getContentType()	取得 MIME 类型
getLocale()	取得 Web 服务器所使用的本地化信息
getOutputStream()	返回一个二进制输出字节流
getWriter()	返回一个输出字符流
reset()	重设 response 对象
resetBuffer()	重设缓冲区
sendError(int sc)	向客户端发送 HTTP 状态码的出错信息
sendRedirect()	将客户的请求重定向到指定页面
setBufferSize(int size)	设置缓冲区的大小为 size
setCharacterEncoding(String encoding)	设置字符编码类型为 encoding
setContentLength(int length)	设置响应数据的大小为 size
setContentType(String type)	设置 MIME 类型
setDateHeader(String s1，long l)	设置日期类型的 HTTP 首部信息
setLocale(Locale locale)	设置本地化为 locale
setStatus(int status)	设置状态码为 status

3. out 对象

out 对象是 javax.servlet.jsp.JspWriter 类的实例，主要用于向客户端的浏览器输出数据。out 对象的常用方法如表 3-14 所示。

表 3-14 out 对象的常用方法

方法	说明
println()	向客户端打印字符串
flush()	将缓冲区内容输出到客户端

续表

方法	说明
clear()	清除缓冲区，在 flush()之后调用会抛出异常
clearBuffer()	清除缓冲区，在 flush()之后调用不会抛出异常
getBufferSize()	返回缓冲区字节数大小
getRemaining()	返回缓冲区剩余可用字节数，如果不设缓冲区，就返回 0
isAutoFlush()	当缓冲区已满时，决定是自动清空还是抛出异常
close()	关闭输出流

4. session 对象

session 对象是 javax.servlet.http.HttpSession 类的实例，主要用来说明在服务器与客户端之间需要保留的数据，比如在会话期间保持用户的登录信息等。

会话状态维持是 Web 应用开发人员必须面对的问题。当客户端关闭浏览器或网站的所有网页时，session 对象中保存的数据会被自动清除。由于 HTTP 协议是一个无状态协议，不保留会话间的数据，因此 session 对象扩展了 HTTP 的功能。例如在用户登录一个网站之后，登录信息会暂时保存在 session 对象中，打开不同的页面时，登录信息是可以共享的，一旦用户关闭浏览器或退出登录，就会清除 session 对象中保存的登录信息。session 对象的常用方法如表 3-15 所示。

表 3-15 session 对象的常用方法

方法	说明
getAttribute(String name)	获取 session 对象中指定名字的属性
getAttributeNames()	获取 session 对象中所有属性的名字
getCreationTime0	返回当前 session 对象创建的时间，从 1970 年 1 月 1 日 0 时算起，单位是 ms
getId()	返回当前 session 对象的 ID，每个 session 对象都有唯一的 ID
getLastAccessedTime0	返回当前 session 对象最后一次被操作的时间
getMaxInactiveInterval()	获取 session 对象的最大存活时间
setlMaxInactiveInterval(int interval)	设置 session 对象的最大存活时间。若超过该时间，session 对象将会消失，单位是秒
invalidate()	强制销毁该 session 对象
getServletContext()	返回一个该 JSP 页面的 ServletContext 对象实例
getSessionContext()	获取 session 对象的内容
getValue(String name)	取得指定名称的 session 变量值，不推荐使用
getValueNames()	取得所有 session 变量名称的集合，不推荐使用
isNew()	判断 session 对象是否为新的，新的 session 对象是指由服务器产生的、尚未被客户端使用的 session 对象
removeAttribute(String name)	删除指定名字的属性

续表

方法	说明
putValue(String name，Object value)	添加一个 session 变量，不推荐使用
setAttribute(String name，Object object)	设定指定名字属性的属性值，并存储在 session 对象中

5. application 对象

application 对象是 javax.servlet.ServletContext 类的实例，主要用于保存应用程序的公用数据。它是一个共享的内置对象，或者说是一个全局变量，由于一个容器中的多个用户共享一个 application 对象，因此其保存的信息被所有用户所共享。application 对象的常用方法如表 3-16 所示。

表 3-16　application 对象的常用方法

方法	说明
getAttribute(String arg)	获取 application 对象中含有关键字的对象
getAttributeNames()	获取 application 对象的所有参数名字
getMajorVersion()	获取支持 Servlet 的服务器主版本号
getMinorVersion()	获取支持 Servlet 的服务器从版本号
removeAttribute(String name)	根据名字删除 application 对象的参数
setAttribute(String key，Object obj)	将参数 Object 指定的 obj 对象添加到 application 对象中，并为添加的对象指定一个索引关键字

6. pageContext 对象

pageContext 对象是 javax.servlet.jsp.PageContext 类的实例，用来代表页面上下文，该对象主要用于访问 JSP 之间的共享数据，使用 page Context 对象可以访问 page、request、session、application 范围的变量。page Context 对象的创建和初始化都是由 JSP 容器来完成的。pageContext 对象的常用方法如表 3-17 所示。

表 3-17　pageContext 对象的常用方法

方法	说明
forward(String relativeUrlPath)	把页面转发到另一个页面或者 Servlet 组件上
getException()	返回当前页的 Exception 对象
getRequest()	返回当前页的 request 对象
getResponse()	返回当前页的 response 对象
getServletConfig()	返回当前页的 ServletConfig 对象
getSession()	返回当前页的 session 对象
getPage()	返回当前页的 page 对象
getServletContext()	返回当前页的 application 对象
getAttribute(String name)	获取属性值
getAttribute(String name，int scope)	在指定的范围内获取属性值

续表

方法	说明
setAttribute(String name，Object attribute)	设置属性及属性值
setAttribute(String name，Object obj，int scope)	在指定范围内设置属性及属性值
removeAttribute(String name)	删除某属性
removeAttribute(String name，int scope)	在指定范围内删除某属性
invalidate()	返回并全部销毁 servletContext 对象

7. config 对象

config 对象是 javax.servlet.ServletConfig 类的实例，是代码片段配置对象，表示 Servlet 的配置。config 对象的常用方法如表 3-18 所示。

表 3-18　config 对象的常用方法

方法	说明
getServletContext()	返回所执行的 Servlet 的环境对象
getServletName()	返回所执行的 Servlet 的名字
getInitParameter(String name)	返回指定名字的初始参数值
getInitParameterNames()	以枚举类型返回该 JSP 中所有初始参数名

8. page（相当于 this）对象

page 对象是 javax.servlet.jsp.HttpJspPage 类的实例，它指的是 JSP 页面对象本身或者编译后的 Servlet 对象，只有在 JSP 页面范围之内的 page 对象才是合法的。page 对象的常用方法如表 3-19 所示。

表 3-19　page 对象的常用方法

方法	说明
getClass()	返回当前 Object 的类
hashCode	返回 Object 的 hash 代码
toString	把 Object 对象转换成 String 类的对象
equals(Object obj)	比较对象和指定的对象是否相等
copy (Object obj)	把对象拷贝到指定的对象中
clone()	复制对象（克隆对象）

9. exception 对象

exception 对象是 java.lang.Throwable 类的实例，用来处理 JSP 文件执行时发生的错误和异常。只有在 JSP 页面的 page 指令中指定 isErrorPage="true"后，才可以在 JSP 页面使用 exception 对象。exception 对象的常用方法如表 3-20 所示。

表 3-20　exception 对象的常用方法

方法	说明
getMessage()	返回 exception 对象的异常信息字符串
getLocalizedmessage()	返回本地化的异常错误
toString()	返回关于异常错误的简单信息描述
fillInStackTrace()	重写异常错误的栈执行轨迹

3.2.9　实战：我的第一个 JSP 程序

本节以代码清单 3-4 中的源码为例，实现我们的第一个 JSP 程序。

我们把源码保存为 first.jsp 文件，注意编码格式要设置为 UTF-8，接着把这个文件放在 Tomcat 的 ROOT 目录下，如图 3-27 所示。

图 3-27　放置源码文件的目录

运行 bin 目录下的 startup.bat，启动 Tomcat，然后就可以在浏览器中通过 http://localhost:8080/first.jsp 直接进行访问，运行效果如图 3-28 所示。

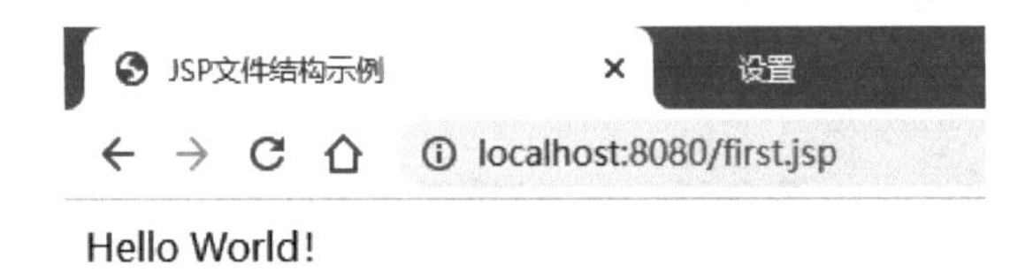

图 3-28　Tomcat 的运行效果

这时，在 Tomcat 的 work\Catalina\localhost\ROOT\目录下，就可以找到 first_jsp.java 和 first_jsp.class 两个文件，这就是由 first.jsp 生成的 Servlet 源文件及其类文件，如图 3-29 所示。

名称	修改日期	类型	大小
first_jsp.class	2021-8-2 22:45	CLASS File	6 KB
first_jsp.java	2021-8-2 22:45	UltraEdit Docum...	6 KB

图 3-29　自动生成的 Servlet 源文件及其类文件

first_jsp.java 就是由 Tomcat 自动转换生成的 Servlet 源码，建议读者仔细地阅读，可以对 JSP 的运行机理有更加深入地理解。

第4章　Spring与企业级应用开发

本章将介绍Spring框架及其特点，特别是Spring的两个核心技术：依赖注入和面向切面编程，还提供完整的示例代码。本章还将介绍两个重要的组成部分：Spring MVC框架和事务管理。通过本章的学习，读者会对Spring有一个全面的认识，可以独立实现一个Spring MVC应用。

4.1　Spring框架简介

Spring框架是Java平台的一个开源的全栈（full-stack）应用程序框架，一般被称作Spring。Spring框架的核心特性是依赖注入（DI）与面向切面编程（AOP），Spring框架可以看作是一个控制反转的容器。

Spring 框架由20多个模块组成。这些模块可以分成几个大的层次：核心容器、数据访问/集成、Web、AOP（面向切面编程）、工具和测试等。开发人员可以根据需要选择相应模块进行使用，模块化的结构很容易与其他框架一起集成使用。

Spring框架于2004年发布，至今已经发布了6个版本，各版本的主要特性如下所示。

1. Spring 1

Spring Framework 1.0 final只包含一个完整的项目，所有的功能都集中在一个项目中，包含了核心的IoC、AOP，也包含了其他诸多功能，例如JDBC、Mail、ORM、事务、定时任务、Spring MVC等。而Spring 1版本已经支持很多第三方的框架，例如Hibernate、iBatis（MyBatis的前身）、模板引擎等。此时的Spring只支持基于XML的配置。

2. Spring 2

Spring 2.0新增的特性包括：具有可扩展的XML配置功能（简化XML配置）、支持基于注解的配置、支持Java 5、支持额外的IoC容器扩展点、支持动态语言（BeanShell）。

Spring 2.5新增的特性包括：支持Java 6和Java EE 5、全面支持注释依赖注入、支持自动检测和兼容组件的类路径。Spring 2.5框架的所有jar包都是兼容OSGi的，可以简化OSGi环境下对Spring 2.5的使用。

3. Spring 3

Spring 3.0 增加许多重要特性，如重组模块系统、支持Spring表达式语言、基于Java Bean配置（JavaConfig）、支持嵌入式数据库（如HSQL、H2和Derby）、模型验证/REST支持和对Java EE 6的支持。

4. Spring 4

Spring 4.0是Spring框架的一大进步，它包含了对Java 8的全面支持，包括支持Lambda表达式的使用，拥有更高的第三方库依赖性（groovy 1.8+、ehcache 2.1+、Hibernate 3.6+等），支持@Scheduled和@PropertySource重复注解，也支持Optional语法。

Spring 4的核心容器也增加了对泛型的依赖注入、Map的依赖注入、Lazy延迟依赖的注入、List/

数组注入和 Condition 条件注解注入的支持。

Spring 4 对 CGLib 动态代理类进行了增强，支持使用 Groovy DSL 来进行 Bean 定义配置，并且为了方便 Restful 开发，引入了新的 RestController 注解器注解，同时还增加了一个 AsyncRestTemplate，以此来支持 Rest 客户端的异步无阻塞请求。Spring 4 也增加了对 WebSocket 和泛型的支持。

5. Spring 5

Spring 5.0 重点加强了对函数式编程、响应式程序设计（reactive programming）的支持，是一个非常大的进步。Spring 5.0 对运行环境的要求是 Java 8 以上。Spring 5.0 开始支持 Java EE 7 如（Servlet 3.1、JPA 2.1）。Spring 5.0 重构了源码，部分功能可以使用 Lambda 表达式实现，新增了 Spring WebFlux 框架（一个高性能、响应式、异步的 Web 框架）、升级了 Spring MVC、增加了对最新的 API（Jackson 等）和 Kotlin 的支持等。

6. Spring 6

2022 年 11 月发布的 Spring 6.0 对 Spring 核心框架作了重大修订。运行 Spring 6 的最低环境要求是 JDK 17。Spring 6 主要进行了如下升级：将 javax 命名空间迁移到了 Jakarta 命名空间，支持 Jakarta EE 9+、最新的 Web 容器（例如 Tomcat 10.1）和最新的持久层框架（例如 Hibernate ORM 6.1）；提供了基于 @HttpExchange 服务接口的 HTTP 接口客户端；移除了部分过时的 Servlet 组件，例如 Commons FileUpload、FreeMarker JSP 等。

4.2　Spring 框架的特点

Spring 框架是为了简化企业级应用开发而创建的，其强大之处在于对 Java SE 和 Java EE 开发进行全方位地简化，Spring 框架还对常用的功能进行了封装，可以极大地提高 Java EE 的开发效率。

Spring 框架的应用极其广泛，无论是服务器开发还是任何 Java 应用开发，都可以看到 Spring 框架的影子。Spring 框架具有以下的特点。

1. 方便解耦、简化开发

通过 Spring 提供的 IoC 容器，我们可以将对象之间的依赖关系交由 Spring 进行控制，从而避免硬编码造成程序过度耦合。有了 Spring 之后，用户不必再为单例模式类实现、属性文件解析等这些底层需求而编写代码，可以更专注于上层的业务应用。

2. AOP 编程的支持

通过 Spring 提供的 AOP 功能，可以方便地进行面向切面编程，许多不容易用传统 OOP 实现的功能都可以通过 AOP 来轻松完成。

3. 声明式事务的支持

在 Spring 中，我们可以从单调烦闷的事务管理代码中解脱出来，通过声明式的方式灵活地进行事务的管理，提高开发效率和开发质量。

4. 方便程序的测试

Spring 可以用非容器依赖的编程方式进行几乎所有的测试工作，在 Spring 中，测试不再是一系列费时又费力的操作，而是可以通过注解方便地进行 Spring 程序的测试。

5. 方便集成各种优秀框架

Spring 可以降低各种框架的使用难度，Spring 能直接支持各种优秀框架（如 Struts2、Hibernate、

MyBatis、Hessian、Quartz）等。

6. 降低 Java EE API 的使用难度

Spring 对很多 Java EE API（如 JDBC、JavaMail、远程调用等）提供了一个轻量级的封装层，通过 Spring 的简易封装，这些 Java EE API 的使用难度大大降低。

7. Java 技术的最佳实践范例

Spring 的源码设计精妙、结构清晰，处处体现着开发人员们对 Java 设计模式的灵活运用以及对 Java 技术的高深造诣。Spring 框架源码无疑是 Java 技术的最佳实践范例。

4.3 Spring 核心技术之依赖注入

依赖注入是 Spring 的核心技术之一，也被称为“控制反转”，借助依赖注入技术，我们可以很方便地实现调用者和被调用者的分离，解耦类与类之间的关系。

4.3.1 依赖注入与控制反转

依赖注入（Dependency Injection，DI）指组件之间依赖关系由容器在运行期决定，即由容器动态地将某个依赖关系注入到组件之中。依赖注入的目的并非为软件系统带来更多功能，而是为了提升组件重用的频率，并为系统搭建一个灵活、可扩展的平台。通过依赖注入机制，我们只需要通过简单地配置，而无须修改任何代码，也无需在意资源来自何处、由谁实现，就可指定目标需要的资源，完成自身的业务逻辑。

控制反转（Inversion of Control，IoC）并不是什么具体的技术，而是一种设计思想。在 Java 开发中通过 IoC，将原本由程序代码直接操控的组件对象交给容器来操控，通过容器来实现组件对象的装配和管理。所谓的“控制反转”概念就是对组件对象控制权的转移，从程序代码本身转移到了外部容器。

依赖注入（DI）和控制反转（IoC）是同一个概念的不同角度描述，由于控制反转概念比较含糊（可能只是理解到容器控制对象这一个层面，很难让人想到由谁来维护对象关系），所以 2004 年 Martin Fowler 又给出了一个新的名字——依赖注入。相对控制反转而言，依赖注入明确描述了“被注入对象依赖 IoC 容器来配置依赖对象”。依赖注入的具体含义是：当某个角色（调用者，可能是一个 Java 实例）需要另一个角色（被调用者，另一个 Java 实例）的协助时，在传统的程序设计过程中，通常由调用者来创建被调用者的实例。但在 Spring 中，被调用者的创建工作不再由调用者来完成，因此这也被称作控制反转；被调用者实例的创建工作通常由 Spring 容器来完成，因此这也被称作依赖注入。

在编写传统的 Java 应用代码时，我们一般都是直接在对象内部通过 new 来创建对象，让程序主动去创建依赖对象，这就是一个“谁使用，谁创建”的过程，创建依赖对象的主动权和创建时机都是由自己把控。而在 Spring 中，可以通过 IoC 容器动态地将某个依赖关系注入到组件之中。

Spring 有两个重要的接口：BeanFactory 和 ApplicationContext，所谓的容器就是实现了 BeanFactory 接口或者 ApplicationContext 接口的类的实例，BeanFactory 是最顶层、最基本的接口，它描述了容器需要实现的最基本的功能，比如对象的注册、获取等。

ApplicationContext 接口继承了 BeanFactory 接口，拥有 BeanFactory 接口的全部功能，还继承了 ApplicationEventPublisher 接口、ResourceLoader 接口、MessageSource 接口，提供应用事件发布、资源加载和国际化功能。在实际应用中，这些功能使得 ApplicationContext 接口比 BeanFactory 接口更加方便。

4.3.2　IoC/DI与Java的反射技术

IoC的底层实现技术是反射（Reflection）技术，目前Java、C#、PHP 5等语言均支持反射技术。

在运行状态中，对于任意一个类，都能够获取到这个类的所有属性和方法；对于任意一个对象，都能够调用它的任意方法和属性（包括私有的方法和属性）。这种动态获取信息以及动态调用对象和对象方法的功能就被称作反射机制。

通俗来讲，反射技术就是根据给出的类名（字符串方式）来动态地生成对象。这种编程方式可以在生成对象时再决定到底是生成哪一种对象。反射的应用是很广泛的，很多成熟的框架都离不开反射技术，比如Java中的Hibernate、Spring框架。反射技术很早就出现了，初期的反射编程速度相对于传统对象生成速度至少要慢10倍，目前的反射技术经过优化，反射方式生成对象和传统对象生成方式的速度相差不大，大约有1～2倍的差距。由于IoC容器通过反射方式生成对象时，在运行效率上有一定的损耗，因此，如果系统追求运行效率，就必须权衡是否使用反射技术。

在Java语言中，可以通过Class类的forName()方法获取类的信息，通过Class类的newInstance()方法获得一个具体的实例。在java.lang.reflect包里，Java语言提供了Field、Method、Modifier、Constructor、InvocationHandler等类，可以轻松实现反射技术。

为了让大家了解依赖注入的基础，代码清单4-1中的示例展示了使用Java实现的一个反射应用示例：通过Class类来实现类的定义，通过Field类来获取类的属性，通过Method类来获取方法，并通过invoke来调用方法，设置类的某个属性。

代码清单4-1　Java中反射的示例

```
1.    import Java.lang.reflect.Field;
2.    import Java.lang.reflect.InvocationTargetException;
3.    import Java.lang.reflect.Method;
4.    public class ReflectDemo01 {
5.        public static void main(String[] args) {
6.            ReflectDemo01 reflectDemo01 = new ReflectDemo01();// 实例化ReflectDemo01类
7.            System.out.println(reflectDemo01.getClass().getName());// 得到对象所在的类
8.            //1.三种不同的类实例化方法
9.            Class<?> clazz1 = null;
10.           Class<?> c2 = null;
11.           Class<?> c3 = null;
12.           try {
13.               clazz1 = Class.forName("InnerPerson"); // 通过类名实例化，这是一个内部类
14.           } catch (ClassNotFoundException e) {
15.               e.printStackTrace();
16.           }
17.           c2 = new InnerPerson().getClass();           // 通过Object类中的方法实例化
18.           c3 = InnerPerson.class;                      // 通过类.class实例化
19.   ......
20.           //2.获取属性，并输出
21.           Field[] f = clazz1.getFields();              //获得public的所有属性数组
22.           Field[] f1 = clazz1.getDeclaredFields();     //获得任何权限的所有属性数组
23.   ......
24.           //3.获取方法，并输出
25.           Method[] m1 = clazz1.getMethods();                //获得public的所有方法数组
26.           Method[] m2 = clazz1.getDeclaredMethods();        //获得任何权限的所有方法数组
27.   ......
```

```
28.            //4.执行方法，并输出
29.            Method m = null;   // 反射式的，只需要写入方法名，不需要加括号
30.            try {
31.                Object o = clazz1.newInstance();
32.                m = clazz1.getDeclaredMethod("setName", String.class);
33.                try {
34.                    Object obj = m.invoke(o, new Object[]{"John"});
35.                    System.out.println("当前对象为" + o);
36.                } catch
37.    //以下为异常处理
38.        }
39.    };
40.    class InnerPerson {
41.     //以下内部类定义，详见 ReflectDemo01.java
42.        }
43.    };
```

4.3.3 Spring IoC 容器

在 Spring 框架中，Bean 的实例化和组装都是由 IoC 容器配置元数据完成的。Spring 框架提供的容器主要是基于 BeanFactory 和 ApplicationContext 两个接口，一种是实现 BeanFactory 接口的简单容器，另一种是实现 ApplicationContext 接口的高级容器。

1. BeanFactory 接口方式

BeanFactory 接口是比较传统的 IoC 实现方式，容器内的对象主动使用容器所提供的 API 来查找自己所依赖的组件。这种方式可以降低对象间的耦合度，同时也增加了对象对容器 API 的依赖。

Spring 框架可以通过名称、类型和注解这 3 种方式在 BeanFactory 接口中进行依赖查找。代码清单 4-2 和代码清单 4-3 采用 xml 文件加载的方式，通过 BeanFactory 接口进行依赖查找。

代码清单 4-2　IoC 容器配置 xml 文件

```
1.    <?xml version="1.0" encoding="UTF-8"?>
2.       <beans xmlns="http://www.springframework.org/schema/beans"
3.           xmlns:xsi="http://www.w3.org/2001/XMLSchema-instance"
4.           xsi:schemaLocation="http://www.springframework.org/schema/beans
5.               https://www.springframework.org/schema/beans/spring-beans.xsd">
6.       <bean id="test" class="com.jeelp.demo.ioc.bean.MyTest">
7.            <property name="userId" value="1" />
8.            <property name="userName" value="用户 1" />
9.       </bean>
10.      </beans>
11.   </xml>
```

代码清单 4-2 是一个简单的上下文配置文件，定义了 id 为 test 的 Bean，并且指定了这个 Bean 的 userId 字段值为“1”，userName 字段值为“用户 1”。

代码清单 4-3　BeanFactory 使用名称进行依赖查找

```
1.    public static void main (String[]args) {
2.        BeanFactory factory=new XmlBeanFactory (new ClassPathResource ("test.xml"));
3.        MyTest myTest= (MyTest) factory.getBean ("test");
4.    ......
5.    }
```

在代码清单4-3中，首先在第2行使用BeanFactory对象获取test.xml中定义的上下文，然后在第3行通过getBean()方法获取上下文中的Bean。

实现BeanFactory接口的容器是最简单的Spring IoC容器，为IoC提供了基本的支持，主要用于轻量级应用。除使用getBean方法和名称查找依赖以外，也支持使用getBeansOfType方法和类型，或者使用getBeansWithAnnotation方法和注解来查找依赖。

使用BeanFactory实例直接加载配置文件在实际开发中并不多见，读者了解这一应用即可。

2. ApplicationContext接口方式

实现ApplicationContext接口的主流方式是使用Spring IoC，比直接使用BeanFactory接口要更便利，能够由容器被动提供依赖，不依赖容器API，代码侵入量小。Spring框架提供了ApplicationContext接口的实现类，如ClassPathXmlApplicationContext、FileSystemXmlApplicationContext和AnnotationConfigApplicationContext等。在独立应用程序中，通常会创建一个ClassPathXmlApplicationContext或FileSystemXmlApplicationContext实例对象来获取XML的配置信息，也可以使用Java注解或Java配置作为元数据格式，通过AnnotationConfigApplicationContext来获取Java配置的Bean。

代码清单4-4是使用AnnotationConfigApplicationContext对象来获取Bean的示例。

代码清单4-4 使用AnnotationConfigApplicationContext来获取Bean的示例

```
1.    package com.jeelp.demo.ioc.bean;
2.
3.    import org.springframework.context.annotation.AnnotationConfigApplicationContext;
4.    import org.springframework.context.annotation.Bean;
5.    import org.springframework.stereotype.Component;
6.
7.    @Component
8.    public class IocTest {
9.        public static void main(String[] args) {
10.           AnnotationConfigApplicationContext applicationContext =
11.                   new AnnotationConfigApplicationContext(IocTest.class);
12.           User user = applicationContext.getBean(User.class);
13.           System.out.println(user);
14.       }
15.       @Bean(name = "user")
16.       public User user1() {
17.           User user = new User();
18.           user.setName("用户 1");
19.           user.setId(1);
20.           return user;
21.       }
22.   }
```

代码清单4-4的第7行，通过@Component注解指定IocTest类为Spring Bean。在代码的第10行，获取到了IocTest类中定义的上下文，再通过getBean方法获取IoC容器中的Bean。第15行使用@Bean注解定义了name为user的Bean，然后指定了这个Bean的userId字段值为“1”，userName字段值为“用户1”。

从代码上看，使用BeanFactory接口与使用ApplicationContext接口相比，在获取Bean时的操作是一致的。实际上，BeanFactory接口在创建容器时，容器内的Bean并没有进行创建；而使用ApplicationContext接口创建容器时，容器内的Bean已经完成了创建。

4.3.4 Spring Bean 基础

在 Spring 中，Spring Bean 指的是被 Spring IoC 容器管理的 Java 类。在程序运行中，Spring Bean 会被 Spring IoC 容器组装以及实例化。而在创建普通的 Java 对象时可以使用 new 命令，当对象没有任何引用时将被垃圾回收器回收。Spring Bean 的生命周期由 IoC 容器管理，可大致分为实例化、属性赋值、初始化和销毁这四个阶段。其中，初始化阶段还会检测对象是否实现了 Aware 接口，也会调用 BeanPostProcessor 接口的实现，在对象被使用前进行自定义处理。

要想将 Bean 注册到 Spring IoC 容器，有 XML 配置、注解配置和 Java API 配置这 3 种方法。其中，XML 配置、Java API 配置都需要进行显式配置，注解配置可以进行隐式配置，在 Spring Boot 的使用过程中，更多使用注解配置的方式。

在代码清单 4-5 中，定义了类名为 Person 的 Bean，实现了 BeanFactoryAware、BeanNameAware、InitializingBean 和 DisposableBean 接口，展示了 Spring Bean 在 Spring IoC 容器中的生命周期。

代码清单 4-5 Person Bean 定义

```
1.    package com.jeelp.demo.bean;
2.
3.    import org.springframework.beans.BeansException;
4.    import org.springframework.beans.factory.BeanFactory;
5.    import org.springframework.beans.factory.BeanFactoryAware;
6.    import org.springframework.beans.factory.BeanNameAware;
7.    import org.springframework.beans.factory.DisposableBean;
8.    import org.springframework.beans.factory.InitializingBean;
9.
10.   public class Person implements BeanFactoryAware, BeanNameAware,
11.           InitializingBean, DisposableBean{
12.       private String name;
13.       private String address;
14.       private BeanFactory beanFactory;
15.       private String beanName;
16.       public Person() {
17.           System.out.println("【构造器】调用 Person 的构造器实例化");
18.       }
19.       public String getName() {
20.           return name;
21.       }
22.       public void setName(String name) {
23.           System.out.println("【注入属性】注入属性 name");
24.           this.name = name;
25.       }
26.       public String getAddress() {
27.           return address;
28.       }
29.       public void setAddress(String address) {
30.           System.out.println("【注入属性】注入属性 address");
31.           this.address = address;
32.       }
33.       @Override
34.       public String toString() {
35.           return "【打印对象】Person [address=" + address + ", name=" + name +  "]";
36.       }
```

```
37.         // BeanFactoryAware 接口
38.         @Override
39.         public void setBeanFactory(BeanFactory arg0) throws BeansException {
40.             System.out.println("【BeanFactoryAware 接口】调用 BeanFactoryAware.setBeanFactory()");
41.             this.beanFactory = arg0;
42.         }
43. 
44.         // BeanNameAware 接口
45.         @Override
46.         public void setBeanName(String arg0) {
47.             System.out.println("【BeanNameAware 接口】调用 BeanNameAware.setBeanName()");
48.             this.beanName = arg0;
49.         }
50. 
51.         // InitializingBean 接口
52.         @Override
53.         public void afterPropertiesSet() throws Exception {
54.             System.out.println("【InitializingBean 接口】调用 InitializingBean.afterPropertiesSet()");
55.         }
56.         // DisposableBean 接口
57.         @Override
58.         public void destroy() throws Exception {
59.             System.out.println("【DisposableBean 接口】调用 DisposableBean.destroy()");
60.         }
61.         // 自定义初始化方法
62.         public void myInit() {
63.             System.out.println("【init-method】自定义初始化方法");
64.         }
65.         // 自定义销毁方法
66.         public void myDestroy() {
67.             System.out.println("【destroy-method】自定义销毁方法");
68.         }
69.     }
```

在代码清单4-6中，通过@Component注解注入了类名为PersonConfig的Bean。在主类的main方法中，通过AnnotationConfigApplicationContext类实现了基于Java的配置类来加载Bean的Spring IoC容器。在配置类中，使用@Bean注解配置了Person Bean的名称、自定义初始化方法和自定义销毁方法。

代码清单4-6 Spring Bean测试类

```
1.     package com.jeelp.demo.bean;
2. 
3.     import org.springframework.context.annotation.AnnotationConfigApplicationContext;
4.     import org.springframework.context.annotation.Bean;
5.     import org.springframework.stereotype.Component;
6. 
7.     public class BeanTest {
8. 
9.         public static void main(String[] args) {
10.            AnnotationConfigApplicationContext applicationContext =
11.                    new AnnotationConfigApplicationContext("com.jeelp.demo.*");
12.            Person person = applicationContext.getBean(Person.class);
13.            System.out.println(person);
14.            applicationContext.close();
15.        }
16.        @Component
17.        public static class PersonConfig{
```

```
18.            @Bean(name = "person1",initMethod = "myInit",destroyMethod = "myDestroy")
19.            public Person person1(){
20.                Person person = new Person();
21.                person.setName("张三");
22.                person.setAddress("张三的地址");
23.                return person;
24.            }
25.        }
26.    }
```

代码清单 4-6 的运行效果如图 4-1 所示。

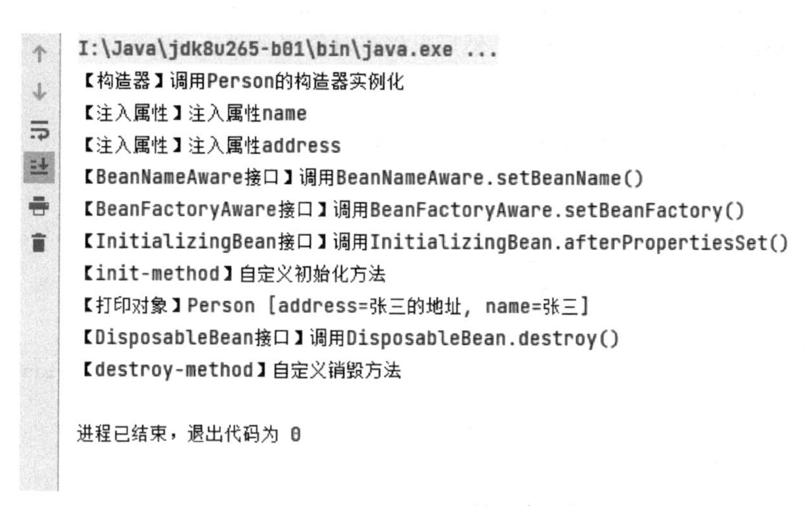

图 4-1　Person Bean 的生命周期

在后续开发过程中，会经常使用注解来注入 Bean，常用的注解如表 4-1 所示。

表 4-1　常用的注解

注解	说明
@Compoent	作用在类上，标记这个类需要被注入 IoC 容器中
@Bean	作用在方法上，标记这个方法返回的对象需要被注入 IoC 容器中
@Controller	作用与@Compoent 类似，用来标注控制层
@Service	作用与@Compoent 类似，用来标注服务层
@Repository	作用与@Compoent 类似，用来标注数据访问层
@Autowired	可以标注在属性、方法和构造器上，能够让 Spring 容器完成自动装配
@Qualifier	如果使用@Autowired 注解时有多个同类型的 Bean，那么可以使用@Qualifier 注解来指定注入的 Bean

4.3.5　Spring Bean 之配置元信息

元数据（metadata）是用来描述数据的数据，也就是对数据及其信息资源的描述性信息，例如指示数据存储的位置、数据的编码方式、数据的来源以及范围等。

在 Spring 中，元数据特指开发人员对 Spring 的配置信息，通过元数据可以控制 Spring 进行实例化，并装配程序中的对象，包括 Spring Bean 的配置元数据、Spring Bean 的属性元数据、Spring 容器的配置元数据、Spring 的外部化配置元数据、Spring Profile 配置元数据。在 Spring 中，配置元数据的方式有 3 种：XML 形式、Properties 配置文件形式和 Java 注解方式。

Spring Bean 的配置元数据是通过 BeanDefinition 接口实现的，这个接口定义了 Bean，Spring 在通过配置文件生成 Bean 时，也会先把配置文件中的各种属性加载到 BeanDefinition 接口上，再通过 BeanDefinition 接口生成 Bean。

如代码清单 4-7 所示，RootBeanDefinition 类是 BeanDefinitino 接口的一个实现，我们可以将 Bean 的属性定义在 RootBeanDefinition 的对象中，然后再将该对象注册到 Spring 容器中，之后我们就能从容器中获取到刚才定义的 Bean。

代码清单 4-7　使用 RootBeanDefinition 定义一个 Bean

```
1.    ......
2.    //创建 Spring 容器
3.    AnnotationConfigApplicationContext ctx = new AnnotationConfigApplicationContext();
4.    MutablePropertyValues mpv = new MutablePropertyValues();
5.    mpv.add("username", "zhangsan");
6.    mpv.add("password", "123456");
7.    //定义 BeanDefinition
8.    RootBeanDefinition rootBeanDefinition = new RootBeanDefinition(User.class, null, mpv);
9.    //将 BeanDefinition 注册到 Spring 容器中
10.   ctx.registerBeanDefinition("user",rootBeanDefinition);
11.   ctx.refresh();
12.   //从 Spring 容器中取出 Bean
13.   User bean = ctx.getBean(User.class);
14.   System.out.println(bean);
15.   ......
```

代码清单 4-7 中使用了 PropertyValues 接口的默认实现类 MutablePropertyValues，它是 Spring Bean 的属性元数据，是基于组合模式的思想而设计的，包含一个或多个 PropertyValue 对象。

Spring 容器的配置元数据可以分为两部分：Spring Beans 相关、应用上下文相关。

当采用 XML 作为 Spring 容器配置的元数据时，beans 相关的属性如表 4-2 所示。

表 4-2　XML 中 beans 相关的属性

属性名	说明
profiles	用来区分 Spring 配置文件的环境
default-lazy-init	继承上层 Bean 的属性，用来控制是否延迟初始化
default-merge	决定是否从父类合并继承属性值
default-autowire	默认使用何种方式完成自动装配，例如 byName、byType
default-autowire-candidates	自动装配时是否包含 Bean
default-init-method	默认的初始化方法
default-destroy-method	默认的销毁方法

context 相关的 XML 元素如表 4-3 所示。

表 4-3 context 相关的 XML 元素

元素名	说明
<context:annotation-config />	Spring 注解的配置
<context:component-scan />	Spring 容器组件扫描的配置
<context:load-time-weaver />	Spring 容器中代码织入的配置
<context:mbean-export />	Spring 中暴露 Spring Beans 作为 JMX Beans 的配置
<context:mbean-server />	MBeanServer 的配置
<context:property-placeholder />	加载外部 property 属性文件作为配置 Spring
<context:property-override />	为 Bean 的属性指定最终的结果

Spring 的外部化配置元数据通常指 Properties 资源文件或者 YAML 资源文件。在开发过程中，有些属性需要硬编码地编写在项目中，但为了方便配置和部署，会将这些硬编码的部分放在资源文件中。

Spring 的 Profile 配置元数据是在 Spring 3.1 时推出的功能，可以理解为将 Spring 容器中定义的 Beans 进行分组。只有当 Profile 被激活时，才会将该分组的 Beans 注册到 Spring 容器中。例如在开发过程中会使用开发环境数据库，在测试过程中会使用测试数据库，此时就可以定义不同的 Profile，在程序启动时，指定一个参数来激活对应的 Profile 即可，此时容器会只加载被激活的配置文件。

4.3.6 Spring Bean 之资源管理

在 Java 中，URL（uniform resource locator）也被称作统一资源定位符，用来表示某一资源的地址。Java 也提供了 java.net.URL 工具，可以用来读取、使用本地资源或者网络资源，如代码清单 4-8 所示，可以使用 java.net.URL 进行资源管理。

代码清单 4-8 使用 java.net.URL 进行资源管理

```
1.    ......
2.    public class ResourceTest {
3.        public static void main(String[] args) {
4.            try {
5.                URL url = new URL("http", "www.baidu.com", 80, "");
6.                URL localResource = ResourceTest.class.getResource("/test.txt");
7.            } catch (MalformedURLException e) {
8.                e.printStackTrace();
9.            } catch (IOException e) {
10.               e.printStackTrace();
11.           }
12.       }
13.   }
```

在代码清单 4-8 中，第 5 行代码定义了一个基于 HTTP 协议的 URL 资源，主机名为“www.baidu.com”，端口为 80；第 6 行代码定义了 ResourceTest 类所在目录，文件名为“test.txt”的资源。除了 HTTP 协议，java.net.URL 还支持 FTP、HTTPS 等协议。

尽管 Java 提供的工具能够进行一定的资源管理，但是 Spring 应用的功能性上仍然不足，而且扩展复杂，资源存储方式不统一，例如无法相对于 Classpath 或 ServletContext 来获取资源。

为了解决这些问题，Spring 提出了自己的资源管理方案，Spring 的资源管理接口如表 4-4 所示。

表 4-4　Spring 的资源管理接口

类名	说明
org.springframework.core.io.InputStreamSource	常用来进行输入流的管理
org.springframework.core.io.Resource	仅用来读取资源，不可写入资源
org.springframework.core.io.WritableResource	能够读取、写入资源
org.springframework.core.io.support.EncodeResource	编码资源管理
org.springframework.core.io.ContextResource	上下文资源管理

同样的，Spring 中也有一些默认资源管理接口的实现，Spring 中常用资源管理接口的实现如表 4-5 所示。

表 4-5　Spring 中常用资源管理接口的实现

类名	说明
org.springframework.core.io.ByteArrayResource	用来进行数组资源的管理
org.springframework.core.io.ClassPathResource	使用 classpath:/协议来定位资源
org.springframework.core.io.FileSystemResource	使用 file:/协议来定位资源
org.springframework.core.io.UrlResource	使用 URL 支持的协议来定义资源
org.springframework.web.context.support.ServletContextResource	通过 ServletContext 来获取资源

提示

org.springframework.core.io 包中主要是各种各样的 Resource 类，Spring 的 Resource 接口提供了更强的访问底层资源的能力。

4.4　Spring 核心技术之面向切面编程

面向切面编程是 Spring 的两大核心技术之一，面向切面编程将那些与业务无关的逻辑或责任分开封装起来，便于减少系统的重复代码，降低模块间的耦合度。本节将从多方面详细地介绍面向切面编程。

4.4.1　面向切面编程简介

面向切面编程（aspect-oriented programming，AOP）是通过预编译方式和动态代理实现程序功能的一种统一维护的技术，可以在程序运行某个方法时，不修改原始执行代码的逻辑，由程序动态地执行某些额外的功能，并增强原有的方法。

面向切面编程可以将那些与业务无关，却是业务模块所共同调用的逻辑或责任分开封装起来，便于减少系统的重复代码，降低模块间的耦合度，有利于保障未来业务的可操作性和可维护性。面向切面编程允许程序员对横切关注点或横切典型职责分界线的行为（例如日志和事务管理）进行模块化。

AOP 和 IoC 是补充性的技术，它们都是运用模块化方式来解决企业级应用程序开发中的复杂问题，实现某一种的解耦，例如在典型的面向对象开发（OOP）中，可能要将日志记录语句放在所有方法和 Java 类中才能实现日志功能。在 AOP 中，可以反过来将日志服务模块化，并以声明的方式将它们应用到需要日志的组件上。AOP 的优势就是 Java 类不需要知道日志服务的存在，也不需要考虑相关的代码。所以，用 Spring AOP 编写的应用程序代码是松耦合的。

AOP 的应用场景比较广泛，可以应用在权限管理、事务管理、日志记录、异常处理、调试、性能优化、持久化、缓存、内容传递等场景下。AOP 与 OOP 的业务组织如图 4-2 所示。

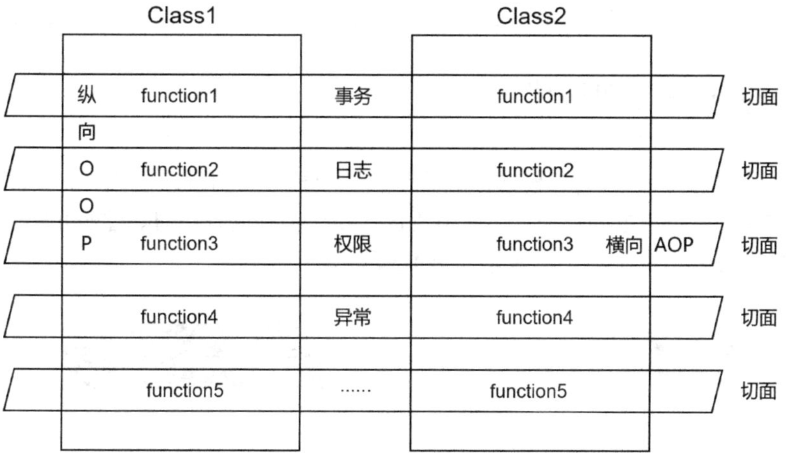

Class1 Class2
纵 function1 事务 function1 切面
向
O function2 日志 function2 切面
O
P function3 权限 function3 横向 AOP 切面
function4 异常 function4 切面
function5 …… function5 切面

图 4-2 AOP 与 OOP 的业务组织

AOP 的术语如表 4-6 所示。

表 4-6 AOP 的术语

术语	说明
Aspect（切面）	切面的本质是一个类，跨越多个类的横切关注点，负责某一专用功能。可以通过配置文件或@Aspect 注解来实现一个 Aspect 类。事务管理是企业级 Java 应用程序中一个很典型的横切关注点的例子
Join point（连接点）	连接点是指那些被拦截到的、程序执行过程中明确的点，如方法的调用或特定的异常被抛出，Spring 只支持方法类型的连接点
Pointcut（切入点）	切入点是一个规则，定义了我们要对哪些连接点进行拦截。一个程序中会存在很多的类，每个类又存在很多的方法，依据我们配置的切入点规则，可以对方法应用 AOP 以实现功能增强
Advice（通知）	通知是指拦截到连接点之后，AOP 框架执行的事情，也就是对方法实现的增强功能。通知通常有五类：前置通知、后置通知、最终通知、异常通知和环绕通知
Introduction（引入）	允许在现有的实现类中添加自定义的方法和属性。Spring 允许新的接口引入任何被通知的对象中。例如，可以使用一个引入使任何对象实现 IsModified 接口，从而简化缓存。Spring 中要使用引入，可以通过 DelegatingIntroductionInterceptor 来实现通知，通过 DefaultIntroductionAdvisor 来配置通知和代理类要实现的接口
Target（目标）	目标指的是代理的目标对象，当通过 AOP 对连接点方法实现增强时，底层是代理模式生成连接点所在类的代理对象，那么连接点所在的类就是被代理的类是目标
Proxy（代理）	一个类被 AOP 织入增强后，产生的结果就是代理类，这个代理类是由 AOP 框架创建的对象，包含通知

续表

术语	说明
Weaving（织入）	织入是一种对动作的描述，在程序运行时将增强的功能代码（通知）根据通知的类型（前缀、后缀等）放到对应的位置，生成代理对象。织入可以在编译时完成（例如使用 AspectJ 编译器），也可以在运行时完成。而 Spring 和其他纯 Java AOP 框架一样，会在运行时完成织入

4.4.2　AOP 与动态代理技术

AOP 的实现离不开代理（Proxy）模式，代理模式是一种常用的设计模式，其目的就是为其他对象提供一个代理以控制对某个对象的访问。代理类负责为委托类预处理消息、过滤并转发消息，以及进行消息被委托类执行后的后续处理。代理模式如图 4-3 所示。

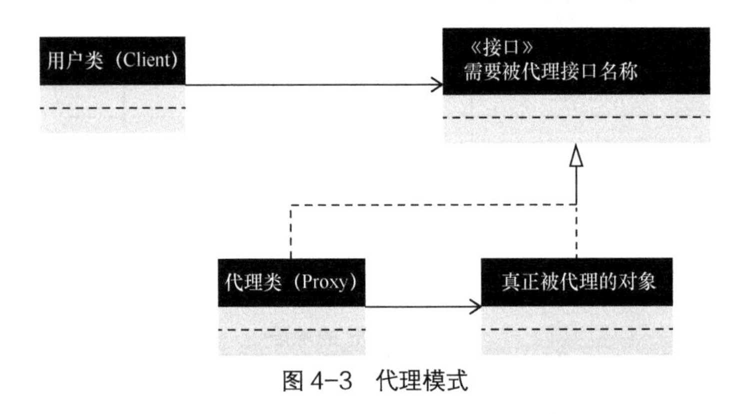

图 4-3　代理模式

代理类能有效控制对委托类对象的直接访问，也可以很好地隐藏和保护委托类对象，同时也为实施不同的控制策略预留了空间，从而在设计上获得更大的灵活性。当两个类需要通信时，引入第三方代理类，可以将两个类的关系解耦，代理类还可以实现与另一个类之间关系的统一管理，但是代理类和委托类需要实现相同的接口，因为代理类真正调用的还是委托类的方法。

在 Java 的技术实现中，代理模式主要分为两大类：静态代理和动态代理。

在 Java 中有多种动态代理技术，如基于 JDK 的原生反射技术、CGLIB、ASM、Javassist，其中在 Spring 中最常被使用的技术是 JDK 和 CGLIB。

下面分别介绍一下静态代理、Java 动态代理和 CGLIB 动态代理。

4.4.3　静态代理

静态代理是指代理类在程序运行前就已经存在的代理方式，这种情况下的代理类通常都是在 Java 代码中定义的，静态代理中的代理类和委托类会实现同一接口，然后通过调用相同的方法来调用目标对象。下面我们通过一个例子来讲解静态代理。

定义一个新增动作的接口 IUserManager，然后目标对象实现这个接口的方法是 UserManagerImpl，此时如果使用静态代理方式，就需要在代理对象（UserManagerImplProxy）中也实现 IUserManager 接口。在调用 UserManagerClient 时，通过调用代理对象的方法来调用目标对象。

代码清单 4-9～代码清单 4-12 分别展示用静态代理实现用户管理的接口、用户管理的实现类、实现用户管理的代理类和客户端调用类。

代码清单 4-9 静态代理示例——定义用户管理的接口

```
1.    public  interface  IUserManager {
2.        public void addUser(String userId, String userName);
3.    }
```

代码清单 4-9 中定义了用户管理的接口 IUserManager，这个接口类只有一个用来新增用户的接口方法 addUser。

代码清单 4-10 静态代理示例——用户管理的实现类

```
1.    public class UserManagerImpl implements IUserManager {
2.        @Override
3.        public void addUser(String userId, String userName) {
4.            System.out.println("UserManagerImpl.addUser:       [userId]="+userId+",
      [userName]="+userName);
5.        }
6.    }
```

代码清单 4-10 中定义了用户管理接口的实现类 UserManagerImpl，并实现了 addUser 这个方法，这里会输出一些用户信息。

代码清单 4-11 静态代理示例——实现用户管理的代理类

```
1.    public class UserManagerImplProxy implements IUserManager {
2.        private IUserManager userManager;  // 目标对象
3.
4.        // 通过构造方法传入目标对象
5.        public UserManagerImplProxy(IUserManager userManager) {
6.            this.userManager = userManager;
7.        }
8.
9.        @Override
10.       public void addUser(String userId, String userName) {
11.           try {
12.               System.out.println("[UserManagerImplProxy]before-->addUser()");//前置输出
13.               userManager.addUser(userId, userName);       //开始添加用户
14.               System.out.println("[UserManagerImplProxy]after-->addUser()"); //后置输出
15.           } catch (Exception e) {
16.               System.out.println("[UserManagerImplProxy]error-->addUser()"); //添加用
      户失败
17.           }
18.       }
19.   }
```

代码清单 4-11 中展示了实现用户管理的代理类，这个代理类也实现了用户管理接口的 addUser 方法，但在这个方法里调用了用户管理的实现类的 addUser 方法，并在调用这个方法之前和之后都有相应的输出。

代码清单 4-12 静态代理示例——客户端调用类

```
1.    public class UserManagerClient {
2.        public static void main(String[] args) {
3.            System.out.println("Static Proxy Demo...");
4.            //定义一个用户管理的实现类，并传入代理
5.            IUserManager userManager=new UserManagerImplProxy(new UserManagerImpl());
6.            userManager.addUser("00001", "老王");    //通过代理调用，增加用户
7.        }
8.    }
```

代码清单 4-12 中实现了静态代理的客户端调用类，第 5 行代码定义了一个代理类 UserManagerImplProxy，并传入了代码清单 4-10 中实现用户管理的实现类 UserManagerImpl，最后调用了代理类 UserManagerImplProxy 的 addUser 方法，这时代理类会去调用实现类 UserManagerImpl 的 addUser 方法，此时静态代理示例的运行结果如图 4-4 所示。

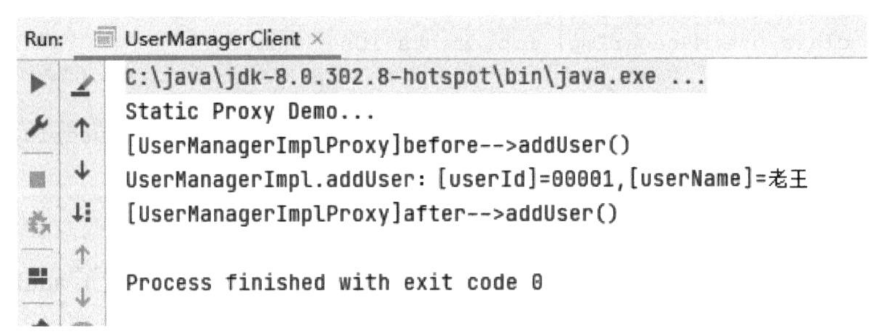

图 4-4 静态代理示例的运行结果

4.4.4 Java 动态代理

动态代理是代理类在程序运行时创建的代理方式。也就是说，在这种情况下，代理类并不是在 Java 代码中被定义的，而是在运行时根据 Java 代码中的“指示”动态生成的。

在 Java 中要想实现动态代理机制，需要 java.lang.reflect.InvocationHandler 接口和 java.lang.reflect.Proxy 类的支持。

在本节中，我们用动态代理的方式来实现上一节的示例，其中用户管理的接口类为 IUserManager（见代码清单 4-9），用户管理的实现类为 UserManagerImpl（见代码清单 4-10）。

下面的代码清单 4-13 和代码清单 4-14 分别展示了定义日志处理的切面类和动态代理的客户端调用类。

代码清单 4-13 动态代理示例——定义日志处理的切面类

```
1.    public class LogHandler implements InvocationHandler {
2.        private Object targetObject;
3.
4.        public Object newProxyInstance(Object targetObject) {
5.            this.targetObject = targetObject;
6.            return Proxy.newProxyInstance(targetObject.getClass().getClassLoader(),
7.                    targetObject.getClass().getInterfaces(), this);
8.        }
```

```
9.         @Override
10.        public Object invoke(Object proxy, Method method, Object[] args)
11.                throws Throwable {
12.            System.out.println("[com.jeelp.demo.dynamicproxy.LogHandler]args-->>");
13.            for (int i = 0; i < args.length; i++) {
14.                System.out.println("args["+i+"] = "+args[i]);
15.            }
16.            Object ret = null;
17.            try {
18.                System.out.println("[com.jeelp.demo.dynamicproxy.LogHandler]before-->>");
19.                ret = method.invoke(targetObject, args);
20.                System.out.println("[com.jeelp.demo.dynamicproxy.LogHandler]afger-->>");
21.            } catch (Exception e) {
22.                e.printStackTrace();
23.                System.out.println("[com.jeelp.demo.dynamicproxy.LogHandler]error-->>");
24.                throw e;
25.            }
26.            return ret;
27.        }
28.    }
```

在代码清单 4-13 中，第 14 行代码在循环中输出了调用参数，第 18 行代码在调用原对象方法前处理了日志信息，第 19 行代码调用了目标方法，第 20 行代码在调用原对象方法后处理了日志信息。

代码清单 4-14 动态代理示例——客户端调用类

```
1.    public class DynamicProxyClient {
2.        public static void main(String[] args) {
3.            System.out.println("Dynamic Proxy Demo...");
4.            LogHandler logHandler = new LogHandler();
5.            IUserManager userManager = (IUserManager) logHandler.newProxyInstance(new
      UserManagerImpl());
6.            userManager.addUser("0002", "老李");
7.        }
8.    }
```

在代码清单 4-14 中，第 4 行代码定义了代理类，第 5 行代码以动态代理的方式定义了 userManager 接口，第 6 行代码调用了 addUser 方法，其运行结果如图 4-5 所示。

图 4-5 Java 动态代理示例的运行结果

4.4.5　CGLIB 动态代理

CGLIB 是一款开源的动态代理库，与 Java 动态代理基于接口的代理机制不同，CGLIB 通过为被代理的类生成一个子类并重写被代理的方法来实现代码的动态植入。CGLIB 无法代理被 final 修饰的类或方法。目前 CGLIB 的最新版本是 3.3.0。

代码清单 4-15 是 CGLIB 的 pom.xml 文件，目前 CGLIB 最新的版本是 3.3.0，在这个 pom 文件里引入了 CGLIB 的 3.3.0 版本。

代码清单 4-15　CGLIB 的 pom.xml 文件

```
1.          <dependencies>
2.              <dependency>
3.                  <groupId>cglib</groupId>
4.                  <artifactId>cglib</artifactId>
5.                  <version>3.3.0</version>
6.              </dependency>
7.          </dependencies>
```

代码清单 4-16 中定义了用户管理接口类，这个接口类只定义了一个 sayHello 方法。

代码清单 4-16　CGLIB 动态代理示例——用户管理接口类

```
1.      //定义一个用户管理的接口类
2.      public interface IUserManager {
3.          public String sayHello() ;
4.      }
```

代码清单 4-17 中实现了用户管理接口类中的 sayHello 方法。

代码清单 4-17　CGLIB 动态代理示例——用户管理实现类

```
1.      public class UserManagerImpl implements IUserManager {
2.
3.          @Override
4.          public String sayHello() {
5.              System.out.println("UserManagerImpl.sayHello:  Hello World!");
6.              return "Hello World!";
7.          }
8.      }
```

在代码清单 4-18 中，通过调用 CGLIB 的 MethodProxy 类，实现了 MethodInterceptor 类的 intercept 接口，从而构建了代理实现类。

代码清单 4-18　CGLIB 动态代理示例——代理实现类

```
1.      import net.sf.cglib.proxy.MethodInterceptor;
2.      import net.sf.cglib.proxy.MethodProxy;
3.      import java.lang.reflect.Method;
4.
5.      public class CglibProxyDemo implements MethodInterceptor {
6.
7.          /**
8.           *
9.           * @param o cglib 生成的代理对象
10.          * @param method 被代理对象的方法
```

```
11.         * @param objects 传入方法的参数
12.         * @param methodProxy 代理的方法
13.         * @return
14.         * @throws Throwable
15.         */
16.        public Object intercept(Object o, Method method, Object[] objects, MethodProxy
    methodProxy) throws Throwable {
17.            System.out.println("[com.jeelp.demo.cglibproxydemo.CglibProxyDemo]before-->>");
18.            Object o1 = methodProxy.invokeSuper(o, objects);//关键代码:
19.            System.out.println("[com.jeelp.demo.cglibproxydemo.CglibProxyDemo]afger-->>");
20.            return o1;
21.        }
22.
23.    }
```

在代码清单 4-19 中，通过 CGLIB 动态代理获取代理对象的过程，实现了 AOP 的面向切面编程。

代码清单 4-19　CGLIB 动态代理示例——客户端调用类

```
1.     import net.sf.cglib.core.DebuggingClassWriter;
2.     import net.sf.cglib.proxy.Enhancer;
3.     public class CglibProxyClient {
4.         public static void main(String[] args) {
5.             System.setProperty(DebuggingClassWriter.DEBUG_LOCATION_PROPERTY, "D:\\Cglib
    ProxyDemo");
6.             Enhancer enhancer = new Enhancer();
7.             enhancer.setSuperclass(UserManagerImpl.class);
8.             enhancer.setCallback(new CglibProxyDemo());
9.             UserManagerImpl user = (UserManagerImpl) enhancer.create();
10.            String world = user.sayHello();
11.            System.out.println(world);
12.        }
13.
14.    }
```

在代码清单 4-19 中，第 5 行代码将代理类 class 文件存入本地磁盘，方便我们反编译并查看源码，第 6 行代码通过 CGLIB 动态代理获取代理对象，第 7 行代码设置 enhancer 对象的父类，第 8 行代码设置 enhancer 的回调对象，第 9 行代码创建代理对象，第 10 行代码通过代理对象来调用 sayHello 方法。运行结果如图 4-6 所示。

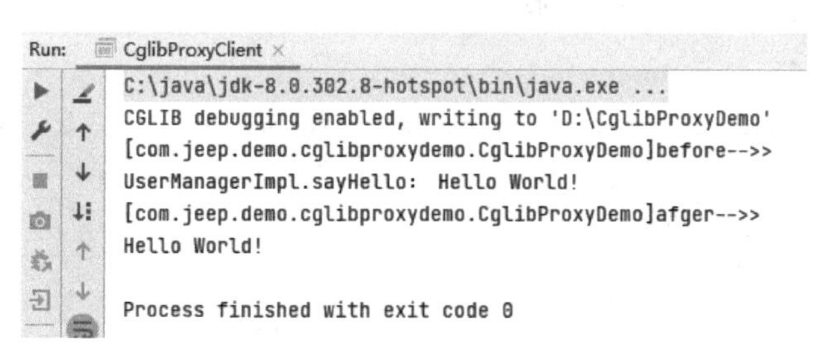

图 4-6　CGLIB 动态代理示例的运行结果

4.4.6 Spring AOP

AOP 并不是 Spring 独有的，Spring 只是支持 AOP 的框架之一。AOP 可以分为两类，一类 AOP 可以对方法的参数进行拦截，另一类 AOP 可以对方法进行拦截。因为 Spring AOP 属于后一类，所以 Spring AOP 是方法级的。

在 Spring AOP 中，通知描述了切面何时执行以及如何执行增强处理，通知的类型一共有 5 种。

- 前置通知：除非引发异常，在连接点之前运行的通知，它不会阻止流程进行到连接点，只是在到达连接点之前运行该通知的行为。
- 后置通知：除非引发异常，在连接点正常完成后要运行的通知，正常的连接点逻辑执行完毕，才会运行该通知。
- 最终通知：无论连接点执行后的结果如何，都会执行该通知。
- 异常通知：如果连接点执行时抛出异常而退出，那么执行该通知。
- 环绕通知：可以在方法调用之前和之后执行自定义行为的通知，即同时支持以上 4 种类型。

在 Spring 中，可以通过两种方式实现 AOP，一种是 XML 配置方式，另一种是注解方式。本节将以当前流行的注解方式来实现一个 AOP 编程示例。Spring AOP 的相关注解如表 4-7 所示。

表 4-7　Spring AOP 的相关注解

注解	说明
@Aspect	用于表明某个类为切面类，切面类用于整合切入点和通知
@Pointcut	用于声明一个切入点，表明哪些类的哪些方法需要被增强
@Before	表示一个前置通知，即在业务方法执行之前做的事情
@AfterReturning	表示一个后置通知，即在业务方法返回之后做的事情
@After	表示一个最终通知，即在业务方法执行之后做的事情
@AfterThrowing	表示一个异常通知，即在业务代码执行过程中出现异常后做的事情

从代码清单 4-20 到代码清单 4-23 是在 Spring 中配置 AOP 的示例。

由于该示例是在 Spring 项目中，所以需要引入 spring-aop、spring-context、aspectjrt 和 aspectjweaver 这 4 个包。另外，在 Spring Boot 项目中只需要引入 spring-boot-starter-aop 即可。POM 文件如代码清单 4-20 所示。

代码清单 4-20　Spring AOP 示例——POM 文件

```
1.              ......
2.              <dependency>
3.                  <groupId>org.springframework</groupId>
4.                  <artifactId>spring-aop</artifactId>
5.                  <version>5.2.8.RELEASE</version>
6.              </dependency>
7.              <dependency>
8.                  <groupId>org.springframework</groupId>
9.                  <artifactId>spring-context</artifactId>
10.                  <version>5.2.8.RELEASE</version>
11.              </dependency>
12.              <dependency>
13.                  <groupId>org.aspectj</groupId>
14.                  <artifactId>aspectjrt</artifactId>
15.                  <version>1.9.7</version>
16.              </dependency>
17.              <dependency>
```

```
18.             <groupId>org.aspectj</groupId>
19.             <artifactId>aspectjweaver</artifactId>
20.             <version>1.9.7</version>
21.         </dependency>
```

在 User 类中，定义了 toString 方法，后面的切面类也会以此方法为基准，User 类的定义如代码清单 4-21 所示。

代码清单 4-21　Spring AOP 示例——User 类

```
1.   public class User {
2.       String userId;
3.       String userName;
4.       @Override
5.       public String toString() {
6.           System.out.println("OK");
7.           return "User{" + "userId='" + userId + ", userName='" + userName + "'}";
8.       }
9.   }
```

代码清单 4-22 中定义了针对代码清单 4-21 中 User 类的切面类。

代码清单 4-22　Spring AOP 示例——UserAspect 类

```
1.   package com.jeelp.demo.aop;
2.
3.   import org.aspectj.lang.JoinPoint;
4.   import org.aspectj.lang.annotation.*;
5.
6.   @Aspect
7.   public class UserAspect {
8.       @Pointcut("execution(public String User.toString(..))")
9.       private void pointCut(){};
10.
11.       @Before(value = "pointCut()")
12.       public void UserStart(JoinPoint joinpoint) {
13.           System.out.println("Before---"+joinpoint.getSignature().getName());
14.       }
15.
16.       @After(value ="pointCut()")
17.       public void UserEnd(JoinPoint joinpoint) {
18.           System.out.println("After---"+joinpoint.getSignature().getName());
19.       }
20.
21.       @AfterReturning(value ="execution(public String User.*(..))")
22.       public void UserReturn() {
23.           System.out.println("AfterReturning---");
24.       }
25.
26.       @AfterThrowing(value = "execution(public String User.*(..))",throwing = "object")
27.       public void UserException(Exception object) {
28.           System.out.println("AfterThrowing---"+object);
29.       }
30.   }
```

在代码清单 4-22 中，第 8 行代码使用@Pointcut 注解，指定了切面基于 toString 注解，@Before、@After、@AfterReturning、@AfterThrowing 注解指定了后续方法的具体通知。

AOP 的测试类如代码清单 4-23 所示，@EnableAspectJAutoProxy 注解为项目开启 AOP 支持，然后使用@Bean 注解，分别将 User 类以及 UserAspect 类注入到容器中。

代码清单 4-23　Spring AOP 示例——AOPTest 类

```
1.    package com.jeelp.demo.aop;
2.
3.    import org.springframework.context.annotation.AnnotationConfigApplicationContext;
4.    import org.springframework.context.annotation.Bean;
5.    import org.springframework.context.annotation.Configuration;
6.    import org.springframework.context.annotation.EnableAspectJAutoProxy;
7.
8.    public class AOPTest {
9.        public static void main(String[] args) {
10.           AnnotationConfigApplicationContext applicationContext = new AnnotationConfig
      ApplicationContext("com.jeelp.demo.*");
11.           User user = applicationContext.getBean(User.class);
12.           user.toString();
13.           applicationContext.close();
14.       }
15.       @Configuration
16.       @EnableAspectJAutoProxy
17.       public static class AspectConfig {
18.           @Bean(name = "user1")
19.           public User user1() {
20.               User user = new User();
21.               user.userId = "1";
22.               user.userName = "用户 1";
23.               return user;
24.           }
25.           @Bean(name = "logAspect")
26.           public UserAspect logAspects() {
27.               return new UserAspect();
28.           }
29.       }
30.   }
```

AOPTest 类的运行结果如图 4-7 所示，在运行代码清单 4-23 中第 12 行代码的 user.toString()方法前，执行了@Before 注解定义的通知，之后运行了@AfterReturning、@After 注解定义的通知。

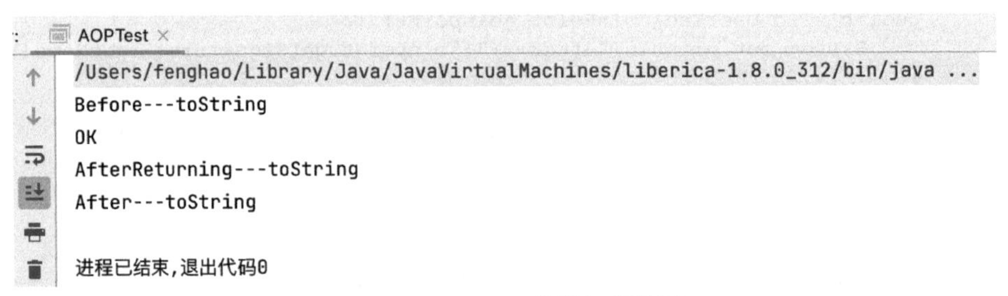

AOPTest
/Users/fenghao/Library/Java/JavaVirtualMachines/liberica-1.8.0_312/bin/java ...
Before---toString
OK
AfterReturning---toString
After---toString
进程已结束，退出代码0

图 4-7　AOPTest 类的运行结果

4.4.7　实战：基于 AOP 的日志记录

AOP 的一个典型应用是在不侵入方法实现的前提下，为方法增加功能，例如日志记录功能。在后续 JEELP 项目中，com.jeelp.platform.common.logging.aspect 包下的 LogAspect 类就是通过基于 AOP 注解的方式，实现了日志的记录功能。

在代码清单 4-24 中，配置了切入点和基于@Log 注解的环绕通知。

代码清单 4-24 Spring AOP 示例——LogAspect 类

```
1.    ......
2.    @Component
3.    @Aspect
4.    public class LogAspect {
5.        private final SaveLogService saveLogService;
6.        ThreadLocal<Long> currentTime = new ThreadLocal<>();
7.        public LogAspect(SaveLogService saveLogService) {
8.            this.saveLogService = saveLogService;
9.        }
10.       /**
11.        * 配置切入点
12.        */
13.       @Pointcut("@annotation(com.jeelp.platform.common.logging.annotation.Log)")
14.       public void logPointcut() {
15.           // 该方法无方法体,主要为了让同类中其他方法使用此切入点
16.       }
17.       /**
18.        * 配置环绕通知,使用在方法 logPointcut()中注册的切入点
19.        *
20.        * @param joinPoint join point for advice
21.        */
22.       @Around("logPointcut()")
23.       public Object logAround(ProceedingJoinPoint joinPoint) throws Throwable {
24.           Object result;
25.           currentTime.set(System.currentTimeMillis());
26.           result = joinPoint.proceed();
27.           LogInfo log = new LogInfo("INFO", System.currentTimeMillis() - currentTime.get());
28.           currentTime.remove();
29.           HttpServletRequest request = ((ServletRequestAttributes) RequestContextHol
     der.getRequestAttributes()).getRequest();
30.           save(getUsername(), IpUtils.getBrowser(request), IpUtils.getIp(request),
     joinPoint, log);
31.           return result;
32.       }
33.   ......
34.   }
```

在代码清单 4-24 中，第 13 行代码通过@annotation 注解让当前执行方法持有指定匹配的注解，这样只需要在记录日志的方法前加上@Log 注解就可以无侵入地完成日志的记录。第 26 行代码使用 AOP 中 ProceedingJoinPoint 对象的 proceed 方法，使得后续代码在切入点之后开始执行，并开始记录方法执行时间、请求用户、来源 IP、方法名等日志信息。第 30 行代码调用 save 方法将用户名、浏览器信息、IP 等信息保存到数据库中。

注解类如代码清单 4-25 所示。

代码清单 4-25 日志相关的注解类

```
1.    ......
2.    @Component
3.    @Aspect
4.    public class LogAspect {
```

```
5.     @Target(ElementType.METHOD)
6.     @Retention(RetentionPolicy.RUNTIME)
7.     public @interface Log {
8.         String value() default "";
9.     }
```

日志切面的使用如代码清单 4-26 所示。

代码清单 4-26　日志切面的使用示例

```
1.     ......
2.     @Log("查询菜单")
3.        @PostMapping(value="page")
4.     public ResponseEntity<TabPage<FuncEntity>> page(@RequestBody Map<String, Object> param){
5.        return new ResponseEntity<>(service.selectForPage(param), HttpStatus.OK);
6.     }
7.     ......
```

在代码清单 4-26 中，第 2 行代码使用注解记录了“查询菜单”这个用户操作的相关信息。日志切面记录的数据如图 4-8 所示。

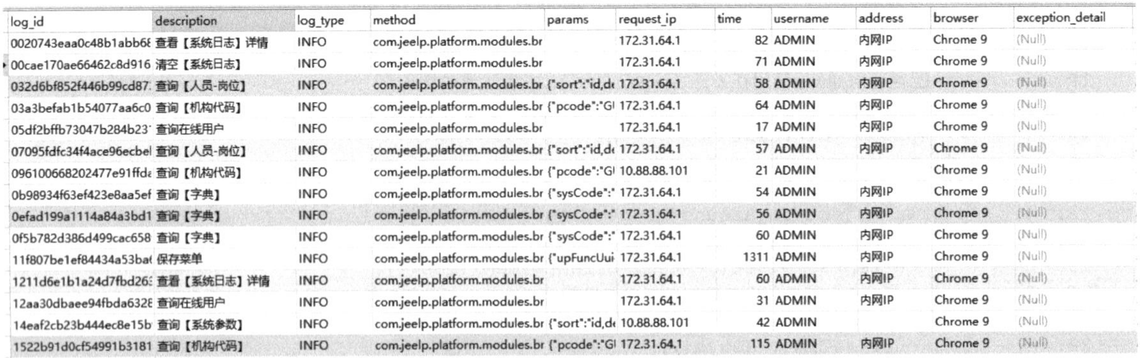

log_id	description	log_type	method	params	request_ip	time	username	address	browser	exception_detail
0020743eaa0c48b1abb6ε	查看【系统日志】详情	INFO	com.jeelp.platform.modules.br		172.31.64.1	82	ADMIN	内网IP	Chrome 9	(Null)
00cae170ae66462c8d916	清空【系统日志】	INFO	com.jeelp.platform.modules.br		172.31.64.1	71	ADMIN	内网IP	Chrome 9	(Null)
032d6bf852f446b99cd87.	查询【人员-岗位】	INFO	com.jeelp.platform.modules.br	{"sort":"id,de	172.31.64.1	58	ADMIN	内网IP	Chrome 9	(Null)
03a3befab1b54077aa6c0	查询【机构代码】	INFO	com.jeelp.platform.modules.br	{"pcode":"GI	172.31.64.1	64	ADMIN	内网IP	Chrome 9	(Null)
05df2bffb73047b284b23'	查询在线用户	INFO	com.jeelp.platform.modules.br		172.31.64.1	17	ADMIN	内网IP	Chrome 9	(Null)
07095fdfc34f4ace96ecbel	查询【人员-岗位】	INFO	com.jeelp.platform.modules.br	{"sort":"id,de	172.31.64.1	57	ADMIN	内网IP	Chrome 9	(Null)
096100668202477e91ffd:	查询【机构代码】	INFO	com.jeelp.platform.modules.br	{"pcode":"GI	10.88.88.101	21	ADMIN		Chrome 9	(Null)
0b98934f63ef423e8aa5ef	查询【字典】	INFO	com.jeelp.platform.modules.br	{"sysCode":"	172.31.64.1	54	ADMIN	内网IP	Chrome 9	(Null)
0efad199a1114a84a3bd1	查询【字典】	INFO	com.jeelp.platform.modules.br	{"sysCode":"	172.31.64.1	56	ADMIN	内网IP	Chrome 9	(Null)
0f5b782d386d499cac658	查询【字典】	INFO	com.jeelp.platform.modules.br	{"sysCode":"	172.31.64.1	60	ADMIN	内网IP	Chrome 9	(Null)
11f807be1ef84434a53ba(	保存菜单	INFO	com.jeelp.platform.modules.br	{"upFuncUui	172.31.64.1	1311	ADMIN	内网IP	Chrome 9	(Null)
1211d6e1b1a24d7fbd26:	查看【系统日志】详情	INFO	com.jeelp.platform.modules.br		172.31.64.1	60	ADMIN	内网IP	Chrome 9	(Null)
12aa30dbaee94fbda632ε	查询在线用户	INFO	com.jeelp.platform.modules.br		172.31.64.1	31	ADMIN	内网IP	Chrome 9	(Null)
14eaf2cb23b444ec8e15b'	查询【系统参数】	INFO	com.jeelp.platform.modules.br	{"sort":"id,de	10.88.88.101	42	ADMIN		Chrome 9	(Null)
1522b91d0cf54991b3181	查询【机构代码】	INFO	com.jeelp.platform.modules.br	{"pcode":"GI	172.31.64.1	115	ADMIN	内网IP	Chrome 9	(Null)

图 4-8　日志切面记录的数据

4.5　Spring MVC 开发框架

Spring MVC 是 Spring 框架提供的一个基于 MVC 设计模式的轻量级 Web 开发框架，本质上相当于 Servlet。Spring MVC 角色划分清晰、分工明确。由于 Spring MVC 本身就是 Spring 框架的一部分，可以说和 Spring 框架是无缝集成的，在性能方面具有先天的优越性，是当今业界主流的 Web 开发框架，被广泛地应用于各类企业级应用中。

4.5.1　MVC 模式与 Spring MVC 工作原理

MVC 全名是 Model View Controller，是 1978 年由施乐帕罗奥图研究中心（Xerox PARC）为程序语言 Smalltalk 发明的一种软件架构。MVC 模式的目的是实现一种动态的程序设计，能够用一种业务逻辑、数据、界面显示分离的方法来组织代码，将业务逻辑聚集到一个部件里面，同时在改进和个性化定制界面及用户交互的同时，不需要重新编写业务逻辑。另外，软件系统通过对自身基本部分的分离，赋予了各个基本部分更加专注于自身的“专业”功能。MVC 模式如图 4-9 所示。

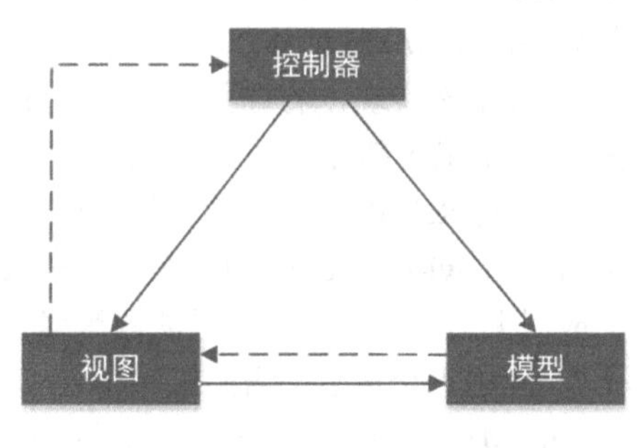

图 4-9 MVC 模式

MVC 可以分为以下三部分。

- 模型（Model）：用于封装与应用程序的业务逻辑相关的数据以及对数据的处理方法。模型能够直接操作数据，以及对数据库进行访问。
- 视图（View）：能够显示数据。视图能够访问它所需要显示的数据，通常使用观察者模式，视图需要访问它监视的数据模型，并以此来实现视图的刷新。
- 控制器（Controller）：能够处理与用户的交互、指定具体的视图显示数据，并将数据传递给视图。

在最初的软件开发中，通常是采用“大杂烩”式的开发模式，即界面、数据、业务的代码都混杂在一起。这样的开发模式对开发人员的要求低，但是会给需要长期维护和运营的长生命周期软件，尤其是大型的企业级应用带来灾难性的后果。与“大杂烩”式的开发模式相比，MVC 模式具有以下的优点。

1. 低耦合性

视图层和业务层分离，这样就允许更改视图层代码而不用重新编译模型和控制器代码，同样，一个应用的业务流程或者业务规则的改变只需要改动 MVC 模式的模型层。因为模型二层、视图层、控制器层三者之间相互分离，所以很容易实现应用程序的业务变更。

2. 高重用性和可适用性

随着技术的不断进步，需要用越来越多的方式来访问应用。MVC 模式允许终端用户使用各种不同样式的视图二层来访问同一个服务器的代码。比如，同样的应用可能有桌面端，也可能有移动端，在移动端中还会细分为安卓端和苹果端。只要视图层需要的数据是一致的，同样的业务层就能被不同的视图层使用。

3. 可维护性

MVC 模式的应用在开发初期必须先构思好软件架构，在软件成型后，分离的视图层和业务层使得应用更易于维护和修改。

4. 快速部署

MVC 模式使开发时间得到相当大的缩短，它让前端开发人员集中精力于表现形式上的开发，让后端开发人员集中精力于业务逻辑上的开发。同时，MVC 模式对开发人员的专业性要求也降低了。

5. 可测试性

使用 MVC 模式开发的应用，如果视图层和业务层有良好的分离设计，那么各个模块能够独立进行单元测试，便于加入企业内部的自动化测试（test automation）、持续集成（continuous integration）、持续交付（continuous delivery）流程，提高应用的开发、测试、部署的效率。

作为MVC模式的一个优秀代表，Spring MVC能够帮助开发人员将MVC模式应用到Java EE企业级应用开发中。Spring MVC基于Spring框架实现，采用了基于Java注解的配置，允许开发人员开发出代码侵入性低的Web应用，并便捷地实现绝大部分的Web应用功能。

Spring MVC提供了前端控制器（DispatcherServlet）、处理器映射器（HandlerMapping）、处理器适配器（HandlerAdapter）、视图解析器（ViewResolver）、处理器（Handler）等组件，配置灵活，支持文件上传、国际化实现、主题解析、应用上下文管理、请求过滤器等强大功能。

与传统Servlet应用相比，Servlet应用每个请求都需要在web.xml文件中进行配置，并且需要在控制层创建一个对应的Servlet。而Spring MVC应用的每个请求都是由前端控制器进行拦截，再通过处理器映射器找到对应的处理器适配器进行处理，极大的降低了配置成本，提高了开发效率。

提示

在某些讨论中，MVC模式常常被看作一种设计模式，然而MVC模式实际是是一种架构模式，而不是设计模式。确切地说，MVC模式不是一种单独的设计模式，而是多种设计模式的组合，这3种设计模式分别是组合模式、策略模式和观察者模式。

4.5.2 Spring MVC的工作流程

Spring MVC框架是基于请求驱动的Web框架，它是以前端控制器为核心，工作流程如图4-10所示。

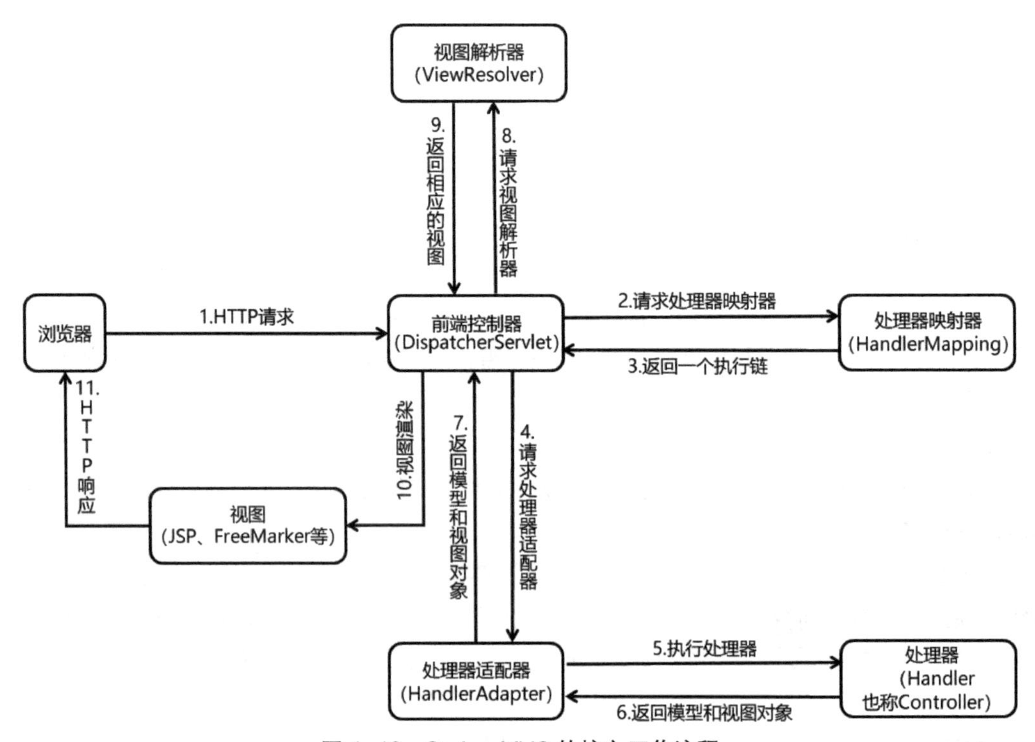

图4-10 Spring MVC的核心工作流程

Spring MVC 的核心工作流程如下。

步骤 1：用户点击某个请求路径，发起一个 HTTP 请求，该请求会被提交到前端控制器(DispatcherServlet)，前端控制器作为统一的入口，会进行全局的流程控制。

步骤 2、3：由前端控制器请求一个或多个处理器映射器，并返回一个执行链（HandlerExecutionChain），执行链中包含了处理器（Handler）和处理器拦截器（HandlerInterceptor）。

步骤 4、5：前端控制器将执行链返回的页面控制信息发送给处理器适配器（HandlerAdapter），处理器适配器根据处理器的信息找到并执行相应的处理器。

步骤 6：处理器执行完毕后会返回给处理器适配器一个模型和视图（ModelAndView）对象（Spring MVC 的底层对象，包括数据模型和视图信息）。

步骤 7：处理器适配器接收到模型和视图对象后，将其返回给前端控制器。

步骤 8：前端控制器接收到模型和视图对象后，会请求视图解析器（ViewResolver）对视图进行解析。

步骤 9：视图解析器根据视图信息匹配到相应的视图（View）结果，并返回给前端控制器。

步骤 10：前端控制器接收到具体的视图模板后，进行视图渲染，将模型（Model）中的数据填充到视图模板中，生成最终的视图。

步骤 11：视图负责将 HTTP 响应返回给浏览器（客户端）。

从以上步骤中可以看出，Spring MVC 应用的入口是前端控制器，核心也是前端控制器：在流程中，处理器映射器、处理器适配器、视图解析器都会将处理结果返回给前端控制器，由前端控制器控制请求流程的进行。

4.5.3 Spring MVC 的核心控制器

前端控制器使用了前端控制器设计模式，是 Spring MVC 的集中访问点，而且负责职责的分派，与 Spring IoC 容器无缝集成，可以充分发挥 Spring 框架的所有特性。

从结构上看，DispatcherServlet 类继承了 HttpServlet、HttpServletBean 等类，实现了 EnvironmentAware、EnvironmentCapable 等接口，拥有支持 HTTP 协议、获取配置文件、获取 Spring 上下文等功能。前端控制器的类图如图 4-11 所示。

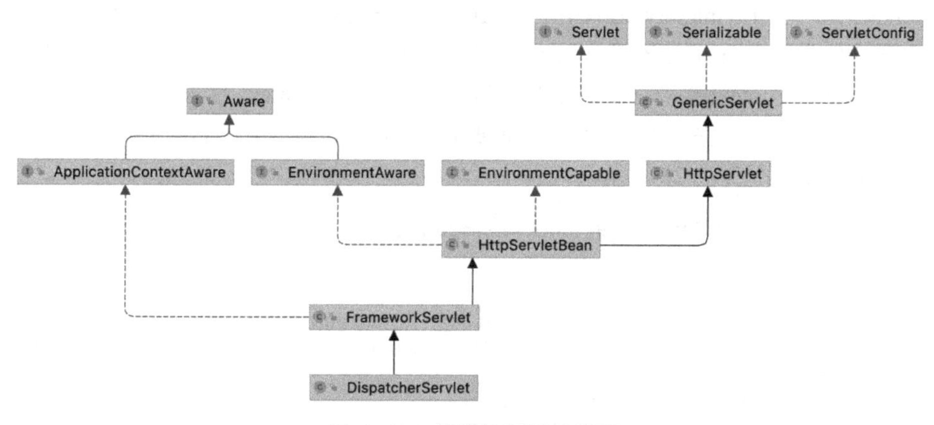

图 4-11　前端控制器的类图

DispatcherServlet 类继承自 Servlet，也有“初始化（init）、响应客户请求（service）、终止（destroy）”这 3 个阶段。下面我们通过分析 HttpServletBean 类、FrameworkServlet 类、DispatcherServlet 类的源码，介绍前端控制器在初始化阶段和响应客户请求阶段所完成的工作。

DispatcherServlet 类的 init 接口在其父类 HttpServletBean 类中被定义，加载了 web.xml 中 DispatcherServlet 类的<init-param>配置，并且调用了子类的 init 方法，init 方法在 FrameworkServlet 类中被实现，如代码清单 4-27 所示。

代码清单 4-27　HttpServletBean 类的 init 方法

```
1.    ......
2.    @Override
3.        public final void init() throws ServletException {
4.            // Set bean properties from init parameters.
5.            // 从初始化参数中设置 Bean 的属性，在 Spring MVC 项目中，是解析 web.xml 中的 init-param 标签
6.            PropertyValues pvs = new ServletConfigPropertyValues(getServletConfig(),
    this.requiredProperties);
7.            if (!pvs.isEmpty()) {
8.                try {
9.                    BeanWrapper bw = PropertyAccessorFactory.forBeanPropertyAccess(this);
10.                   ResourceLoader resourceLoader = new ServletContextResourceLoader
    (getServletContext());
11.                   bw.registerCustomEditor(Resource.class, new ResourceEditor
    (resourceLoader, getEnvironment()));
12.                   initBeanWrapper(bw);
13.                   bw.setPropertyValues(pvs, true);
14.               }
15.               catch (BeansException ex) {
16.                   if (logger.isErrorEnabled()) {
17.                       logger.error("Failed to set bean properties on servlet '" +
    getServletName() + "'", ex);
18.                   }
19.                   throw ex;
20.               }
21.           }
22.           // Let subclasses do whatever initialization they like.
23.           // 子类实现
24.           initServletBean();
25.       }
```

FrameworkServlet 类的 initServletBean 方法建立了 WebApplicationContext 容器，并且加载了 SpringMVC 配置中定义的 Bean 到该容器中，最后将该容器添加到 ServletContext 中。WebApplicationContext 容器继承了 ApplicationContext 接口，我们能够从 WebApplicationContext 容器中获取当前程序的环境信息。此时，我们加载了配置文件、建立了容器，也加载了 Bean 到容器中，于是完成了 DispatcherServlet 类的初始化阶段，如代码清单 4-28 所示。

代码清单 4-28　FrameworkServlet 类的 initServletBean 方法

```
1.    ......
2.    @Override
3.        protected final void initServletBean() throws ServletException {
4.            getServletContext().log("Initializing Spring " + getClass().getSimpleName()
    + " '" + getServletName() + "'");
5.            if (logger.isInfoEnabled()) {
6.                logger.info("Initializing Servlet '" + getServletName() + "'");
7.            }
```

```
8.            long startTime = System.currentTimeMillis();
9.            try {
10.               this.webApplicationContext = initWebApplicationContext();
11.               initFrameworkServlet();
12.           }
13.           catch (ServletException | RuntimeException ex) {
14.               logger.error("Context initialization failed", ex);
15.               throw ex;
16.           }
17.           if (logger.isDebugEnabled()) {
18.               String value = this.enableLoggingRequestDetails ?
19.                       "shown which may lead to unsafe logging of potentially sensitive
        data" :
20.                       "masked to prevent unsafe logging of potentially sensitive data";
21.               logger.debug("enableLoggingRequestDetails='" + this.enableLoggingReque
        stDetails + "': request parameters and headers will be " + value);
22.           }
23.           if (logger.isInfoEnabled()) {
24.               logger.info("Completed initialization in " + (System.currentTimeMillis
        () - startTime) + " ms");
25.           }
26.       }
```

在响应客户请求阶段中，HttpServlet 抽象类的 doGet、doPost 等方法都在 FrameworkServlet 类中被重写，FrameworkServlet 类的 doGet 和 doPost 方法都调用了 processRequest 方法，如代码清单 4-29 所示。

代码清单 4-29　FrameworkServlet 类的 doGet、doPost 方法

```
1.        ......
2.        @Override
3.        protected final void doGet(HttpServletRequest request, HttpServletResponse response)
4.                throws ServletException, IOException {
5.            processRequest(request, response);
6.        }
7.        @Override
8.        protected final void doPost(HttpServletRequest request, HttpServletResponse response)
9.                throws ServletException, IOException {
10.           processRequest(request, response);
11.       }
```

在 processRequest 方法中，调用了 doService 方法进行业务处理，如代码清单 4-30 所示。实际上，doService 方法在 DispatcherServlet 类中被实现，并且调用了 doDispatch 方法。

代码清单 4-30　FrameworkServlet 类的 processRequest 方法

```
1.        ......
2.        protected final void processRequest(HttpServletRequest request, HttpServletRes
          ponse response)
3.                throws ServletException, IOException {
4.            long startTime = System.currentTimeMillis();
5.            Throwable failureCause = null;
6.            // 获取当前线程相关联的 LocalContext
7.            LocaleContext previousLocaleContext = LocaleContextHolder.getLocaleContext();
8.            // 根据请求构建 LocaleContext，满足国际化功能，将当前环境的语言更改为请求的语言
9.            LocaleContext localeContext = buildLocaleContext(request);
10.           // 获取当前线程关联的 RequestAttributes
11.           RequestAttributes previousAttributes = RequestContextHolder.getRequestAttr
       ibutes();
```

```
12.            // 根据请求构建 ServletRequestAttributes
13.            ServletRequestAttributes requestAttributes = buildRequestAttributes(request,
        response, previousAttributes);
14.            // 获取 WebAsyncManager
15.            WebAsyncManager asyncManager = WebAsyncUtils.getAsyncManager(request);
16.            asyncManager.registerCallableInterceptor(FrameworkServlet.class.getName(),
        new RequestBindingInterceptor());
17.            // 使 LocaleContext 与 RequestAttributes 相关联
18.            initContextHolders(request, localeContext, requestAttributes);
19.            try {
20.            //进行业务处理
21.                doService(request, response);
22.            }
23.            catch (ServletException | IOException ex) {
24.                failureCause = ex;
25.                throw ex;
26.            }
27.            catch (Throwable ex) {
28.                failureCause = ex;
29.                throw new NestedServletException("Request processing failed", ex);
30.            }
31.
32.            finally {
33.            // 解除 LocaleContext 与 RequestAttributes 的关联
34.                resetContextHolders(request, previousLocaleContext, previousAttributes);
35.                if (requestAttributes != null) {
36.                    requestAttributes.requestCompleted();
37.                }
38.                logResult(request, response, failureCause, asyncManager);
39.                //发布 ServletRequestHandlerEvent 事件
40.                publishRequestHandledEvent(request, response, startTime, failureCause);
41.            }
42.        }
```

DispatcherServlet类的doDispatch方法最终执行了对应处理器的操作，并且得到了处理器处理完成后的ModelAndView对象。processDispatchResult方法展示了如何实现具体的视图，以及如何渲染具体的视图，如代码清单4-31所示。

代码清单4-31 DispatcherServlet类的doDispatch方法

```
1.         ......
2.         protected void doDispatch(HttpServletRequest request, HttpServletResponse response)
           throws Exception {
3.         try {
4.             // 处理文件上传
5.             processedRequest = checkMultipart(request);
6.             multipartRequestParsed = (processedRequest != request);
7.             // Determine handler for the current request.
8.             mappedHandler = getHandler(processedRequest);
9.             if (mappedHandler == null) {
10.                noHandlerFound(processedRequest, response);
11.                return;
12.            }
13.            // 决定处理当前请求的处理器
14.            HandlerAdapter ha = getHandlerAdapter(mappedHandler.getHandler());
15.            // Process last-modified header, if supported by the handler.
16.            String method = request.getMethod();
```

```
17.           boolean isGet = "GET".equals(method);
18.           if (isGet || "HEAD".equals(method)) {
19.              long lastModified = ha.getLastModified(request, mappedHandler.getHandler());
20.           if (new ServletWebRequest(request, response).checkNotModified(lastModified)
       && isGet) {
21.               return;
22.                }
23.           }
24.           // 执行 preHandle 拦截器
25.           if (!mappedHandler.applyPreHandle(processedRequest, response)) {
26.               return;
27.           }
28.           // 执行处理器
29.           mv = ha.handle(processedRequest, response, mappedHandler.getHandler());
30.           if (asyncManager.isConcurrentHandlingStarted()) {
31.           return;
32.           }
33.           applyDefaultViewName(processedRequest, mv);
34.           // 执行 postHandle 拦截器
35.           mappedHandler.applyPostHandle(processedRequest, response, mv);
36.         }
37.         ......
38.         // 执行方法完成后的事件，包括 afterCompletion1 拦截器
39.         processDispatchResult(processedRequest, response, mappedHandler, mv,
            dispatchException);
40.         ......
```

通过对 DispatcherServlet 类在响应客户请求阶段的源码分析可知，DispatcherServlet 类的主要职责有：

- 控制 Spring MVC 流程；
- 完成文件上传工作；
- 将请求分发给处理器；
- 完成本地化解析；
- 将视图名解析到具体的视图实现；
- 渲染具体的视图；
- 如果执行过程中遇到异常，就交给 HandlerExceptionResolver 来解析。

4.5.4 Spring MVC 的拦截器

顾名思义，拦截器(Interceptor)的作用就是拦截。过滤器依赖 Servlet 容器来获取 Request 和 Response 处理，是基于函数回调的；然而拦截器是通过 Java 反射机制和动态代理来拦截 Web 请求（即“拒绝你想拒绝的”），且只拦截 Web 请求，不拦截静态资源。

拦截器是动态拦截处理器调用的对象，它提供了一种机制使开发人员可以在 Action 执行的前后执行一段代码，也可以在 Action 执行前阻止其执行，同时还提供了一种可以提取 Action 中可重用部分代码的方式。目前，基于 Struts2 和 Spring MVC 的应用一般都离不开拦截器，需要我们深入了解、灵活使用。

拦截器和过滤器的区别主要有以下 4 点：

- 拦截器由 Spring 框架支持，过滤器由 Servlet 支持；
- Spring 框架里的任何资源和对象可以通过 IoC 注入到拦截器中；

- 拦截器能在方法和异常抛出前后触发，而过滤器只能在 Servlet 前后触发；
- 拦截器只能对控制器中请求或访问 static 目录下的资源请求起作用，而过滤器可以对几乎所有的请求（包括静态资源）起作用。

在进行编码时，我们可以直接继承 HandlerInterceptorAdapter 这个抽象类，以此来实现自己的拦截器。在 preHandle 方法中，可以进行编码、安全控制等处理；在 postHandle 方法中，可以修改 ModelAndView；在 afterCompletion 方法中，可以根据 ex 是否为 null 来判断是否发生了异常，从而进行日志记录。HandlerInterceptorAdapter 类的源码如代码清单 4-32 所示。

代码清单 4-32　HandlerInterceptorAdapter 类源码

```
1.    package org.springframework.web.servlet.handler;
2.    import javax.servlet.http.HttpServletRequest;
3.    import javax.servlet.http.HttpServletResponse;
4.    import org.springframework.web.servlet.HandlerInterceptor;
5.    import org.springframework.web.servlet.ModelAndView;
6.
7.    public abstract class HandlerInterceptorAdapter implements HandlerInterceptor {
8.
9.        /**
10.        * This implementation always returns <code>true</code>.
11.        */
12.       public boolean preHandle(HttpServletRequest request, HttpServletResponse response,
      Object handler)
13.           throws Exception {
14.           return true;
15.       }
16.
17.       public void postHandle(
18.               HttpServletRequest request, HttpServletResponse response, Object handler,
      ModelAndView modelAndView)
19.               throws Exception {
20.       }
21.
22.       public void afterCompletion(
23.               HttpServletRequest request, HttpServletResponse response, Object handler,
      Exception ex)
24.               throws Exception {
25.       }
26.   }
```

拦截器是在 DispatcherServlet 类的 doDispatch 方法中被触发并执行，在代码清单 4-31 中，第 25 行代码执行 preHandle 方法，第 35 行代码执行 postHandle 方法，第 39 行代码执行 afterCompletion 方法。这也再次证明，DispatcherServlet 类是 Spring MVC 的核心。

4.5.5　Spring MVC 相关注解

当前 Spring MVC 的版本为 5.3.15，距离最初版本的发布已过去近 20 年。在这 20 年中，项目的配置方式也发生了很多改变：从一开始以 XML 方式配置文件，到后来允许以 Java Bean 方式配置文件，再到现在能够完全以 Java Bean 方式配置，Spring MVC 逐渐实现了约定优于配置的思想。

在实际项目中，当使用 Java Bean 方式配置 Spring MVC 项目时，我们最常用的 10 个注解，包括 @Component、@Controller、@RequestMapping、@RequestParam、@PathVariable、@RequestBody、

@ResponseBody、@ModelAttribute、@ExceptionHandler、@ControllerAdvice 等，下面介绍一下这 10 个常用注解的使用方式和特点。

1. @Component

@Component 注解通常用来声明需要在 Spring 框架工程启动时加入到 Spring 容器中的组件，相当于在 Spring 容器中声明了一个 Bean。该注解属于 Spring 框架，如代码清单 4-33 所示。

代码清单 4-33 Spring @Component 注解示例

```
1.    package com.jeelp.springmvc;
2.    import org.springframework.stereotype.Component;
3.    /*
4.        在 Spring 框架启动时，会创建类的对象，并将其加入到容器中
5.        一般用来声明组件
6.     */
7.    @Component
8.    public class TestComponent {
9.        public void print() {
10.           System.out.println("Spring Component 注解");
11.       }
12.   }
```

2. @Controller

@Controller 注解通常用来声明 Spring MVC 中的 Controller（即控制器）。@Controller 注解作用在类的声明上，包含@Component 注解的功能，能够在 Spring 框架工程启动时加入到 Spring 容器中，如代码清单 4-34 所示。

@Controller 注解通常用于类上，如果结合 Thymeleaf 模板使用，那么会返回一个页面。如果是前后端分离的项目，那么使用@RestController，表明返回的是 JSON 格式的数据。

代码清单 4-34 Spring MVC @Controller 注解源码

```
1.    @Target({ElementType.TYPE})
2.    @Retention(RetentionPolicy.RUNTIME)
3.    @Documented
4.    @Component
5.    public @interface Controller {
6.        /**
7.         * The value may indicate a suggestion for a logical component name,
8.         * to be turned into a Spring bean in case of an autodetected component.
9.         * @return the suggested component name, if any (or empty String otherwise)
10.        */
11.       @AliasFor(annotation = Component.class)
12.       String value() default "";
13.   }
```

3. @RequestMapping

@RequestMapping 注解常用在@Controller 注解之下，指定控制器能够处理哪些 URL 请求。@RequestMapping 注解可以用在类的定义、方法的声明上，通常需要配置 value 属性，代表该方法或控制器能够处理的 URL 请求的路径，如代码清单 4-35 所示。

代码清单 4-35 Spring MVC @RequestMapping 注解源码

```
1.    @Target({ElementType.METHOD, ElementType.TYPE})
2.    @Retention(RetentionPolicy.RUNTIME)
```

```
3.    @Documented
4.    @Mapping
5.    public @interface RequestMapping {
6.        String name() default "";
7.        String[] value() default {};
8.        String[] path() default {};
9.        RequestMethod[] method() default {};
10.       String[] params() default {};
11.       String[] headers() default {};
12.       String[] consumes() default {};
13.       String[] produces() default {};
14.   }
```

4. @RequestParam

@RequestParam 注解用于将请求参数绑定到控制器的方法参数上，需要使用 name 或 value 属性指定参数名，可以使用 required 属性指定参数是否必传，也可以使用 defaultValue 属性指定参数为空时的默认值，如代码清单 4-36 所示。

代码清单 4-36　Spring MVC @RequestParam 注解源码

```
1.    @Target(ElementType.PARAMETER)
2.    @Retention(RetentionPolicy.RUNTIME)
3.    @Documented
4.    public @interface RequestParam {
5.        @AliasFor("name")
6.        String value() default "";
7.        @AliasFor("value")
8.        String name() default "";
9.        boolean required() default true;
10.       String defaultValue() default ValueConstants.DEFAULT_NONE;
11.   }
```

5. @PathVariable

@PathVariable 注解与@RequestParam 注解类似，但其作用是获取 URL 中的参数并绑定到控制器的方法参数上，同样需要使用 name 或 value 属性指定参数名，可以使用 required 属性指定参数是否必传，如代码清单 4-37 所示。

代码清单 4-37　Spring MVC @PathVariable 注解源码

```
1.    @Target(ElementType.PARAMETER)
2.    @Retention(RetentionPolicy.RUNTIME)
3.    @Documented
4.    public @interface PathVariable {
5.        @AliasFor("name")
6.        String value() default "";
7.        @AliasFor("value")
8.        String name() default "";
9.        boolean required() default true;
10.   }
```

6. @RequestBody

@RequestBody 注解用来读取 Request 请求 Body 部分的数据，使用系统配置的 HttpMessageConverter 进行解析，并把解析后得到的对象数据绑定到 Controller 的方法参数上。

7. @ResponseBody

@ResponseBody 注解与@RequestBody 注解类似，但其作用是将方法返回的结果格式化为 JSON 字符串，然后放到 Response 的 Body 中，最后返回给客户端。

8. @ModelAttribute

在方法定义上使用@ModelAttribute 注解后，Spring MVC 会在调用目标处理方法前，逐个调用在方法级上标注了@ModelAttribute 注解的方法。

在方法入参前使用@ModelAttribute 注解时，可以从隐含对象中获取其模型数据中的对象，再将请求参数绑定到对象中，然后将方法入参添加到模型中。

9. @ExceptionHandler

@ExceptionHandler 注解在方法定义上使用，Controller 出现异常时会执行该方法。

10. @ControllerAdvice

@ControllerAdvice 注解可以使一个 Controller 成为全局的异常处理类，在该类中用@ExceptionHandler 注解可以处理所有 Controller 发生的异常。

4.5.6 实战：我的第一个 Spring MVC

在本节中，我们创建一个直接使用 Java Bean 方式配置的 Spring MVC 项目。

在 IDEA 中通过默认向导新建一个 Maven 工程，并在 POM 文件中设置 packaging 为 war，加入 spring-web-mvc（第 11～15 行代码）和 javaee-api（第 16～20 行代码）的依赖，如代码清单 4-38 所示。

代码清单 4-38 我的第一个 Spring MVC pom.xml 文件

```
1.    <?xml version="1.0" encoding="UTF-8"?>
2.    <project xmlns="http://maven.apache.org/POM/4.0.0"
3.             xmlns:xsi="http://www.w3.org/2001/XMLSchema-instance"
4.             xsi:schemaLocation="http://maven.apache.org/POM/4.0.0 http://maven.apache.
      org/xsd/maven-4.0.0.xsd">
5.        <modelVersion>4.0.0</modelVersion>
6.        <packaging>war</packaging>
7.        <groupId>com.jeelp</groupId>
8.        <artifactId>spring-mvc-test</artifactId>
9.        <version>1.0-SNAPSHOT</version>
10.       <dependencies>
11.           <dependency>
12.               <groupId>org.springframework</groupId>
13.               <artifactId>spring-webmvc</artifactId>
14.               <version>5.3.15</version>
15.           </dependency>
16.           <dependency>
17.               <groupId>javax</groupId>
18.               <artifactId>javaee-api</artifactId>
19.               <version>7.0</version>
20.           </dependency>
21.       </dependencies>
22.       <properties>
23.           <maven.compiler.source>8</maven.compiler.source>
24.           <maven.compiler.target>8</maven.compiler.target>
```

```
25.         </properties>
26.     </project>
```

接下来，在生成的 java 目录中，手工新建 config、controller 目录以及相关的程序文件，如图 4-12 所示。

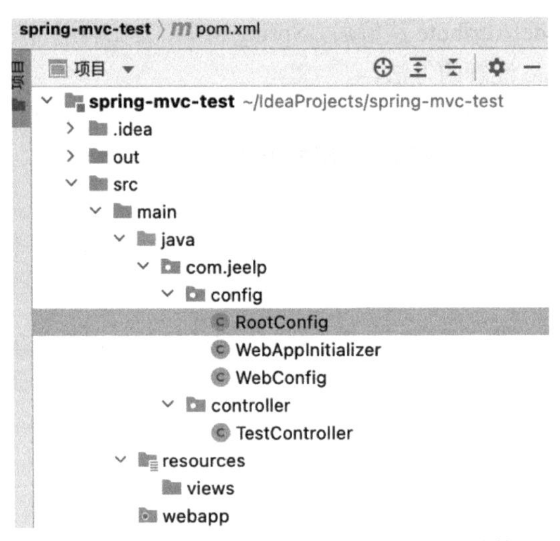

图 4-12　我的第一个 Spring MVC 目录结构

RootConfig 为 SpringMVC 容器的配置类，如代码清单 4-39 所示。其中，第 6 行代码表示这个 Java Bean 为配置文件，第 7 行代码表示 Spring 应用在启动时，会从 com.jeelp 目录中加载 Bean。

代码清单 4-39　我的第一个 Spring MVC RootConfig 类

```
1.    package com.jeelp.config;
2.
3.    import org.springframework.context.annotation.ComponentScan;
4.    import org.springframework.context.annotation.Configuration;
5.
6.    @Configuration
7.    @ComponentScan(basePackages = { "com.jeelp" })
8.    public class RootConfig {
9.
10.   }
```

WebConfig 类为 Spring MVC 的配置类，如代码清单 4-40 所示。

代码清单 4-40　我的第一个 Spring MVC WebConfig 类

```
1.    package com.jeelp.config;
2.
3.    import org.springframework.context.annotation.Bean;
4.    import org.springframework.context.annotation.ComponentScan;
5.    import org.springframework.context.annotation.Configuration;
6.    import org.springframework.web.servlet.ViewResolver;
7.    import org.springframework.web.servlet.config.annotation.DefaultServletHandlerConfigurer;
8.    import org.springframework.web.servlet.config.annotation.EnableWebMvc;
9.    import org.springframework.web.servlet.config.annotation.WebMvcConfigurer;
10.   import org.springframework.web.servlet.view.InternalResourceViewResolver;
```

```
11.
12.    @Configuration
13.    @EnableWebMvc
14.    @ComponentScan("com.jeelp.controller")
15.    public class WebConfig implements  WebMvcConfigurer  {
16.
17.        @Bean
18.        public ViewResolver viewResolver() {
19.            InternalResourceViewResolver resolver = new InternalResourceViewResolver();
20.            resolver.setPrefix("/resources/views/");
21.            resolver.setSuffix(".jsp");
22.            resolver.setExposeContextBeansAsAttributes(true);
23.            return resolver;
24.        }
25.
26.        /**
27.         * 启用 Spring MVC 的注解
28.         */
29.        public void configureDefaultServletHandling(DefaultServletHandlerConfigurer
       configurer) {
30.            configurer.enable();
31.        }
32.    }
```

WebAppInitializer 文件为 Spring MVC 项目的入口类，同时也替代了传统 web.xml 配置文件。在 WebAppInitializer 中，加载了刚才创建的 RootConfig 和 WebConfig，同时重写了 getServletMappings 方法，使应用根目录为“/”，如代码清单 4-41 所示。

代码清单 4-41　我的第一个 Spring MVC WebAppInitializer 类

```
1.     package com.jeelp.config;
2.     import org.springframework.web.servlet.support.AbstractAnnotationConfigDispatcher
       ServletInitializer;
3.
4.     public class WebAppInitializer extends AbstractAnnotationConfigDispatcherServletIn
       itializer {
5.         @Override
6.         protected Class<?>[] getRootConfigClasses() {
7.             return new Class<?>[]{RootConfig.class};
8.         }
9.
10.        @Override
11.        protected Class<?>[] getServletConfigClasses() {
12.            return new Class<?>[]{WebConfig.class};
13.        }
14.
15.        @Override
16.        protected String[] getServletMappings() {
17.            return new String[]{"/"};
18.        }
19.    }
```

TestController 为测试的控制器类，如代码清单 4-42 所示。

代码清单 4-42　我的第一个 Spring MVC TestController 类

```
1.     package com.jeelp.controller;
2.
3.     import org.springframework.stereotype.Controller;
```

```
4.    import org.springframework.web.bind.annotation.*;
5.
6.    @Controller
7.    public class TestController {
8.        @RequestMapping("/test")
9.        @ResponseBody
10.       public String test(@RequestParam("name")String name){
11.           return  new StringBuilder()
12.                   .append("Hello ").append(name).append("!").toString();
13.       }
14.   }
```

在IDEA中选择菜单栏中的“运行”→“编辑配置”，在弹出的界面中点击“添加新配置”，选择“Tomcat服务器（本地)”。

添加完Tomcat服务器后，IDEA提示还需要“选择要部署的工件”，如图4-13所示，点击“修正”，弹出选择工件的菜单，选择war包形式或者war exploded形式均可。在开发调试过程中，推荐使用war exploded形式，这样能够实现热部署。

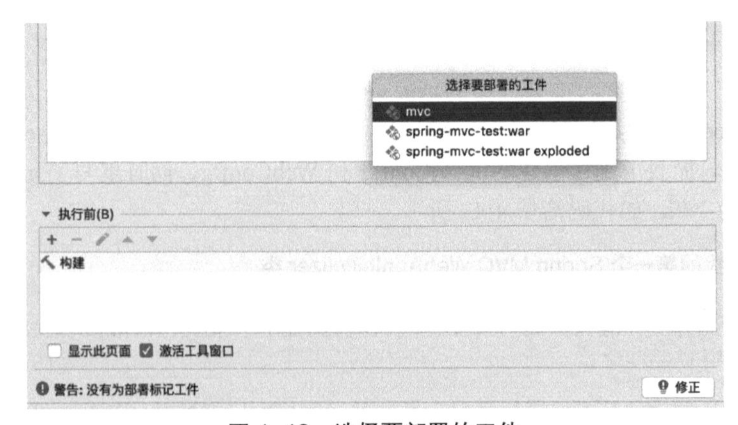

图4-13　选择要部署的工件

接下来，将应用程序上下文置为“/”。保存所有修改项后，在IDEA中启动Tomcat服务器，并通过浏览器访问http://localhost:8080/test?name=zhangsan。访问结果如图4-14所示，页面显示了“Hello zhangsan!”。

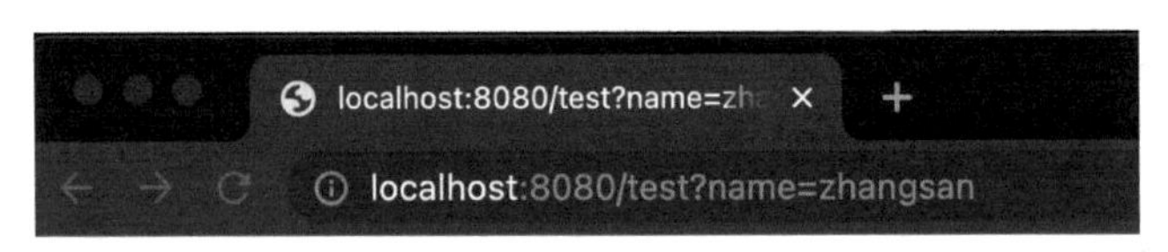

图4-14　访问结果

4.6　Spring事务管理

在开发企业级应用中，如果应用涉及数据持久化，例如使用数据库存储数据，那么事务管理功能必不可少。如果没有完善的事务管理机制，就不能保证应用和数据库中数据的完整性和一致性。事务的特性被总结为 ACID，具体含义如下所述。

1. 原子性（Atomicity）

事务是最小的执行单元，事务是不可分割的，由一系列动作组成。事务的原子性确保动作要么全部完成，要么完全不起作用。

2. 一致性（Consistency）

一旦事务完成（不管成功还是失败），系统必须确保它所建模的业务处于一致的状态，不会是部分完成，也不会是部分失败，现实中的数据不应该被破坏。

3. 隔离性（Isolation）

由于许多事务可能会同时处理相同的数据，因此每个事务都应该与其他事务隔离开，防止数据被损坏。

4. 持久性（Durability）

一旦事务完成，无论发生什么系统错误，它的结果都不应该受到影响，这样事务就能从任何崩溃系统中恢复出来。通常情况下，事务的结果会被持久化存储，例如被写到数据库中。

Spring 框架支持编程式事务管理和声明式事务管理。

编程式事务管理指的是通过编码的方式实现事务，允许用户在代码中精确定义事务的边界，类似于通过 JDBC 编程实现事务管理。Spring 框架提供两种编程式事务管理方式，一种是使用 TransactionTemplate，另一种是直接使用 PlatformTransactionManager。对于编程式事务管理，Spring 框架推荐使用 TransactionTemplate。

声明式事务管理建立在 AOP 之上，其本质是在方法前后进行拦截，即在目标方法开始之前创建或者加入一个事务，在执行完目标方法之后根据执行情况提交或者回滚事务。声明式事务管理最大的优点就是不需要通过编程的方式管理事务，这样就不需要在业务逻辑代码中掺杂事务管理的代码，只需在配置文件中声明相关的事务规则（或通过基于@Transactional 注解的方式），便可以将事务规则应用到业务逻辑中。声明式事务管理也有两种常用的方式，一种是基于 tx 和 aop 名字空间的 xml 配置文件，另一种是基于@Transactional 注解。

在实际的 Spring 框架工程中，已经很少使用编程式事务管理，现在一般使用@Transactional 注解进行配置。在@Transactional 注解中，有传播行为（propagation behavior）、隔离级别（isolation level）、回滚规则（rollback-for）3 种属性。

传播行为指的是当一个事务被另一个事务调用时，事务该如何传播。默认的传播行为是 PROPAGATION_REQUIRED。Spring 框架中传播行为的含义如表 4-8 所示。

表 4-8 Spring 框架中传播行为的含义

传播行为	含义
PROPAGATION_REQUIRED	表示当前方法必须运行在事务中。如果当前事务存在，方法将会在该事务中运行，否则将会启动一个新的事务
PROPAGATION_SUPPORTS	表示当前方法不需要事务上下文，但是如果存在当前事务的话，那么该方法会在该事务中运行
PROPAGATION_MANDATORY	表示该方法必须在事务中运行，如果当前事务不存在，那么会抛出一个异常

续表

传播行为	含义
PROPAGATION_REQUIRED_NEW	表示当前方法必须运行在一个新的事务中
PROPAGATION_NOT_SUPPORTED	表示该方法不应该运行在事务中
PROPAGATION_NEVER	表示当前方法不应该运行在事务上下文中。如果当前有一个事务正在运行，那么会抛出异常
PROPAGATION_NESTED	表示如果当前已经存在一个事务，那么该方法将会在嵌套事务中运行。嵌套事务可以独立于当前事务，进行单独地提交或回滚

隔离级别指的是一个事务可能受其他并发事务影响的程度，默认的隔离级别是 ISOLATION_DEFAULT。事务是与并发相关联的，在企业级应用中会存在多个事务同时操作一个数据对象的情况，这时就会产生以下一些问题。

- 脏读（dirty read）：一个事务读取了另一个事务改写的、但还未提交的数据，如果这些数据回滚，那么事务读取到的数据是无效的。
- 不可重复读（nonrepeatable read）：在同一事务中，多次读取同一数据返回的结果会有所不同。
- 幻读（phantom read）：指当事务不是独立执行时发生的一种现象，例如一个事务读取了几行记录后，另一个事务插入一些记录，幻读就发生了。在之后的查询中，第一个事务就会存在一些原来没有的记录。

为了处理这些问题，Spring 框架对隔离级别进行了定义，以便于根据不同的业务要求，作出不同的处理。Spring 框架中隔离级别的含义如表 4-9 所示。

表 4-9　Spring 框架中隔离级别的含义

隔离级别	含义
ISOLATION_DEFAULT	使用后端数据库默认的隔离级别
ISOLATION_READ_UNCOMMITTED	最低的隔离级别，允许读取尚未提交的数据变更，可能会导致脏读、不可重复读或幻读
ISOLATION_READ_COMMITTED	允许读取并发事务已经提交的数据，可以阻止脏读，但是幻读或不可重复读仍有可能发生
ISOLATION_REPEATABLE_READ	对同一字段的多次读取结果都是一致的，除非数据是被事务本身所修改，这样可以阻止脏读和不可重复读，但幻读仍有可能发生
ISOLATION_SERIALIZABLE	最高的隔离级别，完全服从 ACID 的隔离级别，避免脏读、不可重复读以及幻读，也是最慢的隔离级别，因为它通常是通过完全锁定事务相关的数据表来实现的

回滚规则指的是当被@Transactional 注解标注的方法发生什么异常时，就会回滚方法默认发生 RunTimeException 异常时，事务就会被回滚。

第 5 章　Spring Boot 与企业级应用开发

本章主要介绍微服务的一个重要技术——Spring Boot 框架的基础概念、Spring Boot 核心类及注解、Spring Boot 与关系型数据库和 NoSQL 数据库的整合，以及相关数据操作的方法，最后以 Docker 为例，介绍了微服务的容器化部署。

5.1　Spring Boot 概述

虽然 Spring 框架的组件代码是轻量级的，但是它的配置却是重量级的。Spring 通常采用 XML 来进行配置，而且是很多的 XML 配置。Spring 2.5 引入了基于注解的组件扫描，这可以避免大量针对应用程序自身组件的显式 XML 配置。Spring 3.0 引入了基于 Java 的配置，这是一种类型安全的可重构配置方式，可以代替 XML 配置。

同时，Spring 项目的依赖管理也非常麻烦。在搭建环境时，不仅需要分析要导入哪些库，以及导入这些库的什么版本，才能与项目相互兼容，而且还需要分析与导入的库有依赖关系的其他库的情况。一旦选错了依赖的版本，随之而来的不兼容问题就会严重阻碍项目的开发进度。

Spring Boot 对上述 Spring 的缺点进行了改善和优化，基于约定优于配置的思想，让开发人员的思维不必在配置与逻辑业务之间切换，可以全身心的投入到逻辑业务代码的编写中，从而大大提高了开发的效率，在一定程度上缩短了项目周期。

Spring Boot 2.x 需要 Java 8 或更高版本，构建工具 Maven 则需要 3.3 及以上的版本，可以将 Spring Boot 应用程序部署到任何一个 Servlet 3.1 及以上版本的兼容容器中。

Spring Boot 有以下 6 个优点。

- 快速创建独立运行的 Spring 项目并实现与主流框架集成，也可以实现与云计算的天然集成。
- 使用嵌入式的 Servlet 容器（应用无须打包成 war 后，再发布到 Servlet 容器上），打包成 jar，然后执行 java -jar 即可运行。
- starters 的自动依赖与版本控制解决了版本兼容的问题。
- 支持大量的自动配置，从而简化开发，也可以修改默认值。
- 提供了生产级的指标、健康检查和外部化配置。
- 不需要生成代码，也不需要 XML 配置，开箱即用。

5.2 Spring Boot核心类及注解

5.2.1 Spring Boot启动类

一个Spring Boot应用的启动，都是从SpringApplication.run()方法开始的。代码清单5-1是SpringApplication构造函数的源码。当创建一个SpringApplication实例时，主程序会加载一个应用所需要的所有资源和配置，实例会在调用run方法之前进行定制化，并最终启动一个应用实例。

代码清单5-1 SpringApplication构造函数的源码

```
1.    public SpringApplication(ResourceLoader resourceLoader, Class<?>... primarySources) {
2.    this.resourceLoader = resourceLoader;
3.    Assert.notNull(primarySources, "PrimarySources must not be null");
4.    this.primarySources = new LinkedHashSet<>(Arrays.asList(primarySources));
5.    this.webApplicationType = WebApplicationType.deduceFromClasspath();
6.    this.bootstrapRegistryInitializers = new ArrayList<>( getSpringFactoriesInstances
      (BootstrapRegistryInitializer.class));
7.    setInitializers((Collection) getSpringFactoriesInstances(ApplicationContextInitial
      izer.class));
8.    setListeners((Collection) getSpringFactoriesInstances(ApplicationListener.class));
9.    this.mainApplicationClass = deduceMainApplicationClass();
10.   }
```

在代码清单5-1中，第5行代码设置当前应用的启动类型，这个类型定义在枚举类WebApplicationType中，可选的类型有NONE、SERVLET、REACTIVE。第7行代码初始化classpath下所有可用的ApplicationContextInitializer。第8行代码初始化classpath下所有可用的ApplicationListener。第9行代码根据调用栈，推断出main方法的类名。

通过上面的构造方法，可以初始化一个SpringApplication对象，接下来调用其run方法，如代码清单5-2所示。

代码清单5-2 SpringApplication的run方法

```
1.    public ConfigurableApplicationContext run(String... args) {
2.        StopWatch stopWatch = new StopWatch();
3.        stopWatch.start();
4.        DefaultBootstrapContext bootstrapContext = createBootstrapContext();
5.        ConfigurableApplicationContext context = null;
6.        configureHeadlessProperty();
7.        SpringApplicationRunListeners listeners = getRunListeners(args);
8.        listeners.starting(bootstrapContext, this.mainApplicationClass);
9.        try {
10.           ApplicationArguments applicationArguments = new DefaultApplicationArguments(args);
11.           ConfigurableEnvironment environment = prepareEnvironment(listeners,
      bootstrapContext, applicationArguments);
12.           configureIgnoreBeanInfo(environment);
13.           Banner printedBanner = printBanner(environment);
14.           context = createApplicationContext();
15.           context.setApplicationStartup(this.applicationStartup);
16.           prepareContext(bootstrapContext, context, environment, listeners,
      applicationArguments, printedBanner);
17.           refreshContext(context);
```

```
18.            afterRefresh(context, applicationArguments);
19.            stopWatch.stop ();
20.            If (this.logStartupInfo) {
21.                New StartupInfoLogger(this.mainApplicationClass).logStarted
       (getApplicationLog(), stopWatch);
22.            }
23.            listeners.started (context);
24.            callRunners (context, applicationArguments);
25.        }
26.        catch (Throwable ex) {
27.            handleRunFailure(context, ex, listeners);
28.            throw new IllegalStateException(ex);
29.        }
30.
31.        try {
32.            listeners.running(context);
33.        }
34.        catch (Throwable ex) {
35.            handleRunFailure(context, ex, null);
36.            throw new IllegalStateException(ex);
37.        }
38.        return context;
39.    }
```

在代码清单 5-2 中，第 6 行代码设置 headless 模式，实际上是就是设置系统属性 java.awt.headless 为 true。该行代码的作用是在一个 Spring Boot 应用启动时，即使没有检测到显示器也能继续执行后面的代码。第 7 行代码加载 SpringApplicationRunListener 对象。第 10 行代码获取启动时传入的参数 args（通过 main 方法传入的参数），并初始化 ApplicationArguments 对象。第 11 行代码根据 listeners 和 applicationArguments 配置 Spring Boot 应用的环境。第 12 行代码根据环境信息配置需要忽略的 Bean 信息。第 14 行代码根据应用类型来确定该 Spring Boot 项目应该创建的 ApplicationContext 的类型，在默认情况下，如果没有明确设置的应用程序上下文或应用程序上下文类，该方法会在返回合适的默认值。第 16 行代码完成整个容器的创建与启动以及实现 Bean 的注入功能，至此，主启动类加载完成，容器完成准备工作。第 17 行代码调用了 refreshContext(context)方法，而 refreshContext(context)方法又调用了 refresh(context)。在调用了 refresh(context)方法之后，还调用了 registerShutdownHook 方法，从而完成了各种初始化工作。第 18 行代码在上下文刷新后调用 afterRefresh(context,arg)方法，该方法执行 Spring 容器初始化的后置逻辑，默认是一个空方法，该方法内部没有做任何操作。

在此之后，停止监控代码执行时间，发布容器启动事件，启动容器监听器，调用 ApplicationRunner 和 CommmandLineRunner 进行回调处理。

5.2.2 @SpringBootApplication 注解

在 Spring Boot 项目中一般都会有*Application 注解标注的入口类，入口类中会有一个标准的 Java 应用的入口 main 方法，该 main 方法可以直接启动应用。

@SpringBootApplication 注解是 Spring Boot 的核心注解，用这个注解标注的入口类是应用的启动类，通常会在启动类的 main 方法中通过调用 SpringApplication.run(XxxxApplication.class,args)来启动一个 Spring Boot 应用。

@SpringBootApplication 注解本质上是一个组合注解，其源码如代码清单 5-3 所示。

代码清单 5-3　@SpringBootApplication 注解的源码

```
1.    @Target(ElementType.TYPE)
2.    @Retention(RetentionPolicy.RUNTIME)
3.    @Documented
4.    @Inherited
5.    @SpringBootConfiguration
6.    @EnableAutoConfiguration
7.    @ComponentScan(excludeFilters = {
8.        @Filter(type = FilterType.CUSTOM, classes = TypeExcludeFilter.class),
9.        @Filter(type = FilterType.CUSTOM, classes = AutoConfigurationExcludeFilter.class) })
10.   public @interface SpringBootApplication {
11.       @AliasFor(annotation = EnableAutoConfiguration.class)
12.       Class<?>[] exclude() default {};
13.
14.       @AliasFor(annotation = EnableAutoConfiguration.class)
15.       String[] excludeName() default {};
16.
17.       @AliasFor(annotation = ComponentScan.class, attribute = "basePackages")
18.       String[] scanBasePackages() default {};
19.
20.       @AliasFor(annotation = ComponentScan.class, attribute = "basePackageClasses")
21.       Class<?>[] scanBasePackageClasses() default {};
22.
23.       @AliasFor(annotation = ComponentScan.class, attribute = "nameGenerator")
24.       Class<? extends BeanNameGenerator> nameGenerator() default BeanNameGenerator.class;
25.
26.       @AliasFor(annotation = Configuration.class)
27.       boolean proxyBeanMethods() default true;
28.   }
```

从代码清单 5-3 中，我们可以看到@SpringBootApplication 注解下包含@SpringBootConfiguration、@EnableAutoConfiguration 和@ComponentScan 这 3 个注解，下面简单说明一下以上 3 个注解的具体作用。

1. @SpringBootConfiguration 注解

@SpringBootConfiguration 用于定义一个配置类，是@Configuration 注解的派生注解，跟@Configuration 注解的功能一致，标注这个类是一个配置类，只不过@SpringBootConfiguration 注解是 Spring Boot 的注解，而@Configuration 注解是 Spring 的注解。

2. @EnableAutoConfiguration 注解

@EnableAutoConfiguration 注解是借助@Import 注解的支持，收集和注册特定场景相关的 Bean 定义，并自动根据 jar 包的依赖来自动配置项目。

@EnableAutoConfiguration 注解自动配置项目的过程为：从 classpath 中搜寻所有的 META-INF/spring.factories 配置文件，并将其中 org.springframework.boot.autoconfigure.EnableutoConfiguration 的配置项通过 Java 反射（Refletion）实例化，为对应的标注了@Configuration 注解的 JavaConfig 形式的 IoC 容器配置类，然后汇总成一个完整的容器配置类，最后加载到 IoC 容器中。

3. @ComponentScan 注解

@ComponentScan 注解在 Spring 中很重要，它的功能是自动扫描配置的元素并加载符合条件的组件（比如@Component 注解、@Repository 注解等）或者加载 Bean 定义，最终将这些组件或 Bean 定义加载到 IoC 容器中。可以通过 basePackages 等属性来细粒度的定制@ComponentScan 注解自动扫描的范围，如果不指定扫描的范围，那么默认 Spring 框架会从声明@ComponentScan 注解所在类的包中进行扫描。

@ComponentScan 注解指明包中用注解标识的类会被 Spring 框架自动扫描并且装入 Bean 容器中。例如，某个类已经用@Controller 注解标识，如果不在 basePackages 指定的扫描范围内，那么该 Controller 就不会被 Spring 框架扫描到，更不会装入 Spring 容器中，于是会导致配置的 Controller 无法生效。

5.3 Spring Boot 特性

5.3.1 Spring Initializr 介绍

Spring Initializr 是 Spring 官方提供的基于 Web 在线生成 Spring Boot 基础项目的工具。借助 Spring Initializr，我们可以轻松生成 Spring Boot 项目的结构，Spring Initializr 是 Spring Boot 基础项目的“初始化向导”，提供了可扩展的 API，用于创建基于 JVM 的项目。Spring Initializr 还为项目提供了以元数据模型表示的各种选项，元数据模型允许我们配置 JVM 和平台版本等 Spring Boot 所支持的依赖项列表。Spring Initializr 以众所周知的方式提供元数据，从而为第三方客户端提供必要的帮助。

Spring Initializr 具有以下模块。

- initializr-docs：提供文档。
- initializr-generator：一个核心项目生成库。
- initializr-generator-spring：可选模块，为典型的 Spring Boot 项目定义约定，可以被重复使用或由用户自己的约定所替换
- initializr-generator-test：提供用于项目生成的测试基础结构。
- initializr-metadata：提供元数据基础结构。
- initializr-service-example：提供自定义实例。
- initializr-version-resolver：一个可选模块，用于从任意 POM 中提取版本号。
- initializr-web：为第三方客户端提供 Web 端点。

打开 Spring 提供的 Spring Initializr 官网地址，如图 5-1 所示。

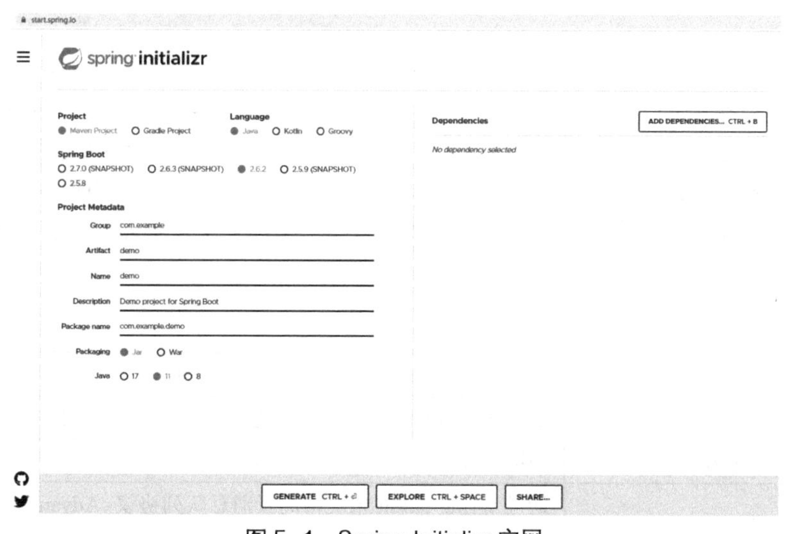

图 5-1 Spring Initializr 官网

图 5-1 中的主要参数说明如下。

- Project：初始化项目的类型，可以选择 Maven 项目或者其他类型来构建，通常选择“MavenProject”。
- Language：编程语言的类型，支持 Java，Kotlin，Groovy 三种，通常选择“Java”。
- Spring Boot：项目中要使用的 Spring Boot 版本。这里通常只显示最新的几个 Spring Boot 版本，虽然其他的版本不会显示，但是这些版本仍可正常使用。
- Project Metadata：项目的基础设置信息，包括项目包的设置方式、打包方式、JDK 版本等。
- Group：项目的 GroupID，项目标识符对应的 Java 项目的包名。
- Artifact：项目标识符对应的项目的名称，也就是项目根目录的名称。
- Description：项目的描述性信息。
- Package name：项目的包名。
- Packaging：项目的打包方式，可以选择“Jar”或者“War”。
- Java：JDK 的版本。
- Dependencies：初始化该项目所需要的依赖，主要是指各类第三方组件库和各种启动器。如果不选择组件，那么默认生成的仅有核心模块 spring-boot-starter 和测试模块 spring-boot-starter-test。开发人员可以根据项目的需要选择相关的组件。

通过图 5-1 中页面的简单配置就可以生成一个 Spring Boot 项目，可以通过鼠标点击页面下端的“GENERATE”按钮来获取生成的 Spring Boot 基础项目压缩包。

5.3.2　Spring Boot 启动器介绍

starters（启动器）是 Spring Boot 中一个非常重要的概念，starters 相当于模块，它能将模块所需的依赖整合起来，并根据环境（条件）对模块内的 Bean 进行自动配置。在 Spring Boot 的文档中，Spring 启动器的定义如下：

Spring Starters are a set of convenient dependency descriptors that you can include in your application.

翻译过来就是：

Spring 启动器是一组方便使用的依赖描述，这些依赖可以被包含在开发的应用程序中。

使用者只需要依赖相应功能的启动器，无须再添加过多的配置和依赖。只要 POM 引入对应启动器，Spring Boot 就能自动扫描并加载相应的模块。例如如果要在 Spring Boot 项目中集成 Redis，那么只需要加入 spring-boot-starter-data-redis 的依赖，并简单配置一下连接信息，就可以完成 Redis 集成。这就为我们省去了很多的配置操作，甚至只需要在启动类或配置类上增加一个注解即可开启有些功能。

常用启动器如表 5-1 所示。

表 5-1　常用启动器

启动器	说明
spring-boot-starter	Spring Boot 的核心启动器，包含了自动配置、日志和 YAML
spring-boot-starter-actuator	帮助监控和管理应用
spring-boot-starter-amqp	通过 spring-rabbit 来支持高级消息队列协议（Advanced Message Queuing Protocol）

续表

启动器	说明
spring-boot-starter-aop	支持面向方面的编程（AOP），包括 spring-aop 和 AspectJ
spring-boot-starter-artemis	通过 Apache ActiveMQ Artemis 支持 JMSAPI（Java Message Service API）
spring-boot-starter-batch	支持 Spring Batch，包括 HyperSQL 数据库
spring-boot-starter-cache	支持 Spring 框架的 Cache 抽象
spring-boot-starter-cloud-connectors	支持 Spring Cloud Connectors，简化了 Cloud Foundry 或 Heroku 这样的云平台上的连接服务
spring-boot-starter-data-elasticsearch	支持 ElasticSearch 搜索和分析引擎，包括 spring-data-elasticsearch
spring-boot-starter-data-gemfire	支持 GemFire 分布式数据存储，包括 spring-data-gemfire
spring-boot-starter-data-jpa	支持 JPA（Java Persistence API），包括 spring-data-jpa、spring-orm、Hibernate
spring-boot-starter-data-mongodb	支持 MongoDB 数据，包括 spring-data-mongodb
spring-boot-starter-data-rest	通过 spring-data-rest-webmvc，支持通过 REST 暴露 Spring Data 仓库
spring-boot-starter-data-solr	支持 Apache Solr 搜索平台，包括 spring-data-solr
spring-boot-starter-freemarker	支持 FreeMarker 模板引擎
spring-boot-starter-groovy-templates	支持 Groovy 模板引擎
spring-boot-starter-hateoas	通过 spring-hateoas 支持基于 HATEOAS 的 RESTful Web 服务
spring-boot-starter-hornetq	通过 HornetQ 支持 JMS
spring-boot-starter-integration	支持通用的 spring-integration 模块
spring-boot-starter-jdbc	支持 JDBC 数据库
spring-boot-starter-jersey	支持 Jersey RESTful Web 服务框架
spring-boot-starter-jta-atomikos	通过 Atomikos 支持 JTA 分布式事务处理
spring-boot-starter-jta-bitronix	通过 Bitronix 支持 JTA 分布式事务处理
spring-boot-starter-mail	支持 javax.mail 模块
spring-boot-starter-mobile	支持 spring-mobile
spring-boot-starter-mustache	支持 Mustache 模板引擎
spring-boot-starter-redis	支持 Redis 键值存储数据库，包括 spring-redis
spring-boot-starter-security	支持 spring-security
spring-boot-starter-social-facebook	支持 spring-social-facebook
spring-boot-starter-social-linkedin	支持 spring-social-linkedin
spring-boot-starter-social-twitter	支持 spring-social-twitter
spring-boot-starter-test	支持常规的测试依赖，包括 JUnit、Hamcrest、Mockito 和 spring-test 模块
spring-boot-starter-thymeleaf	支持 Thymeleaf 模板引擎，包括与 Spring 的集成
spring-boot-starter-velocity	支持 Velocity 模板引擎

续表

启动器	说明
spring-boot-starter-web	支持全栈式 Web 开发，包括 Tomcat 和 spring-webmvc
spring-boot-starter-websocket	支持 WebSocket 开发
spring-boot-starter-ws	支持 Spring Web Services

Spring Boot 还提供了两种面向生产环境的启动器，如表 5-2 所示。

表 5-2　面向生产环境的启动器

启动器	说明
spring-boot-starter-actuator	面向产品上线相关的功能，比如测量和监控
spring-boot-starter-remote-shell	远程 SSH 的支持

最后，Spring Boot 还提供了一些替换技术的启动器，如表 5-3 所示。

表 5-3　替换技术的启动器

启动器	说明
spring-boot-starter-jetty	引入了 Jetty HTTP 引擎（用于替换 Tomcat）
spring-boot-starter-log4j	支持 Log4j 日志框架
spring-boot-starter-logging	引入了 Spring Boot 默认的日志框架 Logback
spring-boot-starter-tomcat	引入了 Spring Boot 默认的 HTTP 引擎 Tomcat
spring-boot-starter-undertow	引入了 Undertow HTTP 引擎（用于替换 Tomcat）

5.3.3　Spring Boot 内嵌容器

在 Spring Boot 的开发过程中，大家会发现 Servlet 容器“不见了”。与之前开发 Web 项目不同，使用 Spring Boot 开发项目时，写完程序就可以直接运行，而原来都是把写完程序之后，再部署到 Web 容器（如 Tomcat、WebLogic、JBoss 等）中。这是因为 Spring Boot 中内嵌了三种 Servlet 容器：Tomcat、Jetty 和 Undertow 服务器，默认容器为 Tomcat。之所以开发人员在默认情况下不需要做任何配置，是因为 Spring Boot 提供了一个名为 EmbeddedServletContainerAutoConfiguration 的配置类（@Configuration 注解的类），于是 Spring Boot 能实现“零配置”。在这种情况下，大多数开发人员只需使用适当的启动器来获得一个完全配置的实例，即可轻松对外提供 HTTP 服务。

spring-boot-starter-web 默认使用嵌入式的 Tomcat 作为 Web 容器，并以此来对外提供 HTTP 服务，默认端口 8080 负责对外监听和提供服务。同样的，也可以使用 spring-boot-starter-jetty 或者 spring-boot-starter-undertow 来分别指定 Jetty 或 Undertow 作为 Web 容器。下面介绍一下 Spring Boot 内嵌 Web 容器的切换。

1. 切换为 Tomcat（默认的容器，不必切换）

在创建项目时，根据需要引入 spring-boot-starter-web 即可。spring-boot-starter-web 的 POM 文件内

容如代码清单 5-4 所示。

代码清单 5-4 spring-boot-starter-web 的 POM 文件内容

```
1.    <dependency>
2.         <groupId>org.springframework.boot</groupId>
3.         <artifactId>spring-boot-starter-web</artifactId>
4.    </dependency>
```

2. 切换为 Jetty

如果一个项目的内置容器要切换为 Jetty，如代码清单 5-5 所示，首先要去除原 Tomcat 依赖（第 5～10 行代码），然后引入 Jetty 的依赖（第 12～15 行代码）。

代码清单 5-5 切换为 Jetty 的 POM 文件内容

```
1.    <dependencies>
2.          <dependency>
3.             <groupId>org.springframework.boot</groupId>
4.             <artifactId>spring-boot-starter-web</artifactId>
5.             <exclusions>
6.                 <exclusion>
7.                     <groupId>org.springframework.boot</groupId>
8.                     <artifactId>spring-boot-starter-tomcat</artifactId>
9.                 </exclusion>
10.            </exclusions>
11.        </dependency>
12.        <dependency>
13.           <groupId>org.springframework.boot</groupId>
14.           <artifactId>spring-boot-starter-jetty</artifactId>
15.       </dependency>
16.   </dependencies>
```

除了更换 POM 文件内容，还要在 application.yml 中配置 Jetty 的参数，常用参数如下所示。

- server.jetty.threads.max：最大线程数。
- server.jetty.threads.min：最小线程数。
- server.jetty.threads.max-queue-capacity：最大队列容量。
- server.jetty.threads.idle-timeout：线程最大空闲时间。

3. 切换为 Undertow

如果一个项目的内置容器要切换为 Undertow，如代码清单 5-6 所示，首先要去除原 Tomcat 依赖（第 5～10 行代码），然后引入 Undertow 的依赖（第 12～15 行代码）。

代码清单 5-6 切换为 Undertow 的 POM 文件内容

```
1.    <dependencies>
2.        <dependency>
3.            <groupId>org.springframework.boot</groupId>
4.            <artifactId>spring-boot-starter-web</artifactId>
5.            <exclusions>
6.                <exclusion>
7.                    <groupId>org.springframework.boot</groupId>
8.                    <artifactId>spring-boot-starter-tomcat</artifactId>
9.                </exclusion>
10.           </exclusions>
11.     </dependency>
```

```
12.        <dependency>
13.            <groupId>org.springframework.boot</groupId>
14.            <artifactId>spring-boot-starter-undertow</artifactId>
15.        </dependency>
16.    </dependencies>
```

除了更换 POM 文件内容，还要在 application.yml 中配置 Undertow 的参数，常用参数如下所示。

- server.undertow.url-charset：请求编码。
- server.undertow.threads.io：IO 线程。
- server.undertow.threads.worker：工作线程。

5.3.4 Spring Boot 配置文件

Spring Boot 的配置文件存放在工程目录的 resources 子目录中，支持 properties 和 YAML 两种格式的文件，对应文件名分别为 application.properties 和 application.yml，该配置文件会被发布到 classpath 中，可以被 Spring Boot 自动读取。

在 Spring Boot 中，使用最广泛的配置文件是 yml，也就是 YAML 格式。YAML 格式之所以流行，主要是因为 YAML 格式文件配置语法精简，是一个跨编程语言的配置文件。下面简单地介绍一下 YAML 格式。

yaml 是“YAML Ain't a Markup Language”（yaml 不是一种标记语言）的首字母缩写。在开发这种语言时，YAML 的意思其实是“Yet Another Markup Language”（仍是一种标记语言），但为了强调这种语言是以数据为中心，而不是以标记语言为重点，于是用反向缩略语来重命名。

YAML 支持的数据结构有 3 种：对象、数组和纯量（scalars）。

YAML 的基本语法如下：

- 大小写敏感；
- 使用缩进表示层级关系；
- 缩进不允许使用 Tab 键，只允许使用空格键；
- 缩进的空格数不重要，只要相同层级的元素左对齐即可；
- #表示这一行是单行注释。

代码清单 5-7 是 application.yml 文件内容的一部分。

代码清单 5-7 application.yml 文件内容的一部分

```
1.     ......
2.     server:
3.       port: 9001
4.     spring:
5.       #数据源基本信息
6.       datasource:
7.         druid:
8.           username: U_JEELP
9.           password: U_JEELP@12345
10.          url: jdbc:mysql://81.71.61.51:3306/......
11.          driver-class-name: com.mysql.cj.jdbc.Driver
12.          #连接池属性
13.    ......
```

在代码清单 5-7 中，第 3 行代码相当于 properties 文件中的 server.port=9001。第 5 行和第 12 行代码是注释。第 8 行代码相当于 properties 文件中的 spring.datasource.druid.username=U_JEELP。

5.4 实战：我的第一个 Spring Boot 应用

本节我们以 IntelliJ IDEA（简称 IDEA）为开发环境，编写一个简单的 Spring Boot 应用示例，完成一个简单的 HelloWorld 请求映射。通过这个示例，我们可以了解如何创建一个 Maven 结构的 Spring Boot 项目，并且对一个基本 Spring Boot 项目的结构作简要的分析，帮助大家在今后的实际工作中更好地理解 Spring Boot 应用。

5.4.1 创建 Maven 项目

在 IDEA 中新建一个 Maven 项目，然后在项目上单击鼠标右键，选择“新建项目”，创建一个 Maven 项目，如图 5-2 所示。

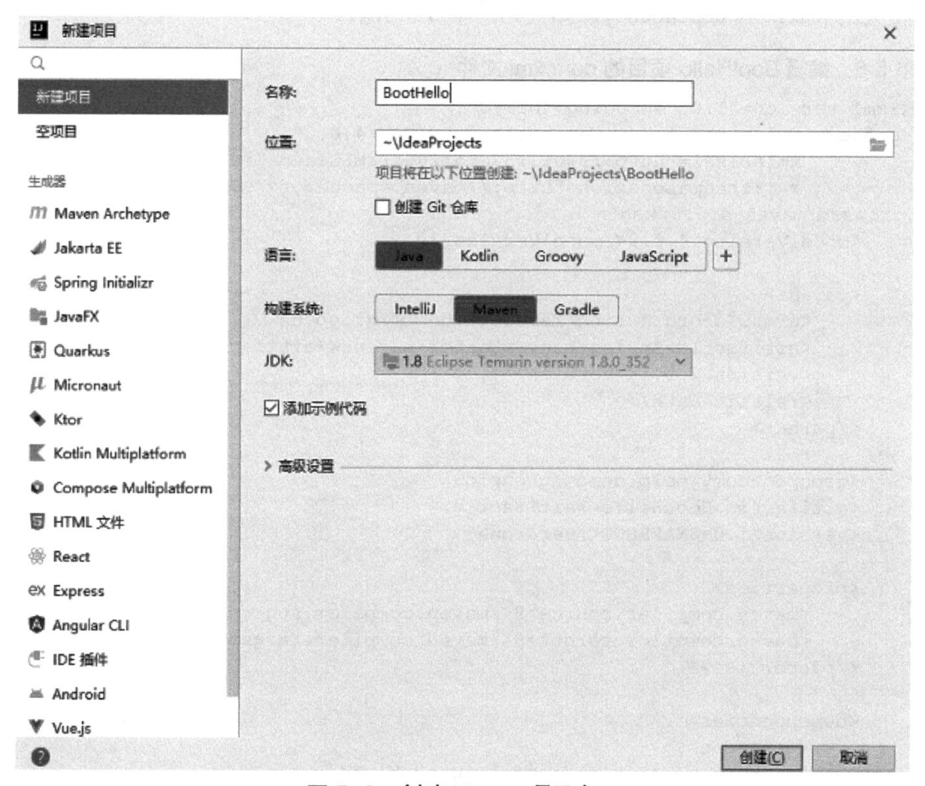

图 5-2 创建 Maven 项目窗口

在高级设置中可以设置组 ID（一般称作包名）和工件 ID（一般称作模块名），如图 5-3 所示。

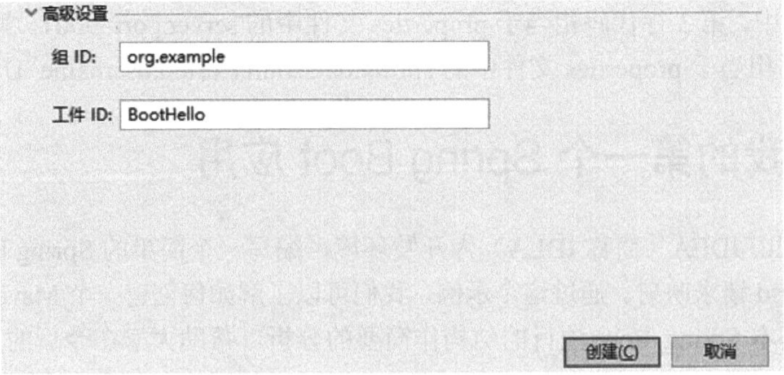

图 5-3　创建项目高级设置

5.4.2　创建 Spring Boot 项目

我们是通过 Maven 来管理 Spring Boot 项目的，pom.xml 是用于构建项目的配置文件。编辑 pom.xml 文件，添加相关的 parent 和 dependency，如代码清单 5-8 所示。

代码清单 5-8　编辑 BootHello 项目的 pom.xml 文件

```
1.    <?xml version="1.0" encoding="UTF-8"?>
2.    <project xmlns="http://maven.apache.org/POM/4.0.0"
3.             xmlns:xsi="http://www.w3.org/2001/XMLSchema-instance"
4.             xsi:schemaLocation="http://maven.apache.org/POM/4.0.0 http://maven.apache
      .org/xsd/maven-4.0.0.xsd">
5.        <modelVersion>4.0.0</modelVersion>
6.
7.        <parent>
8.            <groupId>org.springframework.boot</groupId>
9.            <artifactId>spring-boot-starter-parent</artifactId>
10.           <version>2.5.1</version>
11.           <relativePath/>
12.       </parent>
13.
14.       <groupId>com.jeelp.demo</groupId>
15.       <artifactId>BootHello</artifactId>
16.       <version>1.0-SNAPSHOT</version>
17.
18.       <properties>
19.           <maven.compiler.source>8</maven.compiler.source>
20.           <maven.compiler.target>8</maven.compiler.target>
21.       </properties>
22.
23.       <dependencies>
24.           <dependency>
25.               <groupId>org.springframework.boot</groupId>
26.               <artifactId>spring-boot-starter-actuator</artifactId>
27.           </dependency>
28.           <dependency>
29.               <groupId>org.springframework.boot</groupId>
30.               <artifactId>spring-boot-starter-web</artifactId>
31.           </dependency>
32.       </dependencies>
```

```
33.
34.     <build>
35.         <plugins>
36.             <plugin>
37.                 <groupId>org.springframework.boot</groupId>
38.                 <artifactId>spring-boot-maven-plugin</artifactId>
39.                 <version>2.5.1</version>
40.             </plugin>
41.         </plugins>
42.     </build>
43.
44. </project>
```

在代码清单 5-8 中，第 7～12 行代码是启动 Spring Boot 的父依赖。第 24～28 行代码是对 spring-boot-starter-actuator 和 spring-boot-starter-web 两个依赖的引用，spring-boot-starter-actuator 是健康监控配置，该模块提供 Spring Boot 所有的 production-ready 特性，启用该特性的最简单方式是添加 spring-boot-starter-actuator 依赖。在 pom.xml 中引入 spring-boot-starter-web 依赖时，就可以实现 Web 场景开发，不需要额外导入 Tomcat 服务器或其他 Web 依赖文件。

在 BootHello 项目的 src 下的 java 目录上单击鼠标右键，在弹出的菜单按“新建”→“Java 类”的操作顺序创建一个 Java 类。然后在弹出的对话框中输入类名：com.jeelp.demo.springboot.BootHelloApplication，创建一个 Spring Boot 应用，如图 5-4 所示。

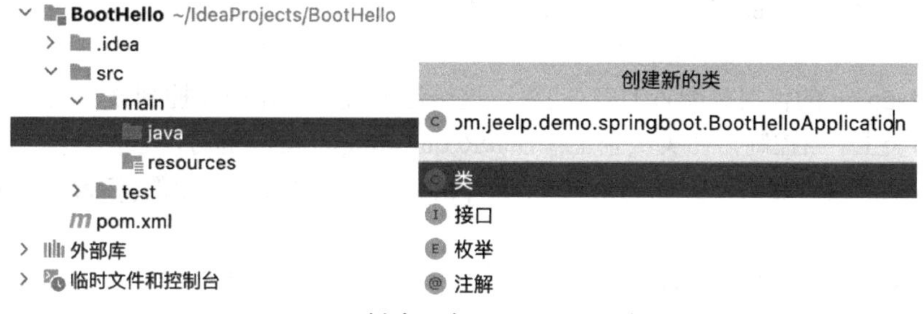

图 5-4 创建一个 Spring Boot 应用

BootHelloApplication 类的源码如代码清单 5-9 所示。

代码清单 5-9 BootHelloApplication 类的源码

```
1.  package com.jeelp.demo.springboot;
2.  import org.springframework.boot.SpringApplication;
3.  import org.springframework.boot.autoconfigure.SpringBootApplication;
4.  @SpringBootApplication
5.  public class BootHelloApplication {
6.      public static void main(String[] args) {
7.          SpringApplication.run(BootHelloApplication.class, args);
8.      }
9.  }
```

对于代码清单 5-9，这里有两点需要进行说明。

1. Spring Boot 是基于注解的

第 4 行的@SpringBootApplication 是 Spring Boot 项目的核心注解，其目的是开启自动配置，开启 Spring Boot 容器的入口。@SpringBootApplication 是一个复合注解（包括@ComponentScan、@Configuration

和@EnableAutoConfiguration)，里面包含了包扫描（@ComponentScan)、自动注入（@Configuration）和配置注入（@EnableAutoConfiguration）这 3 个注解。@SpringBootApplication 的源码如代码清单 5-10 所示。

代码清单 5-10　@SpringBootApplication 的源码

```
1.    @Target(ElementType.TYPE)
2.    @Retention(RetentionPolicy.RUNTIME)
3.    @Documented
4.    @Inherited
5.    @SpringBootConfiguration
6.    @EnableAutoConfiguration
7.    @ComponentScan(excludeFilters = {
8.            @Filter(type = FilterType.CUSTOM, classes = TypeExcludeFilter.class),
9.            @Filter(type = FilterType.CUSTOM, classes = AutoConfigurationExcludeFilter
      .class) })
10.   public @interface SpringBootApplication{
11.   ......
12.   }
```

2. Spring Boot 的很多常用注解源于 Spring

例如在控制器中常用的@RestController 和@RequestMapping 注解，这两个注解都是由 Spring 框架提供的如代码清单 5-11 中的第 6～7 行代码所示。

@RestController 是 Spring 4 之后新加入的注解，一般@RestController 用于前后端分离，提供 REST API 的实现。@RestController 是@ResponseBody 和@Controller 的组合注解（Spring 3 及之前版本返回 JSON 需要@ResponseBody 和@Controller 的配合）。

@RequestMapping 的作用是配置 URL 映射，这个注解既可以作用在控制器的某个方法上，也可以作用在此控制器类上。当控制器在类级别上添加@RequestMapping 注解时，这个注解会应用到控制器的所有处理器方法上。处理器方法上的@RequestMapping 注解会对类级别上的@RequestMapping 的声明进行补充。

在左侧项目窗口的 BootHelloApplication 文件上单击鼠标右键，选择“运行”，启动我们的 Spring Boot 应用，运行效果如图 5-5 所示。

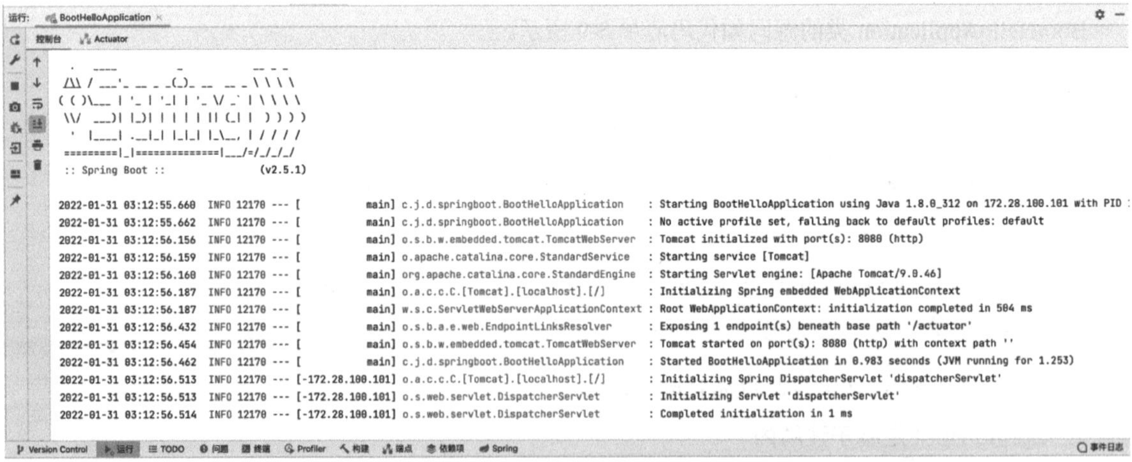

```
:: Spring Boot ::                (v2.5.1)

2022-01-31 03:12:55.660  INFO 12170 --- [           main] c.j.d.springboot.BootHelloApplication    : Starting BootHelloApplication using Java 1.8.0_312 on 172.28.100.101 with PID :
2022-01-31 03:12:55.662  INFO 12170 --- [           main] c.j.d.springboot.BootHelloApplication    : No active profile set, falling back to default profiles: default
2022-01-31 03:12:56.156  INFO 12170 --- [           main] o.s.b.w.embedded.tomcat.TomcatWebServer  : Tomcat initialized with port(s): 8080 (http)
2022-01-31 03:12:56.159  INFO 12170 --- [           main] o.apache.catalina.core.StandardService   : Starting service [Tomcat]
2022-01-31 03:12:56.160  INFO 12170 --- [           main] org.apache.catalina.core.StandardEngine  : Starting Servlet engine: [Apache Tomcat/9.0.46]
2022-01-31 03:12:56.187  INFO 12170 --- [           main] o.a.c.c.C.[Tomcat].[localhost].[/]       : Initializing Spring embedded WebApplicationContext
2022-01-31 03:12:56.187  INFO 12170 --- [           main] w.s.c.ServletWebServerApplicationContext : Root WebApplicationContext: initialization completed in 504 ms
2022-01-31 03:12:56.432  INFO 12170 --- [           main] o.s.b.a.e.web.EndpointLinksResolver      : Exposing 1 endpoint(s) beneath base path '/actuator'
2022-01-31 03:12:56.454  INFO 12170 --- [           main] o.s.b.w.embedded.tomcat.TomcatWebServer  : Tomcat started on port(s): 8080 (http) with context path ''
2022-01-31 03:12:56.462  INFO 12170 --- [           main] c.j.d.springboot.BootHelloApplication    : Started BootHelloApplication in 0.983 seconds (JVM running for 1.253)
2022-01-31 03:12:56.513  INFO 12170 --- [-172.28.100.101] o.a.c.c.C.[Tomcat].[localhost].[/]       : Initializing Spring DispatcherServlet 'dispatcherServlet'
2022-01-31 03:12:56.513  INFO 12170 --- [-172.28.100.101] o.s.web.servlet.DispatcherServlet        : Initializing Servlet 'dispatcherServlet'
2022-01-31 03:12:56.514  INFO 12170 --- [-172.28.100.101] o.s.web.servlet.DispatcherServlet        : Completed initialization in 1 ms
```

图 5-5　启动 Spring Boot 应用的运行效果

此时，用浏览器访问 8080 端口，可以看到页面效果如图 5-6 所示。由于我们没有配置 Action 映射，也就没有提供任何服务 Web 请求的 Controller，所以在没有合适匹配的情况下，访问任何路径都会跳转到 Spring Boot 默认的错误页，也就是白板错误页（Whitelabel Error Page）上。这与普通的 Tomcat 启动后访问 8080 端口会出现欢迎页不同，Spring Boot 中自带的 Web 服务器并没有任何起始页，所以才会出现白板错误页。

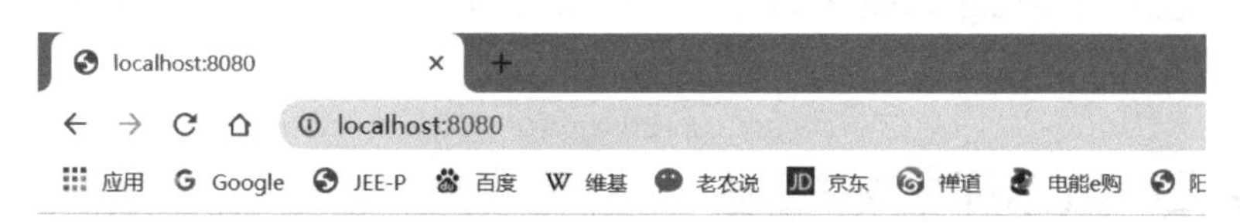

图 5-6　浏览器访问 8080 端口的页面效果

接下来，我们新建一个名为 HelloAction 的控制器来处理用户的请求，其源码如代码清单 5-11 所示。

代码清单 5-11　HelloAction 的源码

```
1.    package com.jeelp.demo.springboot;
2.    import org.springframework.web.bind.annotation.RequestMapping;
3.    import org.springframework.web.bind.annotation.RequestMethod;
4.    import org.springframework.web.bind.annotation.RestController;
5.
6.    @RestController
7.    @RequestMapping(value = "/", method = RequestMethod.GET)
8.    public class HelloAction {
9.        @RequestMapping(value = "/hello")
10.       String hello() {
11.           return "hello";
12.       }
13.   }
```

这时，在左侧项目窗口的 BootHelloApplication 文件上单击鼠标右键，选择“运行”，启动应用后，我们就可以在浏览器里看到返回的“hello”，运行效果如图 5-7 所示。

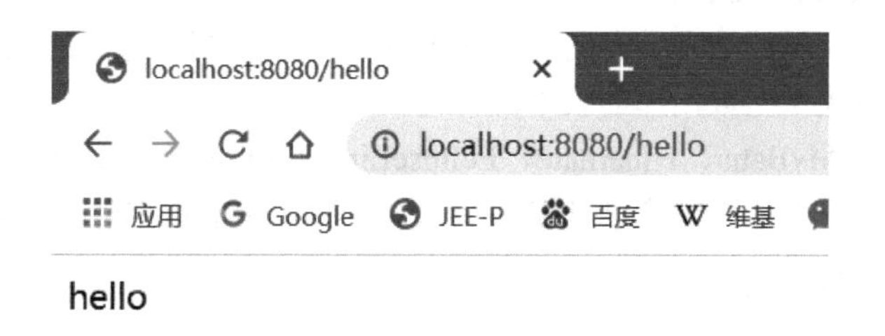

图 5-7　启动应用后的效果

5.5　Spring Boot 与数据库

企业级应用开发离不开数据的持久化，数据是企业所有日常经营活动在信息系统中的反映，而数据的持久化离不开数据库操作，尤其是传统的关系型数据库。本节将以 MySQL 为例来讲解 Spring Boot 对数据库的操作，包括在 Spring Boot 中如何使阿里巴巴开源的 Druid 连接池连接到数据库，以及如何通过 MyBatis 完成数据库的增删改查操作。

5.5.1　Java EE 数据库技术概述

在企业级应用开发的过程中，都离不开对数据库，尤其是对传统的关系型数据库（如 Oracle、DB2、SQL Server、PostgreSQL、MySQL 等）的操作。Java 访问数据库的技术不是一成不变的，具体介绍以下 4 种方式。

1. 原生的 JDBC 方式

JDBC（Java Database Connectivity）是 Java 语言中用来规范客户端程序如何访问数据库的应用程序接口，提供了诸如查询和更新数据库中数据的方法。普通的 JDBC 数据库连接可以使用 DriverManager 来获取，每次向数据库建立连接的时候都要将 Connection 加载到内存中。对于每一次数据库连接，使用完后都要断开。如果程序出现异常而未能关闭，将会导致数据库系统的内存泄漏，最终需要重启数据库。这种开发方式很麻烦，效率比较低下，需要自己封装成 JDBC 工具类，开发人员要写大量的 SQL 语句来实现具体的业务，而且还存在数据库连接的性能瓶颈。

2. 连接池方式

为了提高传统开发中数据库连接的效率，出现了“池化”技术，也就是为数据库连接建立一个“缓冲池”，预先在“缓冲池”中放入一定数量的连接，当需要建立数据库连接时，只需从“缓冲池”中取出一个连接，使用完毕之后再将连接放回“缓冲池”。

数据库连接池负责分配、管理和释放数据库连接，它允许应用程序重复使用（而不是重新建立）一个现有的数据库连接。

有很多开源的数据连接池被广泛使用，如 Apache 的 DBCP、Hibernate 官方推荐使用的 C3P0、SourceForge 的 Proxool、阿里巴巴的 Druid、Spring Boot 默认的 HikariPool 等。

3. ORM 框架方式

ORM（Object Relational Mapping）即“对象关系映射”，ORM 是一种为了解决面向对象与关系型数据库中数据类型不匹配问题的技术，它通过描述 Java 对象与数据表之间的映射关系，自动将 Java 应用程序中的对象持久化到关系型数据库的表中。

常见的 ORM 框架有 MyBatis、Hibernate、EclipseLink/TopLink 等，这些框架封装了大量数据库的访问操作，极大地提高了开发效率，帮助开发人员从简单且重复的数据映射中解脱出来。

4. Spring Data 与 JPA 方式

Spring Data 是 Spring 的一个子项目，用于简化数据库访问，支持 NoSQL 和关系型数据库的存储，其主要目标是使数据库的访问更加方便、快捷。

JPA 全称为 Java Persistence API（Java 持久层 API），它是 Sun 公司在 Java EE 5 中提出的 Java 持久化规范。JPA 为 Java 开发人员提供了一种对象/关联映射工具，并以此来管理 Java 应用中的关系型数据。JPA 吸取了 Java 持久化技术的优点，旨在规范和简化 Java 对象的持久化工作。很多 ORM 框架都实现了 JPA 规范，如 Hibernate、EclipseLink/TopLink。

JPA 是一个基于标准的规范，不是某个特定产品，JPA 可以和 Java SE 或 Java EE 应用程序一起使用。由于 JPA 出现的比较晚，目前影响力较小，需要通过长期发展才能变得更稳定。

Spring Data JPA 是由 Spring 提供的简化 JPA 开发的框架，是 Spring Data 框架中的一个模块，致力于减少数据访问层的开发量。Spring Data JPA 默认通过 Hibernate 实现。

5.5.2 连接 MySQL 数据库

目前，在企业级应用中已经很少直接使用原生的 JDBC 方式进行数据库连接，一般采用连接池方式。接下来，我们就在 5.4.2 节中 BootHello 项目的基础上，以 MySQL 数据库为例，来讲解 Spring Boot 对数据库的操作。

1. 安装 MySQL 数据库

如果本地还没有安装 MySQL 数据库，那么可以按照下述步骤安装 MySQL 数据库，否则可跳过这一步骤。

在 MySQL 官网上打开社区版（Community）的下载页面，选择“MySQL Installer for Windows”进行下载，如图 5-8 所示。

图 5-8 MySQL 社区版的下载页面

下载完成后，根据提示信息，使用默认配置直接进行安装即可。在安装过程中，需要输入 root 密码，并创建新的数据库用户，如图 5-9 所示。安装完成后，还可以测试数据库是否能正常连接，如图 5-10 所示。

创建完默认数据库后，可以打开一同安装的官方数据库连接工具客户端——MySQL Workbench，然后使用 root 用户连接刚才安装的数据库，并执行“select 1 from dual;”来验证数据库的安装是否正常，如图 5-11 所示。

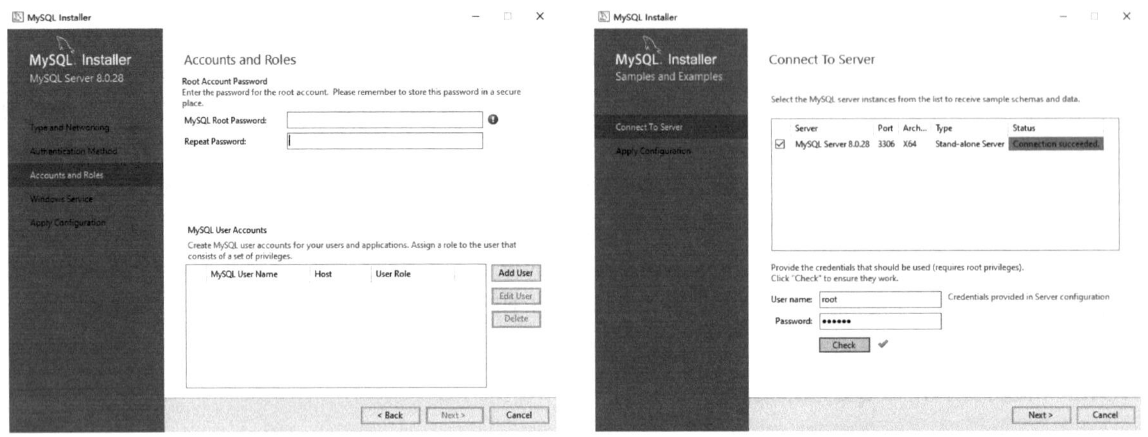

图 5-9　创建 root 密码和数据库用户　　　　图 5-10　测试数据库连接

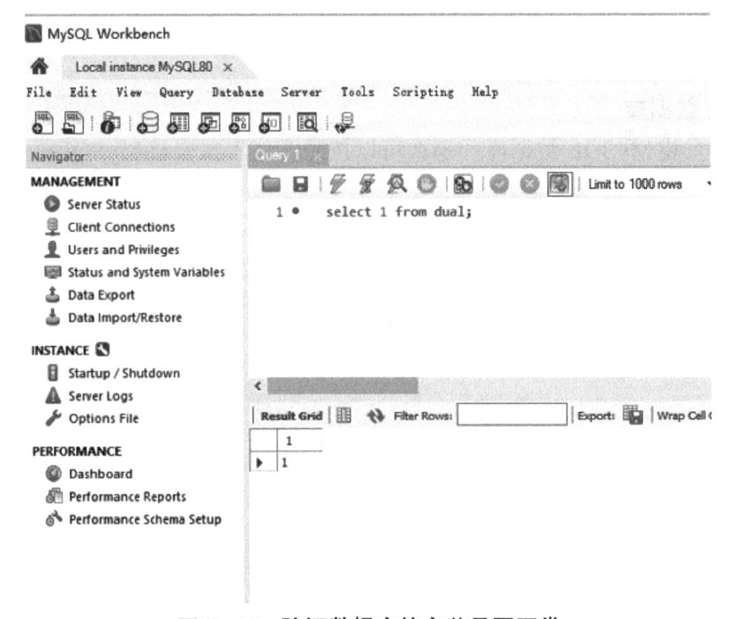

图 5-11　验证数据库的安装是否正常

2. 添加基本的数据库操作依赖

接下来，在 BootHello 项目的基础上，添加 JDBC 相关依赖，如代码清单 5-12 所示。

代码清单 5-12　BootHello 项目 pom.xml 文件添加 JDBC 相关依赖

```
1.          ......
2.          <dependencies>
3.              <dependency>
4.                  <groupId>org.springframework.boot</groupId>
5.                  <artifactId>spring-boot-starter-actuator</artifactId>
6.              </dependency>
7.              <dependency>
8.                  <groupId>org.springframework.boot</groupId>
9.                  <artifactId>spring-boot-starter-web</artifactId>
```

```
10.             </dependency>
11.             //添加 spring-boot-starter-jdbc、mysql-connector-java 依赖
12.             <dependency>
13.                 <groupId>org.springframework.boot</groupId>
14.                 <artifactId>spring-boot-starter-jdbc</artifactId>
15.             </dependency>
16.             <dependency>
17.                 <groupId>mysql</groupId>
18.                 <artifactId>mysql-connector-java</artifactId>
19.             </dependency>
20.         </dependencies>
21.         ......
```

在代码清单 5-12 中，第 12～15 行的 spring-boot-starter-jdbc 提供了对 HikariCP 连接池、Spring JDBC 框架的支持。第 16～19 行的 mysql-connector-java 提供了对 MySQL 数据库的 Java 驱动支持。

添加完依赖后，由于没有配置数据源参数，如果直接启动项目，控制台会提示配置数据源失败，如图 5-12 所示。

```
***************************
APPLICATION FAILED TO START
***************************

Description:

Failed to configure a DataSource: 'url' attribute is not specified and no embedded datasource could be configured.

Reason: Failed to determine a suitable driver class
```

图 5-12　启动时配置数据源失败

接下来需要为 Spring Boot 项目配置数据源。如图 5-13 所示，在项目根目录的 resources 目录中，新建 application.yml 配置文件，文件内容如代码清单 5-13 所示。

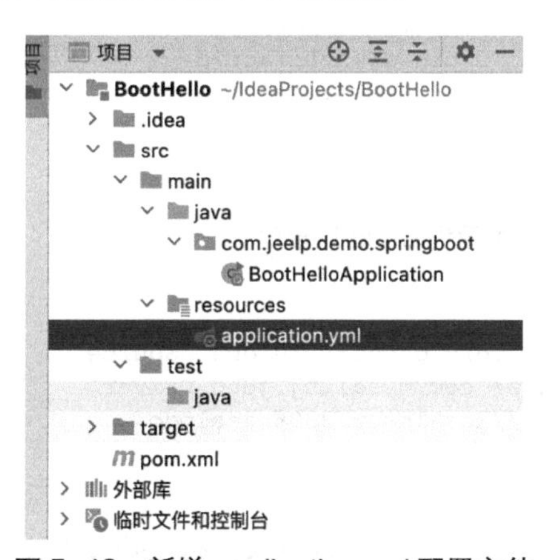

图 5-13　新增 application.yml 配置文件

代码清单 5-13　在 application.yml 中配置数据源

```
1.    spring:
2.      datasource:
3.        driver-class-name: com.mysql.cj.jdbc.Driver
4.        url: jdbc:mysql://localhost:3306/jeelpdb
```

```
5.          username: jeelp
6.          password: YOUR_PASSWORD
```

现在就可以正常启动 BootHello 项目了。由于 Spring Boot 默认的连接池是 Hikari，因此在输出日志中可以看到项目中 HikariPool 的初始化信息。如图 5-14 所示。

```
=========|_|==============|___/=/_/_/_/
 :: Spring Boot ::                (v2.5.1)

2022-02-03 15:48:51.469  INFO 12091 --- [           main] c.j.d.springboot.BootHelloApplication    : Starting BootHelloApplication using Java 1.8.0_312 on FengHaos-MacBo
2022-02-03 15:48:51.470  INFO 12091 --- [           main] c.j.d.springboot.BootHelloApplication    : No active profile set, falling back to default profiles: default
2022-02-03 15:48:51.949  INFO 12091 --- [           main] o.s.b.w.embedded.tomcat.TomcatWebServer  : Tomcat initialized with port(s): 8080 (http)
2022-02-03 15:48:51.953  INFO 12091 --- [           main] o.apache.catalina.core.StandardService   : Starting service [Tomcat]
2022-02-03 15:48:51.953  INFO 12091 --- [           main] org.apache.catalina.core.StandardEngine  : Starting Servlet engine: [Apache Tomcat/9.0.46]
2022-02-03 15:48:51.981  INFO 12091 --- [           main] o.a.c.c.C.[Tomcat].[localhost].[/]       : Initializing Spring embedded WebApplicationContext
2022-02-03 15:48:51.981  INFO 12091 --- [           main] w.s.c.ServletWebServerApplicationContext : Root WebApplicationContext: initialization completed in 494 ms
2022-02-03 15:48:52.228  INFO 12091 --- [           main] com.zaxxer.hikari.HikariDataSource       : HikariPool-1 - Starting...
2022-02-03 15:48:52.398  INFO 12091 --- [           main] com.zaxxer.hikari.HikariDataSource       : HikariPool-1 - Start completed.
2022-02-03 15:48:52.417  INFO 12091 --- [           main] o.s.b.a.e.web.EndpointLinksResolver      : Exposing 1 endpoint(s) beneath base path '/actuator'
2022-02-03 15:48:52.440  INFO 12091 --- [           main] o.s.b.w.embedded.tomcat.TomcatWebServer  : Tomcat started on port(s): 8080 (http) with context path ''
2022-02-03 15:48:52.448  INFO 12091 --- [           main] c.j.d.springboot.BootHelloApplication    : Started BootHelloApplication in 1.125 seconds (JVM running for 1.32)
2022-02-03 15:48:52.878  INFO 12091 --- [on(4)-127.0.0.1] o.a.c.c.C.[Tomcat].[localhost].[/]       : Initializing Spring DispatcherServlet 'dispatcherServlet'
2022-02-03 15:48:52.878  INFO 12091 --- [on(4)-127.0.0.1] o.s.web.servlet.DispatcherServlet        : Initializing Servlet 'dispatcherServlet'
2022-02-03 15:48:52.879  INFO 12091 --- [on(4)-127.0.0.1] o.s.web.servlet.DispatcherServlet        : Completed initialization in 1 ms
```

图 5-14　BootHello 项目的输出日志

3. 更换数据库连接池为 Druid

目前，国内比较流行的数据库连接池是阿里巴巴开源平台上的 Druid，Druid 结合了 C3P0、DBCP、Proxool 等数据库连接池的优点，同时加入了日志监控，可以很好地监控数据库连接和 SQL 的执行情况，具备强大的监控和扩展功能。代码清单 5-14、代码清单 5-15 为 BootHello 项目添加 Druid 连接池依赖项，并将项目的连接池改为 Druid。

代码清单 5-14　pom.xml 中添加 Druid 依赖

```
7.          ......
8.          <dependency>
9.              <groupId>com.alibaba</groupId>
10.             <artifactId>druid</artifactId>
11.             <version>1.2.8</version>
12.         </dependency>
13.         ......
```

代码清单 5-15　application.yml 中配置 Druid 连接池

```
1.    spring:
2.      datasource:
3.        type: com.alibaba.druid.pool.DruidDataSource
4.        driver-class-name: com.mysql.cj.jdbc.Driver
5.        url: jdbc:mysql://localhost:3306/jeelpdb
6.        username: jeelp
7.        password: YOUR_PASSWORD
```

在代码清单 5-15 的第 3 行代码中，配置连接池仅需将 spring.datasource.type 的值进行更改，进一步体现了 Spring Boot 方便配置的特性。

4. 进行简单的数据库操作测试

接下来，通过配置好的连接池，使用 JDBC 进行简单的数据库操作测试。在 pom.xml 文件中，添加 spring-boot-starter-test 依赖，这个依赖提供了对 JUnit 测试框架的支持。JUnit 是在 Java 生态中最出名、使用最广泛的测试框架，如代码清单 5-16 所示。

代码清单 5-16 pom.xml 中添加 spring-boot-starter-test 依赖

```
1.    ......
2.    <dependency>
3.        <groupId>org.springframework.boot</groupId>
4.        <artifactId>spring-boot-starter-test</artifactId>
5.        <scope>test</scope>
6.    </dependency>
7.    ......
```

在代码清单 5-16 中，第 5 行代码将<scope>标签设置为 test，代表 spring-boot-starter-test 这个依赖项只能在此 maven 项目的 src/test 目录中使用。

使用 root 用户登录 MySQL，依次执行代码清单 5-17、代码清单 5-18 中的 SQL 语句，创建 jeelp 数据库、用户和 user 表。切记将代码清单 5-13 中第 6 行的“YOUR_PASSWORD”替换为能够记住的密码，这个密码会在后续步骤中被使用。

代码清单 5-17 创建 jeelp 数据库用户

```
1.    create database jeelpdb;
2.    use jeelpdb;
3.    create user 'jeelp'@'localhost' identified by 'YOUR_PASSWORD';
```

代码清单 5-18 创建 user 表

```
1.    CREATE TABLE `user` (
2.      `id` int(11) NOT NULL AUTO_INCREMENT,
3.      `username` varchar(255) NOT NULL DEFAULT '' COMMENT '用户名',
4.      `password` varchar(255) NOT NULL DEFAULT '' COMMENT '密码',
5.      PRIMARY KEY (`id`)
6.    );
7.    grant all privileges on jeelpdb.* to 'jeelp'@'localhost';
8.    flush privileges ;
```

在代码清单 5-18 中，创建了具有 3 个字段的 user 表，主键是 id 字段，类型为自增整数，该字段的值会在行记录插入时由数据库自动生成。user 表还包括用户名、密码两个可变字符串类型字段。

如图 5-15 所示，在项目根目录的 src/test 目录中新建 JDBCTest.java 文件，文件中的内容如代码清单 5-19 所示。

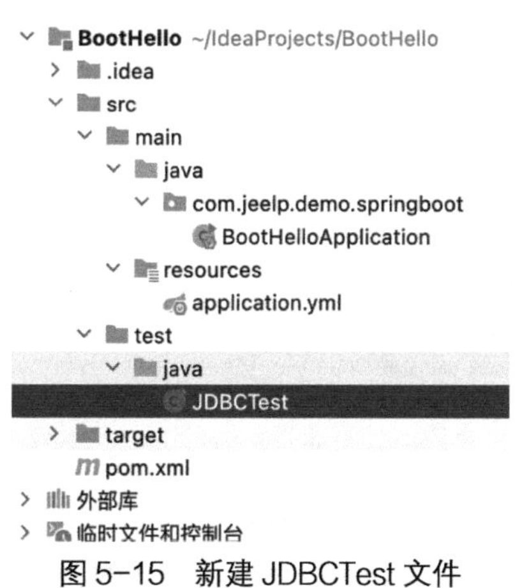

图 5-15 新建 JDBCTest 文件

代码清单 5-19　JDBCTest 文件内容

```
1.   package com.jeelp.demo.springboot;
2.   import org.junit.jupiter.api.Test;
3.   import org.springframework.beans.factory.annotation.Autowired;
4.   import org.springframework.boot.test.context.SpringBootTest;
5.   import javax.sql.DataSource;
6.   import java.sql.ResultSet;
7.   import java.sql.SQLException;
8.   @SpringBootTest(classes = BootHelloApplication.class)
9.
10.  public class JDBCTest {
11.      DataSource dataSource;
12.
13.      @Autowired
14.      public void setDataSource(DataSource dataSource) {
15.          this.dataSource = dataSource;
16.      }
17.      @Test
18.      void sqlTest() throws SQLException {
19.          dataSource.getConnection().prepareCall("delete from user;").execute();
20.          dataSource.getConnection().prepareCall(
21.                  "INSERT INTO jeelpdb.user (username, password) " +
22.                          "VALUES ('TEST01', 'TEST01_PASSWORD');"
23.          ).execute();
24.          ResultSet resultSet = dataSource.getConnection().prepareCall(
25.                          "select * from user;")
26.                  .executeQuery();
27.          resultSet.next();
28.          System.out.println("id:" + resultSet.getString(1));
29.          System.out.println("username:" + resultSet.getString(2));
30.          System.out.println("password:" + resultSet.getString(3));
31.      }
32.  }
```

在代码清单 5-19 中，第 19 行代码使用连接池执行了 delete 语句，将 user 表中的数据全部删除。第 20～23 行代码执行了 insert 语句，新增了一行 username 为“TEST01”、password 为“TEST01_PASSWORD”的数据。第 24～26 行代码执行了 select 语句，将 user 表中的数据全部查询出来。

如图 5-16 所示，用鼠标左键单击编辑器左侧的图标，在弹出的菜单点击“运行‘JDBCTest’”，或者在编辑器中用鼠标右键单击菜单，然后单击“运行‘JDBCTest’”。

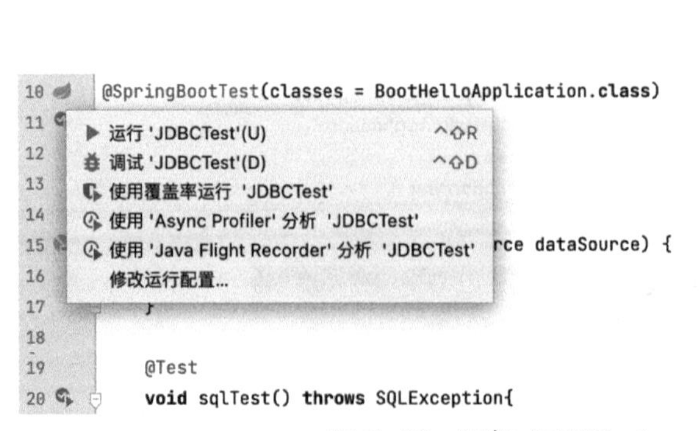

图 5-16　运行 JDBCTest

控制台中打印出了刚才使用 insert 语句新增、使用 select 语句查询出的数据，运行结果如图 5-17 所示。

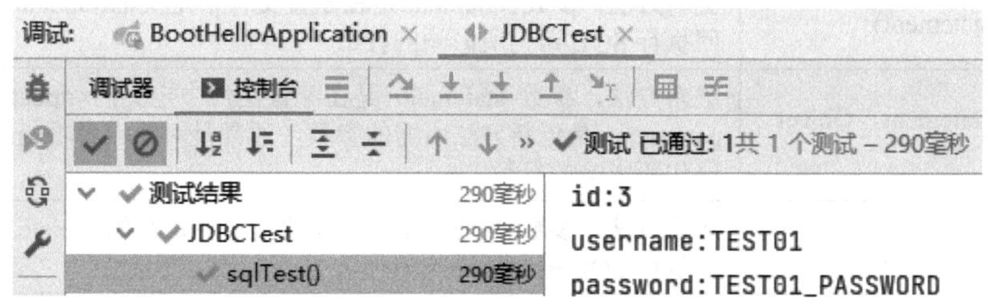

图 5-17 运行结果

5.5.3 MyBatis 框架核心组件介绍

MyBatis 是一款优秀的持久层框架，它支持自定义 SQL、存储过程以及高级映射。MyBatis 免除了编写几乎所有的 JDBC 代码以及设置参数和获取结果集的工作。MyBatis 可以通过简单的 XML 或注解来配置和映射原始类型、接口和 Java POJO 为数据库中的记录。

下面来简单介绍一下 MyBatis 的四大核心组件。

1. SqlSessionFactoryBuilder

SqlSessionFactoryBuilder 是一个建造者模式的构造器，用于创建 SqlSessionFactory 类，它可以从 XML 配置文件或一个预先定制的 Configuration 实例中创建出 SqlSessionFactory 实例。

2. SqlSessionFactory

SqlSessionFactory 是一个工厂接口，用于创建 SqlSession 实例。SqlSessionFactory 是 MyBatis 的关键对象，它是单个数据库映射关系经过编译后的内存镜像。SqlSessionFactory 的实例可以由 SqlSessionFactoryBuilder 构建。每一个 MyBatis 的应用程序都以 SqlSessionFactory 对象的一个实例为核心。SqlSessionFactory 是线程安全的，一旦 SqlSessionFactory 被创建，在应用执行期间都存在。

3. SqlSession

SqlSession 是一个 SQL 会话接口，是 MyBatis 最核心的对象，也是 MyBatis 最重要的核心组件，其作用类似于一个 JDBC 中的 Connection 对象，代表着一个连接资源的启用。前面的两个组件不过是用来得到它的前提，SqlSession 中包含了 20 多个方法，包括执行 SQL 语句、提交和回滚事务以及获取映射器实例等，其常用方法如表 5-4 所示。

表 5-4 SqlSession 的常用方法

方法	说明
int insert(String statement)	插入方法，参数 statement 是在配置文件中定义的<insert.../>元素的 id，返回执行 SQL 语句所影响的行数
int insert(String statement，Object parameter)	插入方法，参数 statement 是在配置文件中定义的<insert.../>元素的 id，parameter 是插入方法所需的参数，通常是对象或者 Map，返回执行 SQL 语句所影响的行数

续表

方法	说明
int update(String statement)	更新方法，参数 statement 是在配置文件中定义的<update.../>元素的 id，返回执行 SQL 语句所影响的行数
int update(String statement，Object parameter)	更新方法，参数 statement 是在配置文件中定义的<update.../>元素的 id，parameter 是更新方法所需的参数，通常是对象或者 Map，返回执行 SQL 语句所影响的行数
int delete(String statement)	删除方法，参数 statement 是在配置文件中定义的<delete.../>元素的 id，返回执行 SQL 语句所影响的行数
int delete(String statement，Object parameter)	删除方法，参数 statement 是在配置文件中定义的<delete.../>元素的 id，parameter 是删除方法所需的参数，通常是对象或者 Map，返回执行 SQL 语句所影响的行数
<T> T selectOne(String statement)	查询方法，参数 statement 是在配置文件中定义的<select.../>元素的 id，返回执行 SQL 语句查询结果的泛型对象，通常在查询结果只有一条数据时才使用
<T> T selectOne(String statement，Object parameter)	查询方法，参数 statement 是在配置文件中定义的<select.../>元素的 id，parameter 是查询方法所需的参数，通常是对象或者 Map，返回执行 SQL 语句查询结果的泛型对象，通常查询结果只有一条数据时才使用
<E> List<E> selectList(String statement)	查询方法，参数是在配置文件中定义的<select.../>元素的 id，返回执行 SQL 话句查询结果的泛型对象的集合
<E> List<E> selectList(String statement，Object parameter)	查询方法，参数 statement 是在配置文件中定义的<select../>元素的 id，parameter 是查询方法所需的参数，通常是对象或者 Map，返回执行 SQL 语句查询结果的泛型对象的集合
<E> List<E> selectList(String statement，Object parameter，RowBounds rowBounds)	查询方法，参数 statement 是在配置文件中定义的<select.../>元素的 id，parameter 是查询方法所需的参数，通常是对象或者 Map，RowBounds 对象用于分页，它有两个属性：offset 指查询的当前页数；limit 指当前页显示多少条数据，返回执行 SQL 语句查询结果的泛型对象的集合
<K，V> Map<K，V> selectMap (String statement，String mapKey)	查询方法，参数 statement 是在配置文件中定义的<select.../>元素的 id，mapKey 是返回数据的其中一个列名，执行 SQL 语句查询的结果将会被封装成一个 Map 集合返回，key 就是参数 mapKey 传入的列名，value 是封装的对象
<K，V> Map<K，V> selectMap (String statement，Object parameter，String mapKey)	查询方法，参数 statement 是在配置文件中定义的<select.../>元素的 id，parameter 是查询方法所需的参数，通常是对象或者 Map，mapKey 是返回数据的其中一个列名，执行 SQL 语句查询结果将会被封装成一个 Map 集合返回，key 就是参数 mapKey 传入的列名，value 是封装的对象
<K，V> Map<K，V>selectMap(String statement，Object parameter，String mapKey，RowBounds rowBounds)	查询方法，参数 statement 是在配置文件中定义的<select.../>元素的 id，parameter 是查询方法所需的参数，通常是对象或者 Map，mapKey 是返回数据的其中一个列名，RowBounds 对象用于分页，执行 SQL 语句查询结果将会被封装成一个 Map 集合返回，key 就是参数 mapKey 传入的列名，value 是封装的对象
void select(String statement，ResultHandler handler)	查询方法，参数 statement 是在配置文件中定义的<select../>元素的 id，ResultHandler 对象用来处理查询方法返回的复杂结果集，通常用于多表查询

续表

方法	说明
void select(String statement，Object parameter，ResultHandler handler)	查询方法，参数 statement 是在配置文件中定义的<select../>元素的 id，parameter 是查询方法所需的参数，通常是对象或者 Map，ResultHandler 对象用来处理查询方法返回的复杂结果集，通常用于多表查询
void select(String statement，Object parameter，RowBounds rowBounds，ResultHandler handler)	查询方法，参数 statement 是在配置文件中定义的<select.../>元素的 id，parameter 是查询方法所需的参数，通常是对象或者 Map，RowBounds 对象用于分页，ResultHandler 对象用来处理查询返回的复杂结果集，通常用于多表查询
void commit()	提交事务
void rollback()	回滚事务
void close()	关闭 SqlSession 对象
Connection getConnection()	获得 JDBC 的数据库连接对象
<T> T getMapper(Class<T> type)	返回 mapper 接口的代理对象，该对象关联了 SqlSession 对象，开发人员可以通过该对象直接调用方法来操作数据库，参数 type 是 Mapper 的接口类型，MyBatis 官方手册建议通过 mapper 对象访问 MyBatis

4. SqlMapper

SQL 映射器是在 iBatis 改名为 MyBatis 之后新开发出来的组件，由一个 Java 接口和 XML 文件（或注解）构成。如果想要使用 SQL 映射器，就必须遵循它的一系列规范。SQL 映射器主要通过调用 Java 接口中的方法来执行与其捆绑的 SQL 语句，并返回结果。SqlMapper 一共有 14 个方法，这些方法的命名与参数和 SqlSession 接口的命名与参数很像，只是第一个参数基本上都成为了 sql。其中有方法是以 Object value 入参的，入参形式和 SqlSession 接口中的入参一样，都带有入参的方法，在使用时 SQL 可以包含#{param}或${param}形式的参数，这些参数需要通过入参来传值。如果需要的参数过多，那么参数可以使用 Map 类型。对于不带有 Object value 入参的函数，如果 SQL 中有参数，需要手动拼接成一个可以直接执行的 SQL 语句。在查询类的函数（以 select 开头）中，使用 Class<T> resultType 可以指定返回类型，否则就返回 Map<String,Object>类型。SQL 映射器的方法如下所示。

- Map<String,Object> selectOne(String sql)
- Map<String,Object> selectOne(String sql, Object value)
- <T> T selectOne(String sql, Class<T> resultType)
- <T> T selectOne(String sql, Object value, Class<T> resultType)
- List<Map<String,Object>> selectList(String sql)
- List<Map<String,Object>> selectList(String sql, Object value)
- <T> List<T> selectList(String sql, Class<T> resultType)
- <T> List<T> selectList(String sql, Object value, Class<T> resultType)
- int insert(String sql)
- int insert(String sql, Object value)
- int update(String sql)
- int update(String sql, Object value)
- int delete(String sql)

- int delete(String sql, Object value)

5.5.4 整合 MyBatis

下面介绍一下Spring Boot和ORM框架MyBatis的整合方法。Spring官方并没有提供MyBatis的场景启动器，但MyBatis官方提供了相关的启动器，也就是mybatis-spring-boot-starter。在BootHello项目的基础上，只要在POM文件中添加mybatis-spring-boot-starter依赖，即可实现在Spring Boot中整合MyBatis，如代码清单5-20所示。

代码清单5-20 pom.xml中添加mybatis-spring-boot-starter依赖

```
1.    ......
2.    <dependency>
3.        <groupId>org.mybatis.spring.boot</groupId>
4.        <artifactId>mybatis-spring-boot-starter</artifactId>
5.        <version>2.2.2</version>
6.    </dependency>
7.    ......
```

在MyBatis项目中，一般需要将Java POJO定义为业务实体类（businessentity class），使用XML作为映射文件，其中Java POJO指的是仅包含数据表中字段的定义，但是不包含业务逻辑的Java类。

首先，需要在Spring Boot的启动类上增加@MapperScan注解，指定MyBatis框架所需的映射文件的位置，这样就可以在程序启动时，加载并解析这些指定路径位置上的XML格式的映射文件，如代码清单5-21所示。

代码清单5-21 增加@MapperScan注解的SprintBoot启动类

```
1.    package com.jeelp.demo.springboot;
2.
3.    import org.mybatis.spring.annotation.MapperScan;
4.    import org.springframework.boot.SpringApplication;
5.    import org.springframework.boot.autoconfigure.SpringBootApplication;
6.
7.    @SpringBootApplication
8.    @MapperScan({"com.jeelp.demo.**.mapper"})
9.    public class BootHelloApplication {
10.       public static void main(String[] args) {
11.           SpringApplication.run(BootHelloApplication.class, args);
12.       }
13.   }
```

在application.yml中需要加上MyBatis的一些配置，例如实体类所在包名、日志实现类，如代码清单5-22所示。

代码清单5-22 application.yml中增加MyBatis配置文件

```
1.    ......
2.     mybatis:
3.       type-aliases-package: com.jeelp.demo.**.entity
4.       configuration:
5.         log-impl: org.apache.ibatis.logging.stdout.StdOutImpl
6.    ......
```

代码清单5-22中，第3行的type-aliases-package用来指定POJO扫描包，让MyBatis自动扫描到自定义的 POJO，这里的配置将在后续实例中说明，业务实体被放在 com.jeelp.demo 目录下级的 entity 目录中。XML 映射文件被放在 com.jeelp.demo 目录中，文件名为 Mapper.xml。第 5 行代码说明日志实现类使用 StdOutImpl 标准输出，只能在控制台中进行输出。

由于这些映射文件需要打包到目标文件中，因此要在 pom.xml 文件中将.xml 后缀的文件标记为资源文件，在程序进行编译和打包时，将该文件放入目标目录中以供运行时使用，如代码清单 5-23 所示。

代码清单 5-23 在 pom.xml 的 build 标签中增加 resources 配置

```
1.        ......
2.        <build>
3.            <resources>
4.                <resource>
5.                    <directory>src/main/java</directory>
6.                    <includes>
7.                        <include>**/*.xml</include>
8.                    </includes>
9.                </resource>
10.           </resources>
11.           <plugins>
12.               <plugin>
13.                   <groupId>org.springframework.boot</groupId>
14.                   <artifactId>spring-boot-maven-plugin</artifactId>
15.               </plugin>
16.           </plugins>
17.       </build>
18.       ......
```

5.5.5 实战：基于 SSM 实现增删改查

本节在 BootHello 项目中集成 MyBatis 框架和 Spring MVC 框架，并实现一个增删改查的简单例子。

按照 5.5.4 节中的配置，BootHello 项目已经集成了 MyBatis 框架和 Spring MVC 框架，接下来我们就以 user 表的增删改查为例，来完成基于 SSM 的实战。

建立 SSM 实战相关的目录和文件，如图 5-18 所示。

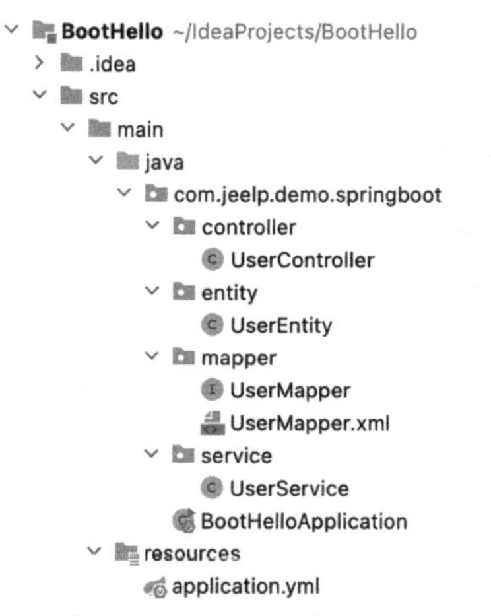

图 5-18 SSM 实战的目录结构

在图5-18的目录结构中，controller目录用来存放Spring MVC的控制器，entity目录用来存放Java POJO，mapper目录用来存放MyBatis的映射文件，service目录用来存放Spring MVC的业务逻辑。

UserEntity.java文件中定义了UserEntity类的属性，以及属性的get方法和set方法，表字段与实体属性一一对应，这里我们仅定义了id、username和password这3个属性，UserEntity.java文件中的内容如代码清单5-24所示。

代码清单5-24　UserEntity.java文件

```
1.     package com.jeelp.demo.springboot.entity;
2.
3.     public class UserEntity {
4.         String id;
5.         String username;
6.         String password;
7.         public String getId() {
8.             return id;
9.         }
10.         public void setId(String id) {
11.             this.id = id;
12.         }
13.        ......
14.     }
```

UserMapper接口中定义了新增（insert）方法、删除（delete）方法、查找（find）方法和更新（update）方法，UserMapper.java文件中的内容如代码清单5-25所示。

代码清单5-25　UserMapper.java文件

```
1.     package com.jeelp.demo.springboot.mapper;
2.
3.     import com.jeelp.demo.springboot.entity.UserEntity;
4.     import org.apache.ibatis.annotations.Mapper;
5.
6.     @Mapper
7.     public interface UserMapper {
8.         void insert(UserEntity user);
9.         void delete(UserEntity user);
10.        UserEntity find(UserEntity user);
11.        void update(UserEntity user);
12.    }
```

UserMapper接口由MyBatis框架根据运行时与接口对应的UserMapper.xml文件自动实现，UserMapper.xml文件中的内容如代码清单5-26所示。

代码清单5-26　UserMapper.xml文件

```
1.     <?xml version="1.0" encoding="UTF-8"?>
2.     <!DOCTYPE mapper PUBLIC "-//mybatis.org//DTD Mapper 3.0//EN" "http://mybatis.org/
       dtd/mybatis-3-mapper.dtd">
3.     <mapper namespace="com.jeelp.demo.springboot.mapper.UserMapper">
4.         <insert id="insert" parameterType="UserEntity" useGeneratedKeys="true" keyProp
       erty="id">
5.             insert into user (username, password)
6.             values (#{username}, #{password})
7.         </insert>
8.         <select id="find" parameterType="UserEntity" resultType="UserEntity">
9.             select id,username,password from user
10.            where id = #{id}
```

```
11.         </select>
12.         <update id="update" parameterType="UserEntity">
13.             update user
14.             set username    = #{username},
15.                 password = #{password}
16.             where id = #{id}
17.         </update>
18.         <delete id="delete" parameterType="UserEntity">
19.             delete from user where id = #{id}
20.         </delete>
21.     </mapper>
```

在 UserMapper.xml 中，第 3 行代码中<mapper>标签的 namespace 属性指定了该 XML 文件所绑定的 DAO 接口。第 4 行代码中的 parameterType、useGeneratedKeys、keyProperty 三个参数分别声明了 insert 方法的参数类型是 UserEntity 类，需要生成主键，这个主键对应的字段名是 id。

UserService.java 文件中定义了业务逻辑，实现了对用户数据的增删改查操作，UserService.java 文件中的内容如代码清单 5-27 所示。

代码清单 5-27 UserService.java 文件

```
1.     package com.jeelp.demo.springboot.service;
2.
3.     import com.jeelp.demo.springboot.entity.UserEntity;
4.     import com.jeelp.demo.springboot.mapper.UserMapper;
5.     import org.springframework.beans.factory.annotation.Autowired;
6.     import org.springframework.stereotype.Service;
7.     import org.springframework.util.StringUtils;
8.
9.     @Service
10.    public class UserService {
11.        UserMapper mapper;
12.        @Autowired
13.        public void setMapper(UserMapper mapper) {
14.            this.mapper = mapper;
15.        }
16.        public UserEntity insert(UserEntity user){
17.            if (StringUtils.hasLength(user.getUsername()) &&
18.                    StringUtils.hasLength(user.getPassword())){
19.                mapper.insert(user);
20.                return user;
21.            }else{
22.                return null;
23.            }
24.        }
25.        public UserEntity update(UserEntity user){
26.            if (StringUtils.hasLength(user.getUsername()) &&
27.                    StringUtils.hasLength(user.getPassword())){
28.                mapper.update(user);
29.                return user;
30.            }else{
31.                return null;
32.            }
33.        }
34.        public UserEntity find(UserEntity user){
35.            return mapper.find(user);
36.        }
37.        public void delete(UserEntity user){
```

```
38.             mapper.delete(user);
39.         }
40.     }
```

在 UserService.java 中，第 9 行代码使用@Service 注解，标记了 UserService 类对应的是 Spring MVC 框架中的业务层，并且会将该类注入到Spring 容器中。第 12 行代码使用@Autowired 注解，将 UserMapper 接口自动装配到 UserService 类中，同时也定义了新增、删除、查找、更新数据的方法。第 17～18 行、第 26～27 行代码在 insert 或 update 方法中，会校验是否输入了用户名和密码，如果校验不通过，就不会执行 insert 或 update 方法。

UserController.java 文件中定义了控制器，UserController.java 文件中的内容如代码清单 5-28 所示。

代码清单 5-28 UserController.java 文件

```
1.    package com.jeelp.demo.springboot.controller;
2.
3.    import com.jeelp.demo.springboot.entity.UserEntity;
4.    import com.jeelp.demo.springboot.service.UserService;
5.    import org.springframework.beans.factory.annotation.Autowired;
6.    import org.springframework.web.bind.annotation.PostMapping;
7.    import org.springframework.web.bind.annotation.RequestBody;
8.    import org.springframework.web.bind.annotation.RequestMapping;
9.    import org.springframework.web.bind.annotation.RestController;
10.
11.   @RestController
12.   @RequestMapping(value = "/user")
13.   public class UserController {
14.       UserService service;
15.       @Autowired
16.       public void setService(UserService service) {
17.           this.service = service;
18.       }
19.       @PostMapping(value = "insert")
20.       UserEntity insert(@RequestBody UserEntity user){
21.           return service.insert(user);
22.       }
23.       @PostMapping(value = "update")
24.       UserEntity update(@RequestBody UserEntity user){
25.           return service.update(user);
26.       }
27.       @PostMapping(value = "find")
28.       UserEntity find(@RequestBody UserEntity user){
29.           return service.find(user);
30.       }
31.       @PostMapping(value = "delete")
32.       String delete(@RequestBody UserEntity user){
33.           service.delete(user);
34.           return "删除成功！";
35.       }
36.   }
```

在 UserController.java 文件中，第 11 行代码使用了@RestController 注解，是由@ResponseBody 注解和@Controller 注解组成的组合注解，定义了 Controller 中接口的返回值，并将其直接放到 HTTP 请求的 Body 中。第 12 行代码使用了@RequestMapping 注解，定义了所有由“/user”开头的 URI 都由该控制器处理。第 19 行代码中使用了@PostMapping 注解，定义了 insert 方法负责处理 POST 请求，URI 的映射路径为“insert”（即全路径为/user/insert）。

接下来，我们就启动 BootHello 项目，并使用 PostMan 进行接口测试。

PostMan 是一款跨平台的接口测试工具，能够模拟用户发起各类 HTTP 请求。PostMan 属于商业化的接口测试工具，既有收费版本也有免费版本，免费版本即可满足我们的需要。我们可以使用 PostMan 完成对新增、查询、修改、删除功能的测试，下面我们就以测试 insert 接口为例来进行说明。

打开 PostMan，在界面中选择“POST”，并输入请求地址，然后在下边的 Body 页签中，输入 JSON 对象，再用鼠标左键点击“Send”即可提交，如图 5-19 所示。

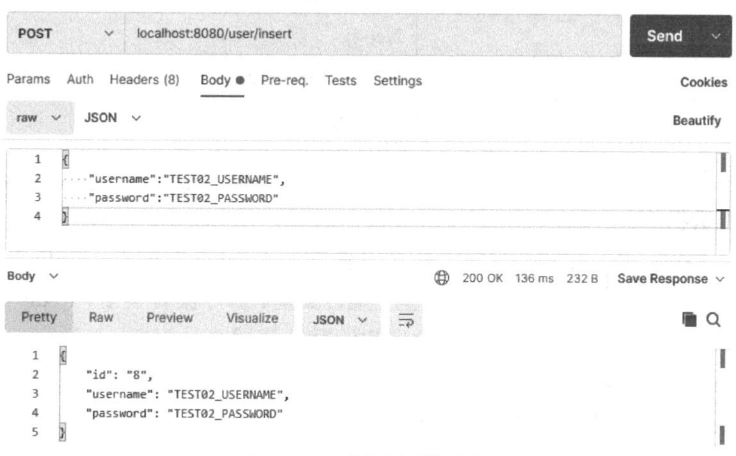

图 5-19 测试新增功能

这时，查看后台数据库，可以看到数据库中增加了一条记录，如图 5-20 所示。

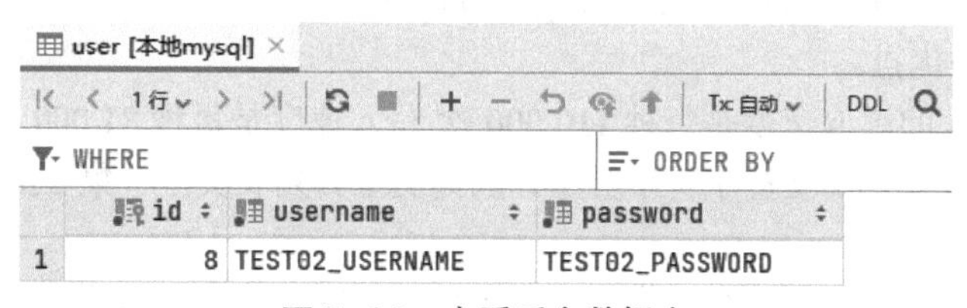

图 5-20 查看后台数据库

类似的，我们可以使用 PostMan 完成对查询、修改、删除功能的测试。

5.6 Spring Boot 与 NoSQL 数据库

在企业级应用开发中，NoSQL 数据库也不可或缺，主要用来实现缓存、分布式锁和排行榜等功能。本节将以目前主流的 Redis 为例，介绍 Spring Boot 与 NoSQL 数据库的集成，以及如何进行数据操作。

5.6.1 NoSQL 数据库简介

一般来说，NoSQL 数据库可以指非关系型（Non-SQL）数据库，也可以指不限于 SQL（Not only SQL）功能的数据库。常见的 NoSQL 数据库可以分为键值型、列存储型、文档存储型、图存储型、对象存储型、时序存储型等，如表 5-5 所示。

表 5-5　常见的 NoSQL 数据库及其类型

类型	常见的 NoSQL 数据库
键值型	Redis、MemCacheDB、etcd
列存储型	Cassandra、HBase
文档存储型	MongoDB、Couchbase
图存储型	Neo4j
对象存储型	Db4o、ObjectStore
时序存储型	InfluxDB

在 Java 开发中，使用最多的 NoSQL 数据库是 Redis。接下来，我们以 Redis 为例，介绍如何在 Spring Boot 中使用 NoSQL 数据库。

Redis 遵守 BSD 协议，是一个高性能的、完全开源的 key-value 数据库。Redis 提供 5 种数据类型来存储值，分别是字符串类型、散列类型、列表类型、集合类型、有序集合类型。Redis 的默认端口是 6379，默认支持 16 个数据库，类似数组下标从 0 开始，初始默认使用 0 号库。

与其他 key-value 缓存产品相比，Redis 有以下 3 个特点。

- Redis 支持数据的持久化，可以将内存中的数据保存在磁盘中，重启的时候可以再次加载数据进行使用。
- Redis 不仅支持简单的 key-value 类型的数据，而且还提供对 list、set、zset、hash 等数据结构的数据的存储。
- Redis 支持数据的备份（master-slave 模式的数据备份）。

Redis 具有以下 4 个优点。

- 性能极高，Redis 的读取速度是每秒 110 000 次,写入速度是每秒 81 000 次。
- 丰富的数据类型，Redis 支持字符串类型、散列类型、列表类型、集合类型、有序集合类型等数据类型的操作。
- 原子性操作，Redis 的所有单个操作都是原子性的，原子性指操作要么成功执行，要么完全不执行，不会停止在某个中间环节。多个操作的原子性可以通过 MULTI 和 EXEC 指令将多个操作包裹在一个事务中来实现。
- 丰富的特性，Redis 还支持 publish/subscribe、通知、key 过期等特性。

5.6.2　Spring Boot 与 Redis

下面介绍一下 Spring Boot 与 Redis 的整合方法。

在 Java 中，常见的 Redis 客户端有 Redisson、Jedis、Lettuce 等。如果想在 Spring Boot 中增加对 Redis 的支持，那么只需要在项目的 POM 文件中添加 spring-boot-starter-data-redis，如代码清单 5-29 所示。

代码清单 5-29　在 Spring Boot 项目中添加 Redis 相关依赖

```
1.          ......
2.          <dependency>
```

```
3.            <groupId>org.springframework.boot</groupId>
4.            <artifactId>spring-boot-starter-data-redis</artifactId>
5.        </dependency>
6.        ......
```

sprint-boot-starter-data-redis 实际上是 Spring Data 的子项目 Spring Data Redis，内部使用了 Lettuce 和 RedisTemplate，下面简单地说明一下。

- Lettuce 是一个基于 Netty 的 Redis 客户端，由 Netty 与 Redis 服务端进行连接，多个线程可以共用一个连接实例，且其连接实例是线程安全的。
- RedisTemplate 是 Spring Data 对 Redis 操作的封装，通过配置能够使用不同的 Redis 客户端。
- 在现在的版本中，Spring Data Redis 默认的 Redis 客户端是 Netty。

5.6.3 实战：Redis 安装

Redis 官方没有提供在 Windows 服务器上使用的发行版本，读者可以使用源码自行编译，也可以使用已经编译好的版本。这里我们选择在 GitHub 上开源的 Redis 发行版本（仅支持 64 位的 Windows 系统），读者可以在本书的配套资源中找到 Redis-x64-3.0.504.zip。将这个文件解压到指定的目录，用鼠标左键双击 redis-server.exe 就可以启动 Redis，如图 5-21 所示。

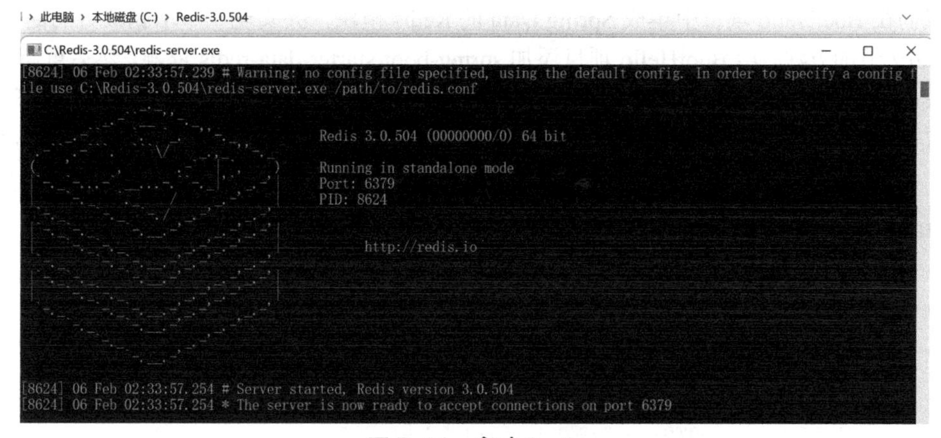

图 5-21　启动 Redis

此时 Redis 已经成功运行，从窗口的提示来看，运行时没有指定配置文件，使用默认配置运行，并且 Redis 服务正在监听 6379 端口。

如果需要自定义配置 Redis，那么可以复制一份根目录中的 redis.windows.conf 文件，将重制后的新文件重命名为 redis.conf，并对照配置文件中的注释按需进行修改，然后在启动服务的时候在启动命令中加上配置文件的名称即可，如代码清单 5-30 所示。

代码清单 5-30　Redis 启动命令

```
1.    redis-server.exe redis.conf
```

在后续的实战中，我们会使用简化版的 redis.conf 配置文件，该配置文件仅包含设置端口、密码等常用配置项，文件中的内容如代码清单 5-31 所示。

代码清单 5-31　redis.conf 配置文件

```
1.    # Redis 监听 6379 端口
2.    port 6379
3.    # 访问密码
4.    requirepass redis@2022
5.    # 绑定的网卡 IP 地址
6.    bind 127.0.0.1
7.    # 客户端闲置 300s
8.    timeout 300
9.    # 服务端给客户端发送心跳包周期
10.   tcp-keepalive 60
11.   # Redis 的数据库数量
12.   databases 16
13.   # 如果每 300 秒内至少有 10 次更改，就将数据保存到本地
14.   save 300 10
15.   # 最多连接 128 个客户端
16.   maxclients 128
17.   # 本地持久化存储的文件名
18.   dbfilename dump.rdb
```

5.6.4　实战：Redis 的增删改查

本节我们在 BootHello 项目中集成 Spring Data 的 Redis 模块，并实现一个增删改查的简单例子。

按照 5.6.2 节的方法，给 BootHello 项目添加 spring-boot-starter-data-redis 依赖，然后重新启动项目，即可完成集成。这时设置 localhost 为 Redis 的 IP 地址，6379 为 Redis 监听的端口，密码为空。如果需要单独配置 Redis 的连接参数（如代码清单 5-32 的第 2～5 行代码所示），那么在 application.yml 文件中配置即可。

代码清单 5-32　在 Spring Boot 项目中配置 Redis

```
1.    spring:
2.      redis:
3.        host: localhost
4.        port: 6379
5.        Password: redis@2022
6.      datasource:
7.        driver-class-name: com.mysql.cj.jdbc.Driver
8.        url: jdbc:mysql://localhost:3306/jeelpdb
9.        username: jeelp
10.       password: YOUR_PASSWORD
11.   mybatis:
12.     type-aliases-package: com.jeelp.demo.**.entity
13.     configuration:
14.       log-impl: org.apache.ibatis.logging.stdout.StdOutImpl
```

在根目录的 src/test/java 目录中新建 RedisTest.java 文件，使用 JUnit 单元测试框架在 Spring Boot 中进行 Redis 的增删改查，如代码清单 5-33 所示。

代码清单 5-33　RedisTest.java 源码

```
1.    import com.jeelp.demo.springboot.BootHelloApplication;
2.    import org.junit.jupiter.api.Test;
3.    import org.springframework.beans.factory.annotation.Autowired;
4.    import org.springframework.boot.test.context.SpringBootTest;
```

```
5.    import org.springframework.data.redis.core.RedisTemplate;
6.
7.    @SpringBootTest(classes = BootHelloApplication.class)
8.    public class RedisTest {
9.        RedisTemplate redisTemplate;
10.       @Autowired
11.       public void setRedisTemplate(RedisTemplate redisTemplate) {
12.           this.redisTemplate = redisTemplate;
13.       }
14.       @Test
15.       void redisTest(){
16.           redisTemplate.opsForValue().set("Name","ZhangSan");
17.           System.out.println(redisTemplate.opsForValue().get("Name").toString());
18.           redisTemplate.opsForValue().set("Name","LiSi");
19.           System.out.println(redisTemplate.opsForValue().get("Name").toString());
20.           redisTemplate.delete("Name");
21.           System.out.println(redisTemplate.opsForValue().get("Name").toString());
22.       }
23.   }
```

在代码清单 5-33 的第 9～11 行代码中，从 Spring 的 IOC 容器中获取了 RedisTemplate 实例。第 16 行代码使用 Redis 的 set 命令，将名为“Name”的 key 赋值为“ZhangSan”。第 18 行代码同样使用 Redis 的 set 命令，将名为“Name”的 key 重新赋值为“LiSi”。第 20 行代码删除名为“Name”的 key。

运行单元测试，能够从 Redis 中获取两次使用 set 命令写入的值。删除 key 后再次获取 key 的值，出现了空指针异常报错，说明删除成功。测试结果如图 5-22 所示。

图 5-22 Redis 增删改查实例的测试结果

5.7 容器化部署 Spring Boot 应用

容器技术支持将应用打包进一个可以移植的容器中，重新定义了应用开发、测试和部署的过程，其典型应用场景是为开发运维提供持续集成和持续部署的服务。容器技术与微服务有着天然的联系，微服务只有借助容器技术才能发挥最大的潜力。本节将以 Docker 为例，介绍如何使用容器技术进行企业级应用的发布。

5.7.1 Docker 简介

Docker 是一个基于 Go 语言开发的开源的应用容器引擎，遵循 Apache 2.0 协议。Docker 能够凭借比虚拟机平台更高的资源使用率，轻松支撑自动化测试、持续集成、快速部署和快速扩展等功能。

Docker包括如下3个基本概念。

- 镜像（image）：镜像是包含了应用所有信息的文件系统，除了提供容器运行时所需的程序、库、资源、配置等文件，还提供一些为运行准备的配置参数（如匿名卷、环境变量、用户等）。镜像不包含任何动态数据，其内容在构建之后也不会被改变。
- 容器（container）：容器是运行中的镜像，包含了单个镜像的运行状态。
- 仓库（repository）：仓库是镜像的集合，可以通过仓库来管理镜像的版本，以及进行发布、下载镜像等操作。

在Linux系统中，Docker依赖于内核提供的namespace来实现进程、文件、网络资源的隔离，cgroup用于实现物理资源（CPU、内存）的隔离，所有的容器与宿主机（host）共享内核。在老版本的Windows系统中，Docker会使用Hyper-V虚拟化平台创建一个Linux虚拟机，然后所有的操作都通过这个虚拟机进行。在支持WSL（适用于Linux的Windows子系统）的Windows操作系统中，Docker通过WSL进行所有操作。无论是哪种方式，Docker都能实现容器与容器、容器与宿主机的资源隔离。

5.7.2　Docker安装

以Windows操作系统为例，从Docker官网下载DockerDesktop应用，即可进行安装。

在Windows 10 2004及以上版本号的计算机上进行安装时，Docker安装程序会提示可以使用WSL 2这样的安装选项，如图5-23所示。

图5-23　Docker安装选项

如果不选择此选项，Docker会使用Hyper-V技术来实现虚拟化，性能会比WSL 2差一些。如果没有安装过WSL 2，Docker Desktop安装程序还会提示用户到微软官网去下载WSL的完整工具包，如图5-24所示，根据官网提示操作即可。

图5-24　提示安装WSL 2

在Docker Desktop安装完成后，用鼠标左键单击“start”打开Docker，如果是第一次使用Docker，会提示用户进行基础教程学习，如图5-25所示。

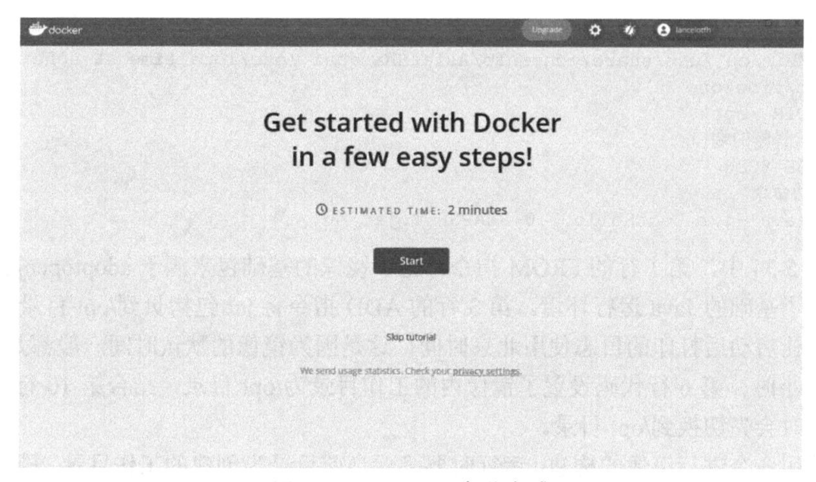

图 5-25 Docker 安装完成

在实际使用中，建议使用命令行进行 Docker 相关的操作，如构建镜像、发布镜像、运行容器等。

5.7.3 制作 Docker 镜像

制作 Docker 镜像并不复杂，重点是要写好 Dockerfile。Docker 会按照 Dockerfile 中定义的步骤，在宿主机中构建镜像。

Dockerfile 的命令一共有 11 个：FROM、RUN、CMD、ENTRYPOINT、EXPOSE、ARG、ENV、ADD、COPY、WORKDIR 和 VOLUME。

接下来，让我们为前文的 BootHello 项目制作镜像。首先创建 BootHello-Docker 文件夹作为工作目录，然后将 BootHello 项目中的 jar 包复制到工作目录中，如图 5-26 所示。

图 5-26 工作目录结构

同时，在该工作目录中创建 Dockerfile 文件（注意，Dockerfile 没有扩展名），文件中的内容如代码清单 5-34 所示。

代码清单 5-34 BootHello 项目的 Dockerfile 文件

```
1.    FROM adoptopenjdk/openjdk8
2.    # 拷贝 jar 包到镜像中
3.    ADD BootHello-1.0-SNAPSHOT.jar /opt
```

```
4.     #设置时区
5.     RUN /bin/cp /usr/share/zoneinfo/Asia/Shanghai /etc/localtime && echo 'Asia/Shanghai'
       >/etc/timezone
6.     WORKDIR /opt
7.     # 设置暴露的端口
8.     EXPOSE 8080
9.     # 启动命令
10.    CMD java -jar BootHello-1.0-SNAPSHOT.jar
```

在代码清单 5-34 中，第 1 行的 FROM 指令标记了镜像的基础包来源于 adoptopenjdk/openjdk8，这个基础包仅包含了基础的 Java 运行环境。第 3 行的 ADD 指令将 jar 包拷贝到/opt 目录中。第 5 行代码设置时区是为了让启动后打印的日志使用北京时间，这是因为镜像的默认时间一般都是 UTC 时间，与北京时间相差 8 小时。第 6 行代码设置了镜像内的工作目录为/opt 目录，结合第 10 行的 CMD 指令，相当于执行命令时会先切换到/opt 目录。

现在可以使用命令进行镜像的构建，运行时要确保当前目录为创建的工作目录。构建镜像的命令如代码清单 5-35 所示。

代码清单 5-35　使用 Dockerfile 构建镜像

```
1.     docker build -t boot-hello/jeelp:0.1 .
```

在代码清单 5-35 中，-t 是 tag 的缩写，即为构建的镜像作标记，boot-hello/jeelp:0.1 指当前镜像名为 boot-hello 的镜像在 jeelp 的组织下，版本号为 0.1。最后的参数“.”代表以当前目录中的 Dockerfile 构建镜像。代码清单 5-35 的运行结果如图 5-27 所示。

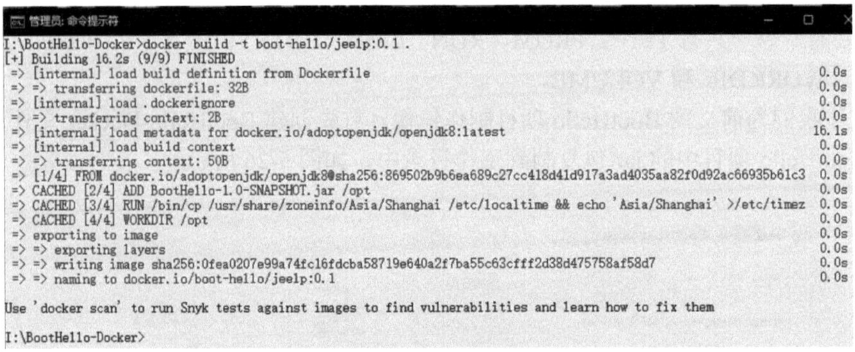

```
管理员: 命令提示符
I:\BootHello-Docker>docker build -t boot-hello/jeelp:0.1 .
[+] Building 16.2s (9/9) FINISHED
 => [internal] load build definition from Dockerfile                                          0.0s
 => => transferring dockerfile: 32B                                                           0.0s
 => [internal] load .dockerignore                                                             0.0s
 => => transferring context: 2B                                                               0.0s
 => [internal] load metadata for docker.io/adoptopenjdk/openjdk8:latest                      16.1s
 => [internal] load build context                                                             0.0s
 => => transferring context: 50B                                                              0.0s
 => [1/4] FROM docker.io/adoptopenjdk/openjdk8@sha256:869502b9b6ea689c27cc418d41d917a3ad4035aa82f0d92ac66935b61c3  0.0s
 => CACHED [2/4] ADD BootHello-1.0-SNAPSHOT.jar /opt                                          0.0s
 => CACHED [3/4] RUN /bin/cp /usr/share/zoneinfo/Asia/Shanghai /etc/localtime && echo 'Asia/Shanghai' >/etc/timez  0.0s
 => CACHED [4/4] WORKDIR /opt                                                                 0.0s
 => exporting to image                                                                        0.0s
 => => exporting layers                                                                       0.0s
 => => writing image sha256:0fea0207e99a74fc16fdcba58719e640a2f7ba55c63cfff2d38d475758af58d7  0.0s
 => => naming to docker.io/boot-hello/jeelp:0.1                                               0.0s

Use 'docker scan' to run Snyk tests against images to find vulnerabilities and learn how to fix them

I:\BootHello-Docker>
```

图 5-27　构建镜像

可以看到 Docker 在构建镜像时，严格按照 Dockerfile 中的步骤进行，并且每一步操作都会成为镜像中的一层。

此时使用 docker images 命令，即可看到刚才构建的镜像，如图 5-28 所示。

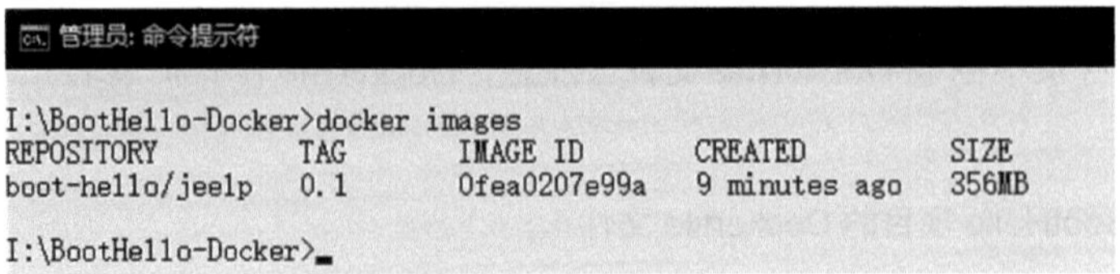

```
管理员: 命令提示符

I:\BootHello-Docker>docker images
REPOSITORY          TAG      IMAGE ID       CREATED          SIZE
boot-hello/jeelp    0.1      0fea0207e99a   9 minutes ago    356MB

I:\BootHello-Docker>
```

图 5-28　查看构建的镜像

5.7.4 运行 Docker 镜像

如果想运行镜像，使用 docker run 命令即可，如代码清单 5-36 所示。

代码清单 5-36 运行镜像

```
1.    docker run -d -p 8888:8080 --name boot-hello boot-hello/jeelp:0.1
```

代码清单 5-36 中的指令中，-d 指令是指 Docker 容器在后台运行，-p 8888:8080 指将容器的 8080 端口映射到宿主机的 8888 端口，--name boot-hello 指为容器取名为 boot-hello。执行代码清单 5-36 的命令后，Docker 会将容器的 ID 返回到控制台中。

此时可以使用 docker ps 命令，查看当前运行的容器，如图 5-29 所示。

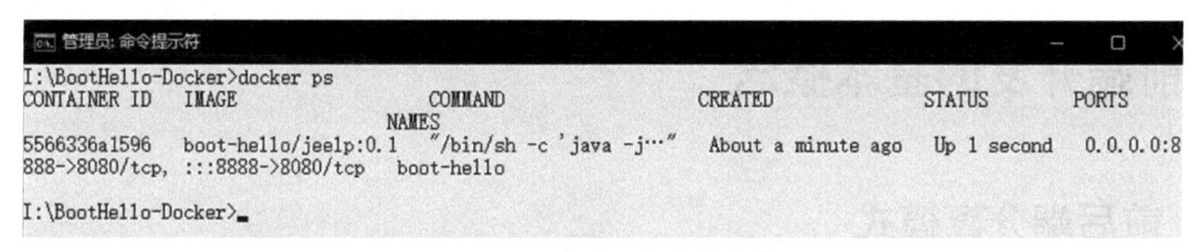

图 5-29 查看运行中的容器

当运行镜像时，可以在宿主机中访问 http://localhost:8888，对运行中的容器的镜像内容进行验证。

第6章　前后端分离与Vue、Element UI

前后端分离既是一种架构模式，也是一种项目开发的组织模式，这种模式已经逐渐成为项目开发的业界标准，从互联网行业到企业级应用，前后端分离都被广泛地使用。本章将介绍前后端分离的开发模式以及相关的Vue、Element UI技术。

6.1　前端开发的基本概念

6.1.1　前后端分离模式

在传统的Java EE企业级应用开发中，都采用了前后端不分离模式。在这种应用模式中，前端页面看到的效果都是由后端控制的，即由后端渲染前端页面或重定向到前端页面，前端与后端的耦合度很高。这种前后端不分离的架构模式，其优点是交互方式很简单，都是浏览器发出请求，服务器给出一个完整的网页，浏览器再发出请求，服务器再给出一个完整的网页。前后端不分离模式的缺点也很明显，该模式传输的重复数据比较多，当网络发生延迟时，页面就会无法打开或者显示不全。

前后端分离是一种当前主流的架构模式，在后端项目里面看不到页面（JSP或HTML），后端负责给前端提供各类数据处理接口，实现各种业务。前端通过调用后端提供的符合RESTful风格的接口，实现HTML页面渲染，控制前端的效果，从而完成与用户的交互。前后端分离模式具有以下3个特点。

- 前端与后端的耦合度相对较低，责任分工明确。
- 适配性能提升，在企业级应用的开发过程中，经常会给电脑端浏览器、移动端浏览器、移动端App各自研发一套前端。其实对这三套前端来说，后端业务的大部分逻辑是一样的，唯一区别就是交互展现的方式不同，可以由前端开发人员专职维护，后端开发人员无需操心。
- 通常后端开发的服务都被称为一个接口或者API，前端通过访问接口或者API进行数据的增删改查操作。

前后端分离模式下的数据交互如图6-1所示。

提示

REST（Representational State Transfer，表现层状态转移）首次出现在2000年Roy Fielding的博士论文中。RESTful是一种定义Web API的设计风格，尤其适用于前后端分离模式。这种风格的理念认为后端开发任务就是提供数据的，对外提供的是数据资源的访问接口，所以在定义接口时，客户端访问的URL路径就表示要操作的数据资源。

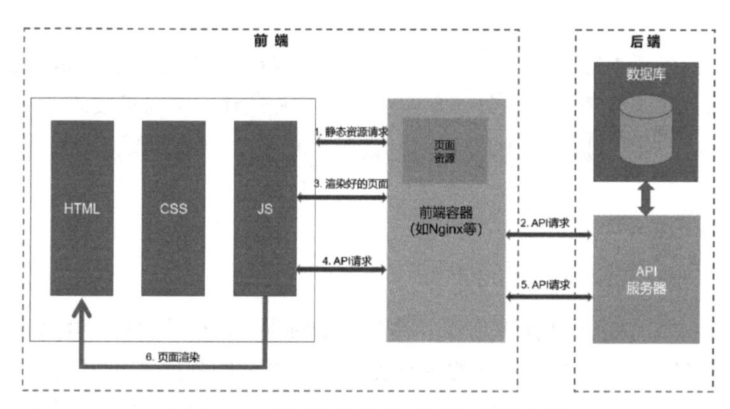

图 6-1 前后端分离模式下的数据交互

6.1.2 MVVM 框架

随着 Web 应用的日趋复杂，前端技术不断发展，MVVM（Model-View-ViewModel，模型-视图-视图模型）框架也越来越多地被企业级应用所采用。MVVM 框架本质上就是 MVC 的改进版本，其核心的设计思想是“数据驱动界面”。MVVM 框架是由 MVP（Model-View-Presenter）与 WPF（Windows Presentation Foundation）结合的应用方式演变过来的一种新型框架，它立足于原有 MVP 框架，把 WPF 的新特性融合进去，以便应对用户日益复杂的需求变化。

MVVM 由 3 个部分组成，包括模型（Model）、视图（View）和视图模型（ViewModel）。

模型是指后台的业务逻辑和数据，主要负责各种业务逻辑的处理和数据的操控，往往围绕数据库系统展开。

视图是指用户所看到的前端页面，主要是由 HTML 和 CSS 构建，可以更方便地展现视图模型或者模型层的数据。

视图模型是 MVVM 框架的核心，它是连接视图和模型的桥梁。视图模型具有双向数据绑定的特性，一是将模型转化成视图，即将后端传递的数据转化成用户所看到的页面；二是将视图转化成模型，即将用户所看到的页面转化成后端的数据。

MVVM 框架具备以下 4 个优点。

- 低耦合：视图可以独立于模型发生变化，一个视图模型可以绑定到不同的视图上，在视图变化的时候模型可以不变，在模型变化的时候视图也可以不变。
- 可复用：可以把一些视图逻辑放在一个视图模型里面，让很多视图复用这些视图逻辑。
- 独立开发：前端开发人员可以专注于业务逻辑和数据的开发（视图模型），UI 设计人员可以专注于页面的设计，后端开发人员可以专注于业务逻辑的开发。
- 可测试：界面是比较难测试的，MVVM 框架下可以针对视图模型进行测试。

当下流行的 MVVM 框架有 Vue、Angular、React 等，6.2 节将会介绍和使用 Vue 框架。

提示

WPF 是微软推出的基于 Windows 操作系统的用户界面框架，属于.NET Framework 3.0 的一部分。WPF 提供了统一的编程模型、语言和框架，真正分离了界面设计人员与开发人员的工作，同时 WPF 也提供了全新的多媒体交互图形用户界面。

6.1.3 响应式布局

响应式布局是指一个前端页面能够兼容多种类型的终端，而不是为每种类型的终端去写一个特定的版本。响应式布局可以为不同类型终端的用户提供更加舒适的界面和更好的用户体验。随着大屏幕移动设备的普及，响应式布局的应用也越来越广泛。响应式布局离不开两个重要的技术：媒体查询和栅格系统。

媒体查询（media query）是由媒体类型和一个或多个检测媒体特性的条件表达式组成的。媒体查询中可用于检测的媒体特性有：width、height 和 color 等。媒体查询可以在不改变页面内容的情况下，为一些特定的输出设备定制显示效果。许多响应式布局的解决方案是通过 CSS3 中的媒体查询来实现的，在使用这个工具之后，我们可以向不同的设备提供不同的样式，为每种类型的用户提供最佳的体验。

栅格系统（grid systems）是指以规则的网格阵列来指导和规范网页中的版面布局以及信息分布的页面布局的一种方式。栅格系统可以让页面变得“井井有条”，通过将页面的宽度等分、设置元素宽度的格数来进行排版。

下面我们就结合 Element UI 来介绍一下媒体查询和栅格系统。

在 Element UI 中，将页面宽度分割为 24 个栅格，通过设置元素所占的栅格数，可以控制元素的实际宽度，并且能够针对不同尺寸的页面进行单独的设置，如代码清单 6-1 所示。

代码清单 6-1　Element UI 栅格系统

```
1.    <el-row :gutter="10">
2.      <el-col :xs="8" :sm="6" :md="4" :lg="3" :xl="1">
3.        <div class="grid-content bg-purple"></div>
4.      </el-col>
5.    </el-row>
```

在代码清单 6-1 中，第 2 行代码设置了在超小（xs）屏幕中元素占 8 个栅格；在小（sm）屏幕中元素占 6 个栅格，在中等尺寸（md）屏幕中元素占 4 个栅格，在大（lg）屏幕中元素占 3 个栅格，在超大（xl）屏幕中元素占 1 个栅格。第 3 行代码设置了一个紫色背景的元素。

Element UI 参照 Bootstrap 的响应式设计，预设了 5 个响应尺寸：xs、sm、md、lg 和 xl。屏幕的尺寸范围如表 6-1 所示。

表 6-1　屏幕的尺寸范围

名称	范围
xs	xs＜768 px
sm	768px≤sm＜992px
md	992px≤md＜1200px

续表

名称	范围
lg	1200px≤lg<1920px
xl	xl≥1920px

Element UI 的栅格系统所使用的原理是百分比布局和媒体查询，具体介绍如下。

百分比布局将页面元素的高度和宽度设置为一定比例的浏览器高度和宽度。当浏览器大小发生变化时，页面元素的大小同样会发生变化。

通过 CSS3 中的@media 媒体查询，能够获取浏览器的大小，并且可以根据获取到的浏览器大小为元素设置不同的尺寸，栅格系统就是基于媒体查询而实现的。同时，媒体查询也是响应式布局中最广泛、最经典的实现方式。

在 Element UI 中，以 el-col-sm-6 标签为例，在小屏幕中占据 6 个栅格的实现方式如代码清单 6-2 所示。

代码清单 6-2 Element UI 中.el-col-sm-6 的实现方式

```
1.    @media only screen and (min-width: 768px) {
2.    .el-col-sm-6 {
3.        width: 25%;
4.    }
5.    }
```

在代码清单 6-2 中，第 1 行的@media 代表媒体查询，当获取到当前屏幕尺寸小于等于 768 px 时，就让 el-col-sm-6 定义的样式生效（第 2 行代码），第 3 行代码定义了元素的宽度为 25%的屏幕宽度。

6.2 Vue 框架

6.2.1 Vue 框架入门

Vue 框架（读音为/vjuː/，类似于 view）是一套用于构建用户界面的渐进式框架。与其他大型框架不同的是，Vue 框架被设计为可以自底向上逐层应用。Vue 框架的核心库只关注视图层，不仅易于上手，而且便于与第三方库或既有项目整合。当与现代化的工具链以及各种支持类库结合使用时，Vue 框架也完全能够为复杂的单页面 Web 应用提供驱动。Vue 框架具有以下 3 个特点。

- 易用：只要掌握了 HTML、CSS 和 JavaScript，就可以直接学习和使用 Vue 框架。
- 灵活：Vue 框架提供一个类似于 jQuery 的核心库。依赖自身不断繁荣的生态系统（类似于 jQuery 的插件库），就可以在一个库和一套完整框架之间伸缩自如。
- 高效：核心库文件被压缩之后，文件大小要远比 jQuery 的压缩版文件小得多，还提供超快的虚拟 DOM。

Vue 框架是一个典型的 MVVM 模型的框架。Vue 框架充当了 MVVM 开发模式中的视图模型层，负责视图和模型之间的通信。在使用 Vue 框架进行开发的时候，只需要关心视图层的 HTML 代码和模型层的 JavaScript 逻辑。Vue 框架的 MVVM 模型如图 6-2 所示。

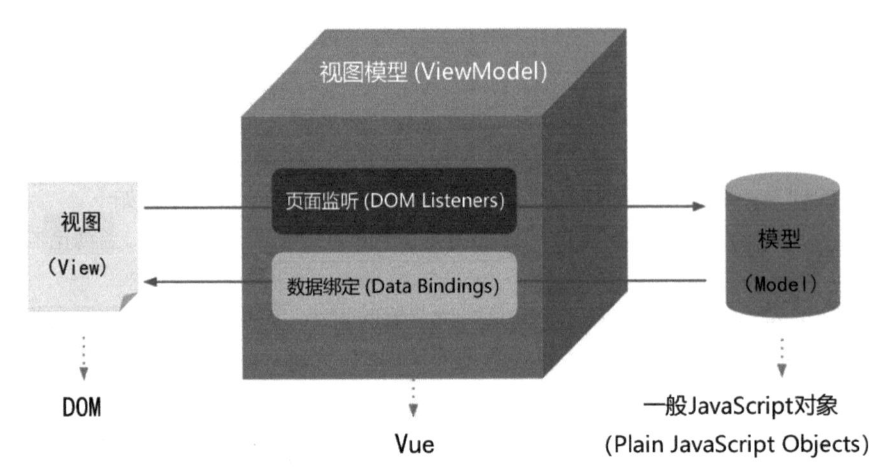

图6-2　Vue框架的MVVM模型

Vue项目有以下两种开发方式。

- 直接用<script>引入的方式

使用CDN地址可以在国内更快速的下载vue.js文件，如代码清单6-3所示。

代码清单6-3　直接用<script>引入Vue.js文件

```
1.    <script src="https://cdn.jsdelivr.net/npm/vue@2.6.14/dist/vue.js">
2.    </script>
```

- NPM方式

在用Vue框架构建大型应用时，推荐使用NPM方式来安装，如代码清单6-4所示。NPM能很好地与webpack或Browserify模块打包器配合使用。同时Vue也提供配套工具来开发单文件组件，例如Vue的CLI工具。在国内使用NPM时，会出现安装速度比较慢的情况，可以使用淘宝的镜像及其工具cnpm（淘宝团队开发的一个NPM国内镜像工具，可以使用NPM的所有命令选项）从国内的镜像服务器进行下载。

代码清单6-4　用NPM方式引入Vue框架

```
1.    $ npm install vue
```

提示

NPM（node package manager）是Node.js的包管理器，用于Node插件管理（包括安装、卸载、管理依赖等）。由于为NPM安装插件是从国外服务器下载，受网络的影响比较大，可能会出现异常，因此淘宝团队在国内制作了一个完整的npmjs.org镜像（也就是cnpm）。目前cnpm的同步频率为10分钟一次，以此保证尽量与官方服务同步。

6.2.2　Vue的数据绑定

Vue框架可以实现双向数据绑定。当数据发生变化时，视图也会发生变化；当视图发生变化时，数据也会跟着同步变化。这是Vue框架的核心功能，也是区别于传统前端框架的地方。

下面以最简单的模板语法为例，展示Vue框架的双向数据绑定功能，如代码清单6-5所示。

代码清单 6-5 Vue 的双向数据绑定示例

```
1.    <html lang="en">
2.    <head>
3.        <meta charset="UTF-8">
4.        <meta name="viewport" content="width=device-width, initial-scale=1.0">
5.        <meta http-equiv="X-UA-Compatible" content="ie=edge">
6.        <title>Document</title>
7.    </head>
8.    <body>
9.        <div id="app">
10.           <input type="text" v-model="message">
11.           <h1>{{message}}</h1>
12.           双向数据绑定示例，会动态显示输入框中的内容
13.       </div>
14.       <script src="https://cdn.jsdelivr.net/npm/vue@2.6.14/dist/vue.js"></script>
15.       <script type="text/javascript">
16.           var app = new Vue({
17.               el: '#app',
18.               data: {
19.                   message: "Hello world"
20.               }
21.           })
22.       </script>
23.   </body>
24.   </html>
```

在代码清单 6-5 中，第 10 行代码定义了一个输入框，并绑定了 message 属性。第 11 行代码定义了一个显示 message 属性的文字标题。第 16 行代码定义了 Vue 对象。第 19 行代码给 message 属性赋值。运行结果如图 6-3 所示。

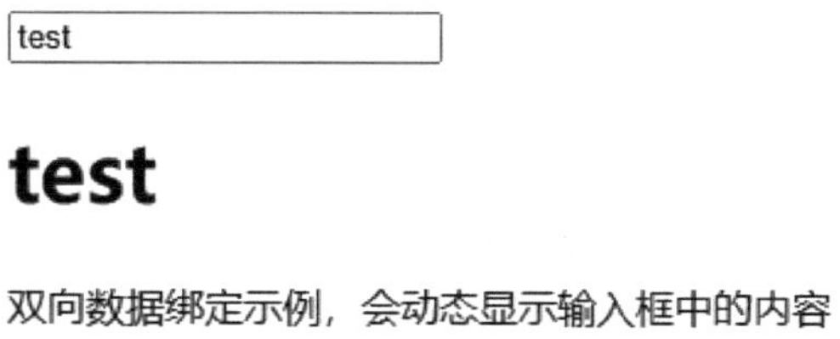

test

test

双向数据绑定示例，会动态显示输入框中的内容

图 6-3 Vue 的数据绑定示例的运行结果

代码清单 6-5 展示了 Vue 中最简单、最基础的数据绑定用法。Vue 的数据绑定还可以完成字符串的简单拼接、计算和函数处理、通过 computed 属性进行数据处理等功能。另外，学习 Vue 的生命周期，有助于读者更好地使用 Vue 的数据绑定功能。

6.2.3 Vue 指令

Vue 中的指令（Directives）是指一系列带有“v-”前缀的特殊属性。一般来说，指令属性的预期值是单一 JavaScript 表达式。Vue 指令封装了一些 DOM 行为，将属性作为一个记号，根据属性的不同值，执行不同的 DOM 行为。

常用的 Vue 指令包括 v-text、v-html、v-if、v-show、v-bind 和 v-on 等，下面对这些指令作一个简要

的介绍。

- v-text

v-text 与元素的 InnerText 属性绑定，v-text 的示例如代码清单 6-6 所示。

代码清单 6-6　v-text 示例

```
1.    <html lang="en">
2.    <head>
3.        <meta charset="UTF-8">
4.        <meta name="viewport" content="width=device-width, initial-scale=1.0">
5.        <meta http-equiv="X-UA-Compatible" content="ie=edge">
6.        <title>Document</title>
7.    </head>
8.    <body>
9.        <div id="app" style="border:black solid 1px; width: 300px;height: 200px;">
10.           <input type="text" v-model="show">
11.           <p>下方文字与输入框同步</p>
12.           <p v-text="show"></p>
13.       </div>
14.       <script src="https://cdn.jsdelivr.net/npm/vue@2.6.14/dist/vue.js"></script>
15.       <script type="text/javascript">
16.           var app = new Vue({
17.               el: '#app', // app 是 Vue 实例的挂载对象
18.               data: {
19.                   show: "text" // 字面量
20.               }
21.           })
22.       </script>
23.   </body>
24.   </html>
```

第 12 行的<p>标签使用了 v-text 指令，使得<p>标签显示的内容与当前 app 对象的 show 属性绑定。运行效果如图 6-4 所示。

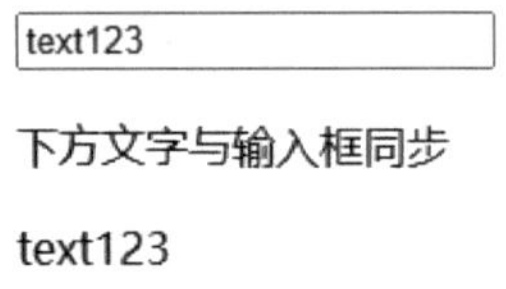

text123

下方文字与输入框同步

text123

图 6-4　v-text 的运行效果

- v-html

v-html 与元素的 innerHTML 属性绑定，v-html 的示例如代码清单 6-7 所示。

代码清单 6-7　v-html 示例

```
1.    <html lang="en">
2.    <head>
3.        <meta charset="UTF-8">
```

```
4.         <meta name="viewport" content="width=device-width, initial-scale=1.0">
5.         <meta http-equiv="X-UA-Compatible" content="ie=edge">
6.         <title>Document</title>
7.     </head>
8.     <body>
9.         <div id="app" style="border:black solid 1px; width: 300px;height: 200px;">
10.            <input type="text" v-model="show" style="width: 250px;">
11.            <p>下方使用 v-html 标签，将输入框的文字当作 innerHtml 显示</p>
12.            <p v-html="show"></p>
13.        </div>
14.        <script src="https://cdn.jsdelivr.net/npm/vue@2.6.14/dist/vue.js"></script>
15.        <script type="text/javascript">
16.            var app = new Vue({
17.                el: '#app',
18.                data: {
19.                    show: "text"
20.                }
21.            })
22.        </script>
23.    </body>
24. </html>
```

第 12 行代码的<p>标签使用了 v-html 指令，将<p>标签的 innerHtml 属性值与 show 变量进行了绑定。运行效果如图 6-5 所示，页面最底部的<p>标签根据输入框内输入的内容进行了显示。

<font color="gray">12345</font>

下方使用v-html标签，将输入框的文字当作innerHtml显示

12345

图 6-5 v-html 的运行效果

- v-if

v-if 用于判断是否插入这个元素（仅在第一次渲染时生效）。在程序运行过程中，如果更改 v-if 判断条件对应的值，也不会重新插入或删除这个元素。

- v-show

v-show 通过改变元素的 CSS 属性（display）来决定是显示还是隐藏元素。如果更改 v-show 判断条件对应的值，元素会动态的切换 display 属性。v-show 的示例如代码清单 6-8 所示。

代码清单 6-8 v-show 示例

```
1.     <html lang="en">
2.     <head>
3.         <meta charset="UTF-8">
4.         <meta name="viewport" content="width=device-width, initial-scale=1.0">
5.         <meta http-equiv="X-UA-Compatible" content="ie=edge">
6.         <title>Document</title>
7.     </head>
8.     <body>
9.         <div id="app">
10.            <input type="text" v-model="show">
11.            <h1>{{show}}</h1>
```

```
12.            当值为 display 时，会显示灰色块
13.            <div v-show="show === 'display'" style="height: 100px;width: 100px; backgr
       ound-color: gray;"></div>
14.        </div>
15.        <script src="https://cdn.jsdelivr.net/npm/vue@2.6.14/dist/vue.js"></script>
16.        <script type="text/javascript">
17.            var app = new Vue({
18.                el: '#app',
19.                data: {
20.                    show: "not display"
21.                }
22.            })
23.        </script>
24.    </body>
25.    </html>
```

第 13 行代码的<div>标签使用了 v-show 指令，当 show 属性（与输入框绑定）的值为“display”时，条件满足，会显示灰色块，运行效果如图 6-6 所示。当输入的值为其他值时，条件不满足，会隐藏灰色块，运行效果如图 6-7 所示。

display

display

当值为display时，会显示灰色块

图 6-6　条件满足时 v-show 的运行效果

not display

not display

当值为display时，会显示灰色块

图 6-7　条件不满足时 v-show 的运行效果

- v-bind

v-bind 可以给元素的某一个属性赋值，v-bind 的示例如代码清单 6-9 所示。

代码清单 6-9　v-bind 示例

```
1.     <html lang="en">
2.     <head>
3.         <meta charset="UTF-8">
4.         <meta name="viewport" content="width=device-width, initial-scale=1.0">
5.         <meta http-equiv="X-UA-Compatible" content="ie=edge">
6.         <title>Document</title>
7.     </head>
8.     <body>
9.         <div id="app" style="border:black solid 1px; width: 300px;height: 200px;">
10.            <input type="text" v-model="show" style="width: 250px;">
11.            <p v-bind:style="{'color':show}">显示内容</p>
12.        </div>
13.        <script src="https://cdn.jsdelivr.net/npm/vue@2.6.14/dist/vue.js"></script>
14.        <script type="text/javascript">
15.            var app = new Vue({
```

```
16.                 el: '#app', //app是Vue实例的挂载对象
17.                 data: {
18.                     show: "black" //初始化变量show的值为black
19.                 }
20.             })
21.         </script>
22.     </body>
23.     </html>
```

在代码清单 6-9 中，第 11 行代码使用 v-bind 指令将下方文字的 color 样式与输入框的内容做关联，通过改变输入框中的文字来改变文字的颜色。运行效果如图 6-8、图 6-9 所示。

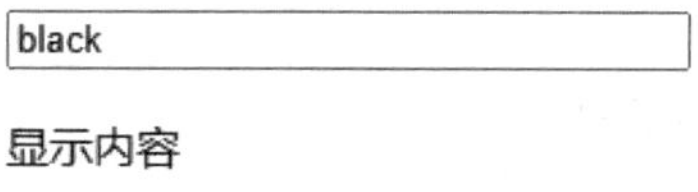

black

显示内容

图 6-8　输入为“black”时 v-bind 的运行效果

grey

显示内容

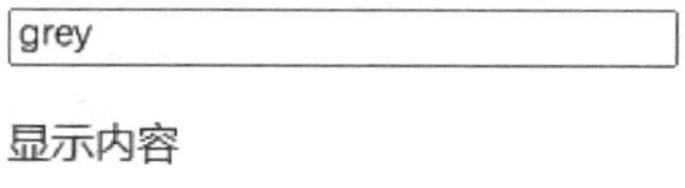

图 6-9　输入为“grey”时 v-bind 的运行效果

- v-on

处理自定义原生事件，比如可以绑定 click 事件、change 事件，v-on 的示例如代码清单 6-10 所示。

代码清单 6-10　v-on 示例

```
1.  <html lang="en">
2.  <head>
3.      <meta charset="UTF-8">
4.      <meta name="viewport" content="width=device-width, initial-scale=1.0">
5.      <meta http-equiv="X-UA-Compatible" content="ie=edge">
6.      <title>Document</title>
7.  </head>
8.  <body>
9.      <div id="app" style="border:black solid 1px; width: 300px;height: 200px;">
10.         <input type="button" value="按钮" v-on:click="clickButton" />
11.         <p>点击按钮，显示弹窗</p>
12.     </div>
13.     <script src="https://cdn.jsdelivr.net/npm/vue@2.6.14/dist/vue.js"></script>
14.     <script type="text/javascript">
15.         var app = new Vue({
16.             el: '#app', // app是Vue实例的挂载对象
17.             methods:{
18.                 clickButton:function(){
19.                     alert("You Click The Button!");
20.                 }
21.             }
22.         })
23.     </script>
24. </body>
25. </html>
```

在代码清单 6-10 中，第 10 行代码的 input 标签使用 v-on 指令为“clickButton”方法绑定了 click 事件，点击按钮后，将执行方法弹出对话框。运行效果如图 6-10 所示。

图 6-10　使用 v-on 绑定 click 事件

6.2.4　Vue 的事件处理

Vue 的事件处理主要是使用 v-on 指令来监听 DOM 事件，并在触发时执行 JavaScript 代码，示例如代码清单 6-11 所示。

代码清单 6-11　v-on 监听按钮点击示例

```
1.     <html lang="en">
2.     <head>
3.         <meta charset="UTF-8">
4.         <meta name="viewport" content="width=device-width, initial-scale=1.0">
5.         <meta http-equiv="X-UA-Compatible" content="ie=edge">
6.         <title>Document</title>
7.     </head>
8.     <body>
9.         <div id="example-1">
10.            <button v-on:click="counter += 1">Add 1</button>
11.            <p>The button above has been clicked {{ counter }} times.</p>
12.        </div>
13.        <script src="https://cdn.jsdelivr.net/npm/vue@2.6.14/dist/vue.js"></script>
14.        <script type="text/javascript">
15.            var example1 = new Vue({
16.                el: '#example-1',
17.                data: {
18.                    counter: 0
19.                }
20.            })
21.        </script>
22.    </body>
23.    </html>
```

在代码清单 6-11 中，第 10 行代码定义了类型为按钮的标签，并且使用 v-on 指令绑定了 click 事件，事件的内容为“counter += 1”，即将变量 counter 的值加 1。通过 Vue 的双向绑定，第 11 行代码将显示的数值和变量 counter 的值所绑定。

运行代码后，可以发现每按一次“Add 1”按钮，文字中的计数器就会加 1，运行效果如图 6-11 所示。

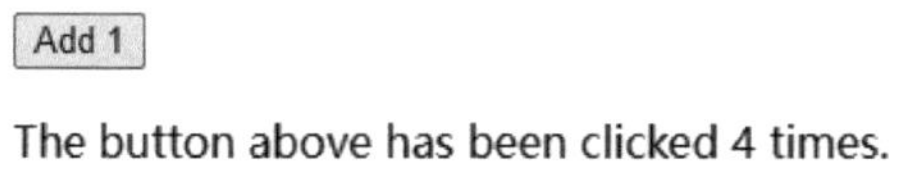

Add 1

The button above has been clicked 4 times.

图 6-11 v-on 监听按钮点击示例的运行效果

6.2.5 Vue 路由

Vue 路由（Vue Router）是 Vue 官方的路由管理器，它和 Vue 深度集成，主要使用在单页面 Web 应用的开发中，用于设定访问路径，并将路径和组件映射起来。Vue 路由主要有以下 5 个功能：

- 路径之间传递参数及获取应用；
- 命名视图和导航钩子；
- 子路由；
- 元数据及路径匹配；
- 手动访问和传递参数。

在 Vue 项目的工程化中，路由的使用相当重要，类似于拦截器的功能，Vue 路由可以判断用户登录状态。在 Vue 项目中使用 Vue 路由，仅需要将组件映射到路由，然后在路由中写明在哪里渲染组件即可。下面以最简单的单页面 Web 应用为例来介绍 Vue 路由的使用，如代码清单 6-12 所示。

代码清单 6-12 Vue 路由示例

```
1.   <!DOCTYPE html>
2.   <html lang="en">
3.   <head>
4.       <meta charset="UTF-8">
5.       <meta http-equiv="X-UA-Compatible" content="IE=edge">
6.       <meta name="viewport" content="width=device-width, initial-scale=1.0">
7.       <title>Document</title>
8.       <script src="https://cdn.jsdelivr.net/npm/vue@2.6.14/dist/vue.js"></script>
9.       <script src="https://unpkg.com/vue-router@3"></script>
10.  </head>
11.  <body>
12.      <div id="app">
13.          <h1>Hello App!</h1>
14.          <p>
15.              <router-link to="/foo">Go to Foo</router-link>
16.              <router-link to="/bar">Go to Bar</router-link>
17.          </p>
18.          <router-view></router-view>
19.      </div>
20.  </body>
21.  <script>
22.      const Foo = { template: '<div>foo</div>' }
23.      const Bar = { template: '<div>bar</div>' }
24.      const routes = [
25.          { path: '/foo', component: Foo },
26.          { path: '/bar', component: Bar }
27.      ]
28.      const router = new VueRouter({
29.          routes
```

```
30.         })
31.         const app = new Vue({
32.             router
33.         }).$mount('#app')
34.     </script>
35.     </html>
```

在代码清单6-12中，第15～16行代码使用<router-link>标签，支持在拥有路由功能的应用中进行导航，导航到to属性指定的目标地址中，在渲染时将会被渲染为带有链接的<a>标签。具体功能的定义在第21～34行的<script>标签中：第22～23行代码定义了Foo和Bar组件，这两个组件只是由简单的<div>标签包裹的文本块。第28行代码声明了routes变量，定义了/foo和/bar路径对应的组件，刚好与第15～16行的<router-link>标签中定义的路径对应。第31～33行代码是Vue实例的初始化过程，这3行代码将定义的router引入，使得整个Vue实例具有路由的功能。运行后，浏览器的路径后会加上"#/"，如图6-12所示。这是因为Vue路由默认使用Hash模式，即使用URL的Hash来模拟一个完整的URL，当URL改变时，页面不会重新加载。

图6-12　Vue路由示例运行效果

点击链接后地址栏中会加上"/foo"，并没有跳转到新页面，仅在页面中正确显示了代码中定义的"foo"，如图6-13所示。

图6-13　点击链接后的效果

6.2.6　axios

Vue推荐使用axios来完成Ajax请求。axios是一个基于Promise的HTTP客户端，可以在浏览器中使用，也可以在Node.js中使用。简单来说，axios就是前端流行的、简洁的、支持同步和异步的一个HTTP请求解决方案，它支持Chrome、火狐、Edge、IE8及以上版本的多种浏览器。

axios的特性有如下8点：

- 从浏览器中创建XMLHttpRequests；

- 从 Node.js 中创建 HTTP 请求；
- 支持 Promise API；
- 拦截请求和响应；
- 转换请求数据和响应数据；
- 取消请求；
- 自动转换 JSON 数据；
- 客户端支持防御 XSRF（Cross-site request forgery，跨站请求伪造）攻击。

在实际工程项目中，有以下 3 种常见的方式可以在项目中引入 axios。

- 可以通过 NPM 来安装使用 axios。

```
$ npm install axio
```

- 也可以使用 bower 安装 axios，然后在页面中引入 axios。

```
$ bower install axios
```

- 还可以使用 CDN 将 axios 引入到页面中。

```
<script src="https://unpkg.com/axios/dist/axios.min.js"></script>
```

下面以最简单的单页面 Web 应用为例，通过 axios 的 get 方法来读取 JSON 数据的前端代码，如代码清单 6-13 所示。

代码清单 6-13 axios 的 get 方法示例

```
1.    new Vue({
2.        el: '#app',
3.        data () {
4.            return {
5.                      info: null
6.                      }
7.        },
8.        mounted (){
9.               axios.get('/api/FormDemo')
10.                   .then(response => (this.info = response))
11.                   .catch(function (error) {
12.                    console.log(error);
13.                 });
14.         }
15.   }
```

在代码清单 6-13 中，第 9 行代码发起对/api/FormDemo 接口的请求。第 10 行代码将返回的结果与 info 属性绑定。第 11 行代码进行异常的捕捉。第 12 行代码输出了错误信息。

提示

在 ES2015（即 ES6）的正式发布版中，Promise 被列为正式规范。Promise 对象代表了未来将会发生的事件，用来传递异步操作的消息。Promise 对象可以将异步操作以同步操作的流程表达出来，避免使用层层嵌套的回调函数。此外，Promise 对象提供统一的接口，这使得异步操作的控制更加容易。Promise 也有 3 个缺点。第一，无法取消 Promise，一旦 Promise 被新建就会立即执行，无法中途取消；第二，如果不设置回调函数，Promise 内部抛出的错误不会反映到外部；第三，当 Promise 处于 pending 状态时，用户无法得知目前进展到哪一个阶段。

6.3 Element UI 组件库

6.3.1 Element UI 简介

Element UI 是一套采用 Vue 2.0 作为基础框架实现的组件库，一套为开发人员、设计人员和产品经理准备的基于 Vue 2.0 的组件库，提供了配套设计资源，帮助网站快速成型，目前在企业级应用中应用较为广泛。

Element UI 可以使用 NPM 方式进行安装，也可以很好地和 webpack 打包工具配合使用。

Element UI 具有以下 4 个特点。

1. 一致性（consistency）

- 与现实生活一致：与现实生活的流程和逻辑保持一致，遵循用户习惯的语言和概念。
- 在界面中保持一致：所有的元素和结构需保持一致，如设计样式、图标和文本、元素的位置等。

2. 反馈（feedback）

- 控制反馈：通过界面样式和动态效果让用户可以清晰的感知自己的操作。
- 页面反馈：在用户操作后，通过页面元素的变化可以清晰地展现当前状态。

3. 效率（efficiency）

- 简化流程：设计简洁直观的操作流程。
- 清晰明确：语言表达清晰且表意明确，让用户快速理解进而作出决策。
- 帮助用户识别：界面简单而直白，帮助用户快速识别，减少用户记忆负担。

4. 可控（controllability）

- 用户决策：根据场景可给予用户操作建议或安全提示，但不能代替用户进行决策。
- 结果可控：用户可以自由的进行操作，包括撤销、回退和终止当前操作等。

6.3.2 Element UI 组件简介

Element UI 提供了基础组件、表单组件、数据组件、通知组件、导航组件和其他组件这 6 类组件，近 60 个各种页面组件，如表 6-2 所示。Element UI 具体的样式和属性可参考 Element UI 官网，这里不再赘述。当本书后面使用到 Element UI 的具体组件时，我们再对使用到的组件作详细地解释。

表 6-2　Element UI 组件

组件分类	包含的页面组件
基础组件	布局（Layout）、布局容器（Container）、色彩（Color）、字体（Typography）、边框（Border）、图标（Icon）、按钮（Button）
表单组件	单选框（Radio）、多选框（Checkbox）、输入框（Input）、计数器（InputNumber）、选择器（Select）、级联选择器（Cascader）、开关（Switch）、滑块（Slider）、时间选择器（TimePicker）、日期选择器（DatePicker）、日期时间选择器（DateTimePicker）、上传（Upload）、评分（Rate）、颜色选择器（ColorPicker）、穿梭框（Transfer）、表单（Form）

续表

组件分类	包含的页面组件
数据组件	表格（Table）、标签（Tag）、进度条（Progress）、树形控件（Tree）、分页（Pagination）、标记（Badge）、头像（Avatar）、骨架屏（Skeleton）、空状态（Empty）、描述列表（Descriptions）、结果（Result）
通知组件	警告（Alert）、加载（Loading）、消息提示（Message）、弹框（MessageBox）
导航组件	导航菜单（NavMenu）、标签页（Tabs）、面包屑（Breadcrumb）、页头（PageHeader）、下拉菜单（Dropdown）、步骤条（Steps）
其他组件	对话框（Dialog）、文字提示（Tooltip）、弹出框（Popover）、气泡确认框（Popconfirm）、卡片（Card）、走马灯（Carousel）、折叠面板（Collapse）、时间线（Timeline）、分割线（Divider）、日历（Calendar）、图片（Image）、回到顶部（Backtop）、无限滚动（InfiniteScroll）、抽屉（Drawer）

对于企业级应用开发，比较频繁使用的是对业务数据增删改查，使用 Element UI 可以不对 UI 进行重新设计，直接使用开发好的组件，快速实现企业级页面。例如在查询表单业务中，可以使用 Element UI 提供的组件快速地对页面进行拼装。在页面顶部增加查询框，表格上面增加操作按钮，在表格底部增加分页，其效果如图 6-14 所示。

图 6-14 Element UI 风格的查询表单效果

6.4 实战：搭建前端开发环境

本节将介绍前端开发环境的搭建，包括如何安装轻量级代码编辑器 VS Code，如何安装和配置开源、跨平台的 JavaScript 运行时环境 Node.js，以及如何安装前端开发所需要使用的 webpack、vue-ui 和 Element UI。

6.4.1 安装 Visual Studio Code

Visual Studio Code（以下简称“VS Code”）是微软公司开源的轻量级代码编辑器，支持语法高亮、智能代码补全、自定义热键、括号匹配、代码片段、代码对比 diff、git 等特性，并针对网页开发和云端应用开发做了优化。

由于 VS Code 的扩展性强、用户界面友好，VS Code 越来越多的用于前端开发。在 VS Code 的官网可以直接下载 VS Code，运行安装程序后，按提示进行安装即可。安装完成后，打开 VS Code，其界面如图 6-15 所示。

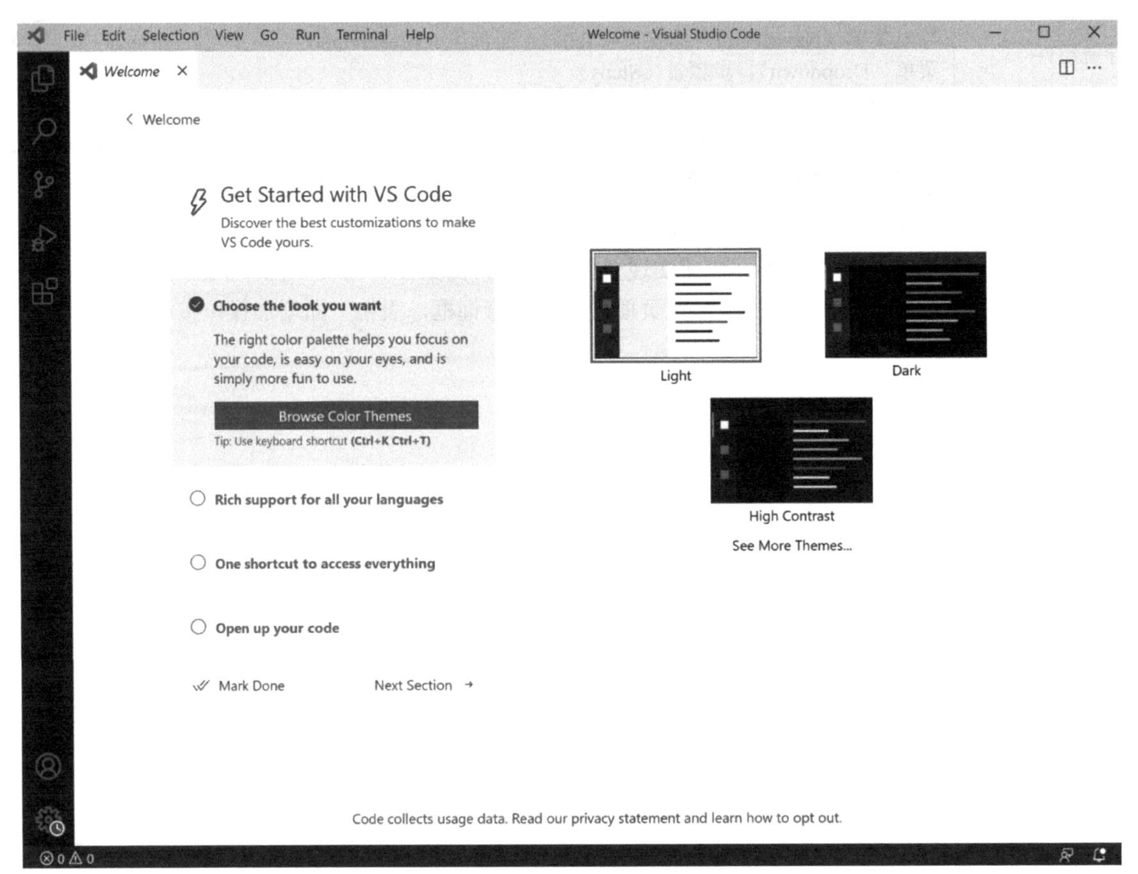

图 6-15　Visual Studio Code 界面

6.4.2　安装和配置 Node.js

Node.js 是一个开源、跨平台的 JavaScript 运行时环境，也是一套用来编写高性能网络服务器的 JavaScript 工具包。它的设计目标是通过使用高效、轻量级的事件驱动和非阻塞 I/O 模型，实现高性能 Web 服务器。在如今的前端开发过程中，许多构建工具、流行的库或框架都依赖于 Node.js。

1. 安装 Node.js

可以直接从官网下载 Node.js，如图 6-16 所示。建议选择并下载长期支持版本的 Windows 安装包，下载完成后直接运行安装程序，按提示进行安装即可。

图 6-16 从官网下载 Node.js

安装完 Node.js 后，在 VS Code 中打开终端，如图 6-17 所示。

图 6-17 在 VS Code 中打开终端

在终端中输入“node -v”，可以查看已安装的 Node.js 版本，如图 6-18 所示。

图 6-18 查看 Node.js 版本

2. 配置 Node.js

由于 Node.js 的默认包管理工具 npm 的源是在国外服务器上，速度较慢，因此可以选择 cnpm（淘宝 npmjs.org 镜像）作为源站进行安装，在终端中输入如下安装命令：

```
npm install -g cnpm --registry=https://registry.npm.taobao.org
```

可以使用 cnpm 命令替换 npm 命令进行下载和安装。

6.4.3　安装前端框架

在本书后续示例中，将使用 Vue 与 Element UI 的技术栈进行前端开发，这里我们使用 cnpm 命令来安装 webpack、vue-cli 和 Element UI，并且通过--location=global 参数进行全局安装。

1. 安装 webpack

webpack 是一个用于 JavaScript 应用程序的静态模块打包工具。当 webpack 处理应用程序时，它会先从内部一个或多个入口点构建出一个依赖图（dependency graph），然后将项目中所需的每个模块组合成一个或多个 bundle，这些 bundle 均为用于展示页面内容的静态资源。

在 VS Code 中打开终端，并在终端中输入如下命令：

```
cnpm install webpack --location=global
```

2. 安装 vue-cli

Vue 是一套用于构建用户界面的渐进式框架，而 vue-cli 是一个基于 Vue 进行快速开发的完整系统。

vue-cli 是 Vue 的命令行工具，主要用于搭建交互式脚手架、开发零配置原型、基于 webpack 进行构建并配置、扩展插件和 preset、创建 Vue 项目的用户界面管理等。

在 VS Code 中打开终端，并在终端中输入如下命令：

```
cnpm install @vue/cli --location=global
```

3. 安装 Element UI

在 VS Code 中打开终端，并在终端中输入如下命令：

```
cnpm install element-ui --location=global
```

6.5　实战：我的第一个前端应用

本节将介绍如何使用 VS Code 创建一个 Vue 前端应用、如何引入 Element UI 组件、如何增加 vue-router，以及如何通过 npm 的方式引入 axios 并实现前后端交互。

6.5.1　初始化 Vue 应用

在 cmd 终端中输入如下命令来创建项目：

```
vue create myfirstvue
```

其中，myfirstvue 是我们创建的项目的名称。安装过程中的信息如图 6-19 所示。在安装过程中我们选择 Vue 2。

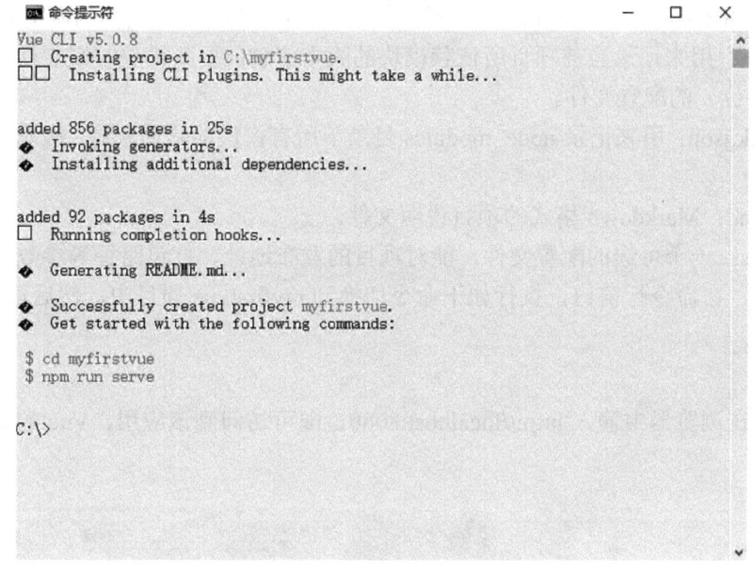

图 6-19 安装过程中的信息

打开项目目录，生成的目录结构如图 6-20 所示。

电脑 › 本地磁盘 (C:) › myfirstvue

名称	修改日期	类型	大小
node_modules	2023/1/25 1:48	文件夹	
public	2023/1/25 1:47	文件夹	
src	2023/1/25 1:47	文件夹	
.gitignore	2023/1/25 1:47	Git Ignore 源文件	1 KB
babel.config	2023/1/25 1:47	JavaScript 文件	1 KB
jsconfig	2023/1/25 1:47	JSON 源文件	1 KB
package	2023/1/25 1:47	JSON 源文件	1 KB
package-lock	2023/1/25 1:48	JSON 源文件	760 KB
README	2023/1/25 1:48	Markdown 源文件	1 KB
vue.config	2023/1/25 1:47	JavaScript 文件	1 KB

图 6-20 生成的目录结构

各目录说明如下所示。

- node_modules：npm 加载的项目依赖模块。
- public：公共静态资源目录，如图片、字体等。
- src：存放源码的目录，开发工作的主目录，目录中包含的子目录及文件有 assets（存放项目中的静态文件，包括但不限于项目中使用到的图片、字体图标、样式文件等，assets 目录存放的静态文件会在运行打包时对文件体积进行压缩）、components（存放组件的目录）、App.vue（项目入口文件，也可以直接将组件写在这个文件中，而不使用 components 目录）、main.js（项目的核心文件）。
- .gitignore：git 仓库的配置文件，用来设置 git 无须对哪些文件或目录进行版本管理。
- babel.config.js：JavaScript 编译器 Babel 的配置文件，默认配置了 babel-plugin-transform-vue-jsx 插件，用来支持 JSX 语法。

- jsconfig.js：用来定义JavaScript项目的配置文件，指定了编译项目所需的源文件以及编译器选项。
- package.json：用来记录当前项目所依赖模块的版本信息，更新模块时锁定模块的大版本号（版本号的第一位）的配置文件。
- package-lock.json：用来记录node_modules目录下所有模块的具体来源、版本号以及其他信息的配置文件。
- README.md：Markdown格式的项目说明文件。
- vue.config.js：一个可选的配置文件，能对项目的发布地址、打包路径等参数进行配置。

初始化项目后，在命令行窗口，执行如下命令切换到myfirstvue项目中，然后运行项目。

```
cd myfirstvue
cnpm run serve
```

运行项目后，在浏览器中输入http://localhost:8080，即可访问到该应用，Vue的欢迎页面如图6-21所示。

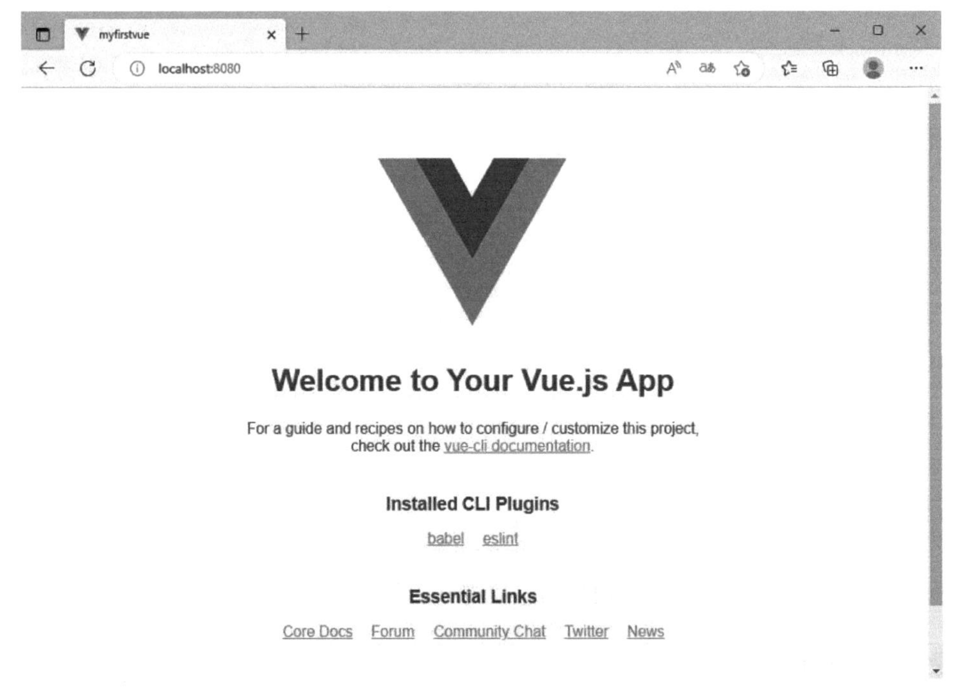

图6-21　Vue的欢迎页面

提示

单页面Web应用（single page web application，SPA），就是只有一个Web页面的应用。单页面Web应用是加载单个HTML页面并在用户与应用程序交互时动态更新该页面的Web应用程序。浏览器一开始会加载必需的HTML、CSS和JavaScript，所有的操作都在同一个页面上完成，都由JavaScript来控制。因此，对单页面Web应用来说，模块化的开发和设计显得相当重要。

接下来，打开VS Code，选择“打开文件夹”，打开刚刚创建的项目，如图6-22所示。

图 6-22　VS Code 项目

6.5.2　引入 Element UI 组件

在 VS Code 中单击终端菜单，选择“新建终端项”，然后在打开的终端中，通过 cnpm 命令的方式引入 Element UI 组件，命令如下：

```
cnpm install element-ui --save
```

通过 cnpm 命令引入 element-ui，安装结果如图 6-23 所示。

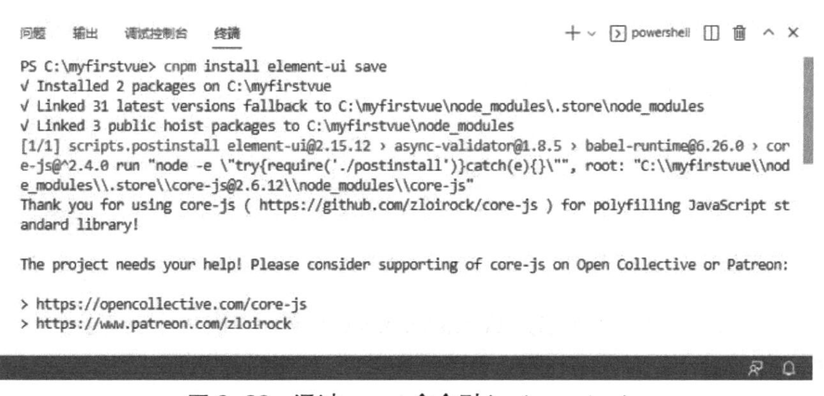

图 6-23　通过 cnpm 命令引入 element-ui

提示

save 参数表示安装包信息将加入到 dependencies 中，这些脚本是需要在包含到生产阶段发布包的依赖。

安装完成后，打开 VS Code 查看项目目录中的 package.json，如图 6-24 所示，可以发现已经添加了 Element UI 的依赖。

```
{} package.json > ...
1   {
2     "name": "myfirstvue",
3     "version": "0.1.0",
4     "private": true,
      ▷ 调试
5     "scripts": {
6       "serve": "vue-cli-service serve",
7       "build": "vue-cli-service build",
8       "lint": "vue-cli-service lint"
9     },
10    "dependencies": {
11      "core-js": "^3.8.3",
12      "element-ui": "^2.15.12",
13      "save": "^2.9.0",
14      "vue": "^2.6.14"
15    },
16    "devDependencies": {
17      "@babel/core": "^7.12.16",
18      "@babel/eslint-parser": "^7.12.16",
19      "@vue/cli-plugin-babel": "~5.0.0",
20      "@vue/cli-plugin-eslint": "~5.0.0",
21      "@vue/cli-service": "~5.0.0",
22      "eslint": "^7.32.0",
23      "eslint-plugin-vue": "^8.0.3",
24      "vue-template-compiler": "^2.6.14"
25    },
```

图 6-24　查看 package.json

随后，如代码清单 6-14 所示，在 main.js 中第 3 行代码引入 Element UI 组件库，第 4 行代码引入组件库的相关样式，第 6 行代码配置 Vue 插件代码。

代码清单 6-14　在 main.js 中引入 Element UI 组件库、组件库的相关样式和 Vue 插件代码

```
1.    import Vue from 'vue'
2.    import App from './App.vue'
3.    import ElementUI from 'element-ui'
4.    import 'element-ui/lib/theme-chalk/index.css'
5.    Vue.config.productionTip = false
6.    Vue.use(ElementUI)
7.    new Vue({
8.       render: h => h(App),
9.    }).$mount('#app')
```

在 components 目录中，新增一个名为 FormDemo.vue 的文件，该文件定义了一个表单填写的组件，包括文本输入框、下拉选项、时间选择器、文本域和按钮，如代码清单 6-15 所示。

代码清单 6-15　表单 FormDemo.vue

```
1.    <template>
2.      <el-form ref="form" :model="form" label-width="120px">
3.        <el-form-item label="活动名称">
4.          <el-input v-model="form.name"></el-input>
5.        </el-form-item>
```

```
6.        <el-form-item label="活动区域">
7.          <el-select v-model="form.region" placeholder="请选择区域">
8.            <el-option label="北京地区" value="shanghai"></el-option>
9.            <el-option label="上海地区" value="beijing"></el-option>
10.         </el-select>
11.       </el-form-item>
12.       <el-form-item label="活动时间">
13.         <el-col :span="11">
14.           <el-date-picker v-model="form.date1" type="date" placeholder="选择开始时间" style=
      "width: 100%"></el-date-picker>
15.         </el-col>
16.         <el-col class="line" :span="2">-</el-col>
17.         <el-col :span="11">
18.           <el-time-picker v-model="form.date2" placeholder="选择结束时间" style="width:
      100%"></el-time-picker>
19.         </el-col>
20.       </el-form-item>
21.       <el-form-item label="活动说明">
22.         <el-input v-model="form.desc" type="textarea"></el-input>
23.       </el-form-item>
24.       <el-form-item>
25.         <el-button type="primary" @click="onSubmit">Create</el-button>
26.         <el-button>Cancel</el-button>
27.       </el-form-item>
28.     </el-form>
29.   </template>
30.
31.       <script>
32.   export default {
33.     name: "FormDemo",
34.     data() {
35.       return {
36.         form: {
37.           name: "",
38.           region: "",
39.           date1: "",
40.           date2: ""
41.         }
42.       };
43.     },
44.     methods: {
45.       onSubmit() {
46.         console.log("submit!");
47.       }
48.     }
49.   };
50.   </script>
```

6.5.3 增加 vue-router

在 VS Code 中单击终端菜单，选择“新建终端项”，在打开的终端中输入如下命令，使用 vue-cli 来引入 vue-router 组件。

```
vue add router
```

执行完命令后，工程文件中会新增 vue-router 组件和 vue-router 的示例文件。在 src/router 目录中，新增了 index.js 文件，该文件中定义了项目的路由，这里我们将/FormDemo 路径指向 FormDemo 组件。修改后的文件内容如代码清单 6-16 所示。

代码清单 6-16　路由 index.js

```
1.    import Vue from 'vue'
2.    import Router from 'vue-router'
3.    import HelloWorld from '@/components/HelloWorld'
4.    import FormDemo from '@/components/FormDemo'
5.    Vue.use(Router)
6.
7.    export default new Router({
8.        routes: [
9.            {
10.               path: '/',
11.               name: 'HelloWorld',
12.               component: HelloWorld
13.           },
14.           {
15.               path: '/FormDemo',
16.               name: 'FormDemo',
17.               component: FormDemo
18.           }
19.       ]
20.   })
```

在 main.js 中，第 2 行代码自动引入 Vue 路由，并且在第 8 行初始化 Vue 的方法中对路由进行了初始化，修改后的文件内容如代码清单 6-17 所示。

代码清单 6-17　在 main.js 中引入 router

```
1.    import Vue from 'vue'
2.    import App from './App.vue'
3.    import router from './router'
4.    import ElementUI from 'element-ui'
5.    import 'element-ui/lib/theme-chalk/index.css'
6.    Vue.config.productionTip = false
7.    Vue.use(ElementUI)
8.    new Vue({
9.      router,
10.     render: h => h(App),
11.   }).$mount('#app')
```

接下来，在 App.vue 组件的 template 标签中加入 router 全局组件，如代码清单 6-18 所示。

代码清单 6-18　App.vue 中加入 router

```
1.    <template>
2.      <div id="app">
3.        <img alt="Vue logo" src="./assets/logo.png">
4.        <router-view/>
5.      </div>
6.    </template>
7.
8.    <script>
9.
10.   export default {
```

```
11.      name: 'App',
12.    }
13.    </script>
14.
15.    <style>
16.    #app {
17.      font-family: Avenir, Helvetica, Arial, sans-serif;
18.      -webkit-font-smoothing: antialiased;
19.      -moz-osx-font-smoothing: grayscale;
20.      text-align: center;
21.      color: #2c3e50;
22.      margin-top: 60px;
23.    }
24.    </style>
```

保存所有文件，在终端中运行 cnpm run serve，访问 http://localhost:8080/#/FormDemo，即可访问到示例页面，运行效果如图 6-25 所示。

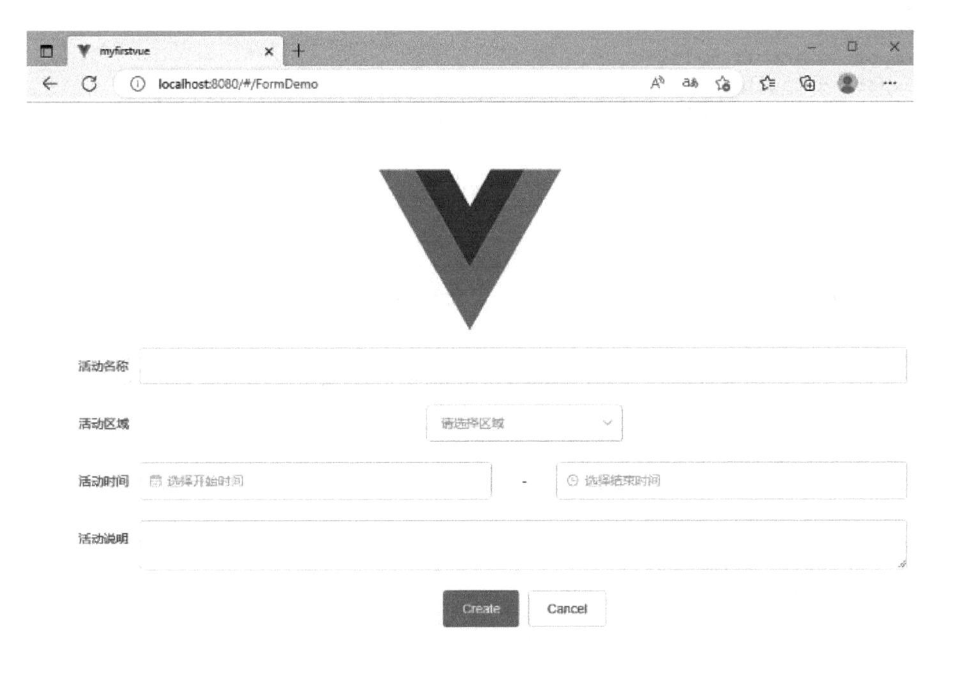

图 6-25　FormDemo 表单的运行效果

6.5.4　实现前后端交互

在 VS Code 中单击终端菜单，选择“新建终端项”，在打开的终端中输入如下命令，通过 cnpm 命令引入 axios。

```
cnpm install axios --save
```

然后，新建 LoginFrom.vue，增加登录页面，如代码清单 6-19 所示，代码中包含登录页面组件、表单验证和 axios 请求数据。

码清单 6-19　表单 LoginForm.vue

```
1.    <template>
2.      <div>
3.        <el-form ref="loginForm" :model="form" :rules="rules" label-width="80px" class="login
      -box">
4.          <h3 class="login-title">登录</h3>
5.          <el-form-item label="账号" prop="username">
6.            <el-input type="text" placeholder="请输入账号" v-model="form.username" />
7.          </el-form-item>
8.          <el-form-item label="密码" prop="password">
9.            <el-input type="password" placeholder="请输入密码" v-model="form.password" />
10.         </el-form-item>
11.         <el-form-item>
12.           <el-button type="primary" v-on:click="onSubmit('loginForm')">登录</el-button>
13.         </el-form-item>
14.       </el-form>
15.     </div>
16.   </template>
17.   <script>
18.   import axios from "axios";
19.   export default {
20.     name: "LoginForm",
21.     data() {
22.       return {
23.         form: {
24.           username: "",
25.           password: ""
26.         },
27.         // 表单验证，需要在 el-form-item 元素中增加 prop 属性
28.         rules: {
29.           username: [
30.             { required: true, message: "账号不可为空", trigger: "blur" }
31.           ],
32.           password: [{ required: true, message: "密码不可为空", trigger: "blur" }]
33.         }
34.       };
35.     },
36.     methods: {
37.       onSubmit(formName) {
38.         // 为表单绑定验证功能
39.         this.$refs[formName].validate(valid => {
40.           if (valid) {
41.             axios
42.               .post("/api/bm01login/login")
43.               .then(response => {
44.                   if(response.data && response.data.flag == 0) {
45.                        this.$router.push("/FormDemo");
46.                   }
47.               })
48.               .catch(error=> {
49.                   console.log(error);
50.               });
51.           }
52.         });
53.       }
54.     }
55.   };
56.   </script>
```

提示

通过 vue-cli 创建的工程带有 ESlint，包含代码风格检查，如组件名必须为多个单词的驼峰格式，否则无法通过项目构建阶段的规范检查。

随后，将/router/index.js 中 HelloWorld 组件更换为 LoginForm 组件，如代码清单 6-20 所示，第 2 行代码引入路由组件，第 10～12 行代码配置登录路由。

代码清单 6-20 router.js 中更改组件

```
1.    import Vue from 'vue'
2.    import Router from 'vue-router'
3.    import Login from '@/components/LoginForm'
4.    import FormDemo from '@/components/FormDemo'
5.    Vue.use(Router)
6.
7.    export default new Router({
8.        routes: [
9.            {
10.               path: '/',
11.               name: 'LoginForm',
12.               component: LoginForm
13.           },
14.           {
15.                path: '/FormDemo',
16.               name: 'FormDemo',
17.               component: FormDemo
18.           }
19.       ]
20.   })
```

保存所有文件，在终端运行 cnpm run serve，访问 http://localhost:8080/，即可看到示例页面，显示出的登录页面如图 6-26 所示。

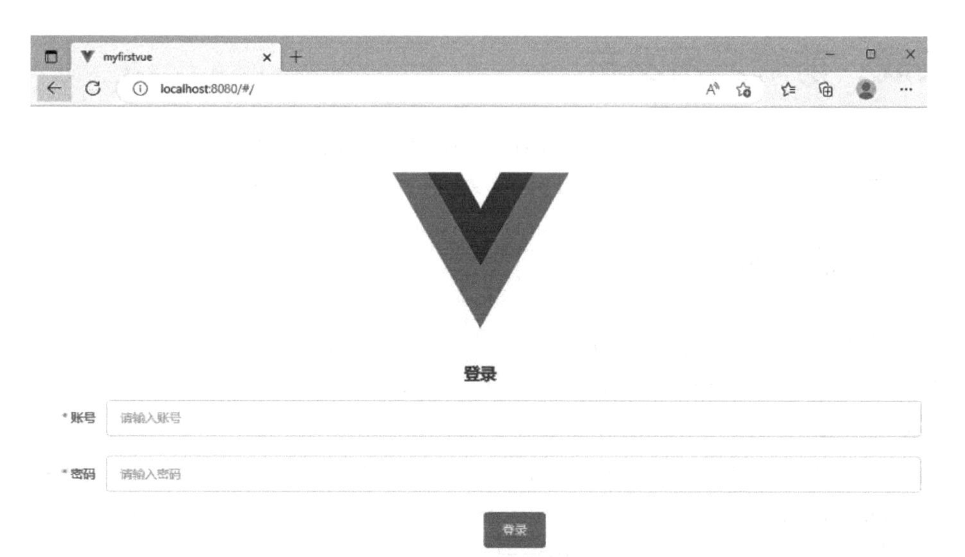

图 6-26 登录页面

输入账号和密码，通过调用 API 访问后端服务来校验账号和密码是否正确，如果正确则跳转到 FormDemo 页面，该页面效果如图 6-27 所示。

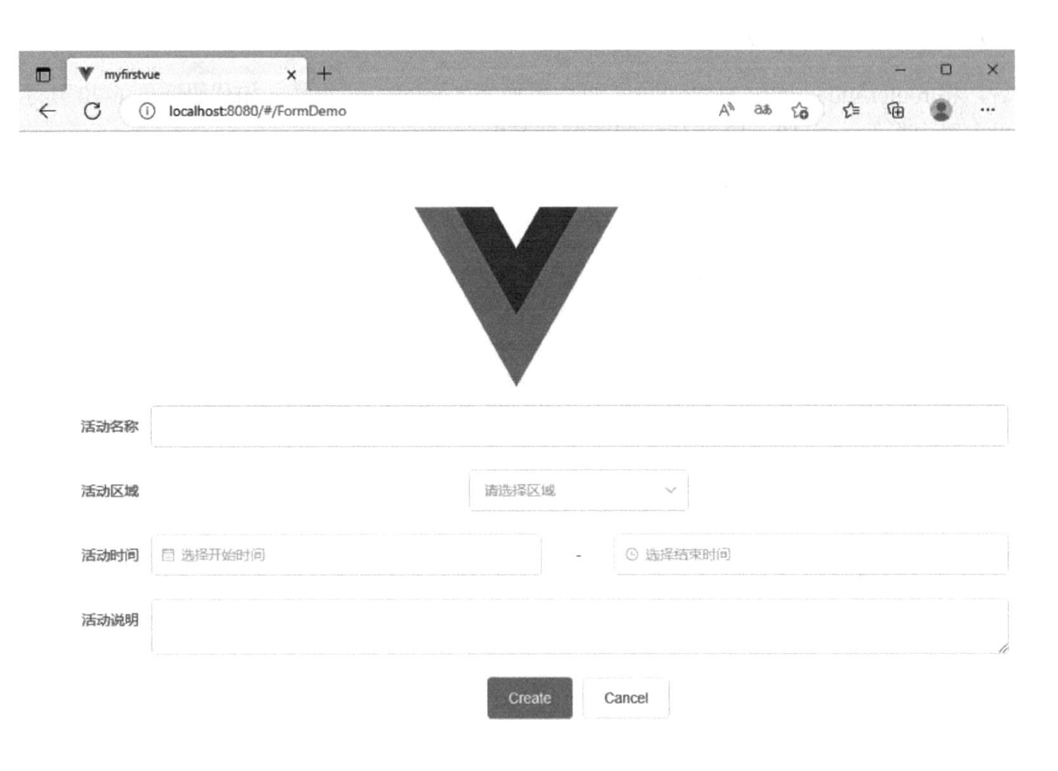

图 6-27　FormDemo 页面效果

6.6　实战：前端应用发布

在发布前后端分离的企业级应用时，通常前端应用会被发布到独立的 Web 服务器中，如 nginx、Apache 等。下面我们就以当前被广泛应用的 nginx 为例，讲解一下如何进行前端应用发布。

6.6.1　nginx 的安装

nginx 是一个高性能、支持高并发的开源 Web 服务器，因其占用资源少、性能高、支持高并发，并且能够提供负载均衡和缓存服务，在企业级应用中被广泛应用。

1. nginx 的下载

nginx 采用类 BSD 协议的许可证进行发布，可以直接从官网上下载，nginx 官网如图 6-28 所示。

其中，“Mainline version”指最新版本，“Stable version”指稳定版本，“Legacy versions”指老旧版本。我们选择稳定版本的 nginx-1.18.0 Windows 版本进行下载。

nginx: download

Mainline version		
CHANGES	nginx-1.19.3 pgp	nginx/Windows-1.19.3 pgp
Stable version		
CHANGES-1.18	nginx-1.18.0 pgp	nginx/Windows-1.18.0 pgp
Legacy versions		
CHANGES-1.16	nginx-1.16.1 pgp	nginx/Windows-1.16.1 pgp
CHANGES-1.14	nginx-1.14.2 pgp	nginx/Windows-1.14.2 pgp
CHANGES-1.12	nginx-1.12.2 pgp	nginx/Windows-1.12.2 pgp
CHANGES-1.10	nginx-1.10.3 pgp	nginx/Windows-1.10.3 pgp
CHANGES-1.8	nginx-1.8.1 pgp	nginx/Windows-1.8.1 pgp
CHANGES-1.6	nginx-1.6.3 pgp	nginx/Windows-1.6.3 pgp
CHANGES-1.4	nginx-1.4.7 pgp	nginx/Windows-1.4.7 pgp
CHANGES-1.2	nginx-1.2.9 pgp	nginx/Windows-1.2.9 pgp
CHANGES-1.0	nginx-1.0.15 pgp	nginx/Windows-1.0.15 pgp
CHANGES-0.8	nginx-0.8.55 pgp	nginx/Windows-0.8.55 pgp
CHANGES-0.7	nginx-0.7.69 pgp	nginx/Windows-0.7.69 pgp
CHANGES-0.6	nginx-0.6.39 pgp	
CHANGES-0.5	nginx-0.5.38 pgp	

图 6-28 nginx 官网

2. nginx 的安装

下载完成后，首先选择合适位置进行解压，即可完成安装，这里以 C:/Java/nginx-1.8.10 为例。

解压完成之后，在 nginx 根目录新建 nginx-startup.bat 和 nginx-shutdown.bat，分别作为 nginx 的启动和停止命令。

nginx 的启动如代码清单 6-21 所示。

代码清单 6-21 nginx 的启动

```
1.    @echo off
2.    title nginx Running
3.    start /b nginx.exe -c conf/nginx.conf
```

nginx 的停止如代码清单 6-22 所示。

代码清单 6-22 nginx 的停止

```
1.    @echo off
2.    title nginx Stop
3.    nginx -s stop
```

nginx 的默认配置文件为根目录下 conf 文件夹中的 nginx.conf 文件，在启动时还可使用-c 参数指定配置文件的地址。

使用 nginx-startup.bat 启动时，启动命令没有常驻命令行窗口，如图 6-29 所示，可在任务管理器中查看 nginx 的状态。

启动后能在任务管理器中找到 nginx 的相关进程：一个 master 进程和一个 worker 进程。

任务管理器

文件(F)　选项(O)　查看(V)

进程　性能　应用历史记录　启动　用户　详细信息　服务

名称	PID	状态	用户名	CPU	内存(活动...	UAC 虚拟化
MicrosoftEdge.exe	8380	正在运行	user	00	16,812 K	已禁用
MicrosoftEdgeCP....	3488	正在运行	user	00	110,932 K	已禁用
MicrosoftEdgeCP....	13168	正在运行	user	02	47,644 K	已禁用
MicrosoftEdgeCP....	10276	正在运行	user	00	4,280 K	已禁用
MicrosoftEdgeCP....	10500	正在运行	user	00	4,268 K	已禁用
MicrosoftEdgeSH....	12704	正在运行	user	00	2,996 K	已禁用
MoUsoCoreWorke...	11424	正在运行	SYSTEM	00	18,596 K	不允许
MsMpEng.exe	7424	正在运行	SYSTEM	00	467,412 K	不允许
mysqld.exe	3816	正在运行	SYSTEM	00	1,808 K	不允许
nginx.exe	5540	正在运行	user	00	1,480 K	已启用
nginx.exe	3940	正在运行	user	00	1,148 K	已启用
NisSrv.exe	2040	正在运行	LOCAL SE...	00	2,496 K	不允许
notepad.exe	12272	正在运行	user	00	2,040 K	已禁用
notepad.exe	1172	正在运行	user	00	872 K	已禁用
OneDrive.exe	7128	正在运行	user	00	7,012 K	已禁用

图 6-29　查看 nginx 的状态

3. nginx 的基本配置与优化

在实际使用中，可以通过对 nginx 参数的配置和优化，实现定制化的应用需求，并大幅度地提升运行性能。

- 监听自定义端口：nginx 默认监听 80 端口，如图 6-30 所示，可以修改 server 块中 listen 的端口号来监听自定义端口。

```
server {
    listen       80;
    server_name  localhost;

    #charset koi8-r;

    #access_log  logs/host.access.log  main;

    location / {
        root   html;
        index  index.html index.htm;
    }
```

图 6-30　nginx 监听端口

- 文件服务器：nginx 可以根据请求 URI 将选定格式的请求转发到指定的路径中。如图中 6-31 所示，请求 gif、jpg、jpeg、png 等格式的文件时，将会直接从 C:/apache-tomcat-7.0.105/webapps/ 目录中进行查找，这样可以实现资源文件的动静分离，提升服务器的性能。

```
#access_log  logs/host.access.log  main;

location ~ .*\.(gif|jpg|jpeg|png|bmp|swf|ico|svg|js|css|html)$ {
    root    "C:/apache-tomcat-7.0.105/webapps/";
    autoindex on;
    expires 24h;
}
```

图 6-31　将 nginx 看作文件服务器

- gzip 压缩：nginx 可以先压缩返回结果，再返回给客户端，能够有效地减少请求所需的流量，如图 6-32 所示。

```
server {
    listen       80;
    server_name  localhost;
    #使用gzip压缩
    gzip on;
    gzip_buffers 16 8k;
    gzip_comp_level 2;
    gzip_types text/plain application/json application/css text/javascript applic

    location ~ .*\.(gif|jpg|jpeg|png|bmp|swf|ico|svg|js|css|html)$ {
        root   "C:/apache-tomcat-7.0.105/webapps/";
        autoindex on;
        expires 24h;
    }
```

图 6-32　gzip 压缩

6.6.2 前端应用打包及发布

本节将以 6.5 节的 MYFIRSTVUE 项目为例，介绍如何对前端应用进行打包和发布。

进入到 MYFIRSTVUE 项目根目录中，运行 npm run build 或 cnpm run build，即可进行打包。打包结束后，会在根目录中生成 dist 目录，其结构如图 6-33 所示。

图 6-33　dist 目录结构

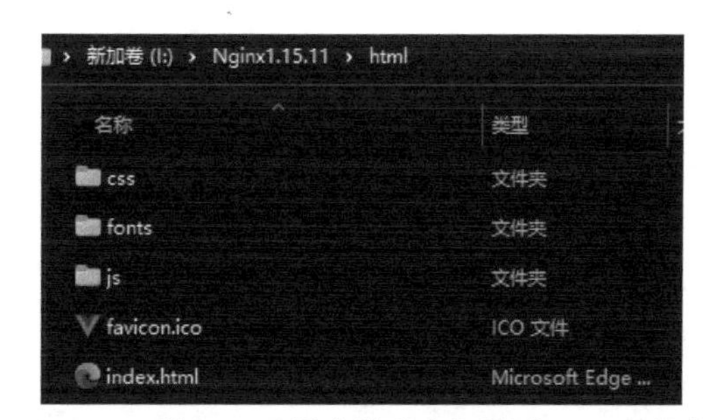

图 6-34　将 dist 目录中的内容复制到 html 目录中

其中，index.html 文件是 MYFIRSTVUE 这个单页面 Web 应用的入口，css 目录存放了项目的所有样式表文件，fonts 目录存放了所有字体文件，js 目录存放了所有脚本文件。

将 MYFIRSTVUE 项目 dist 目录中的所有内容，复制到 nginx 的 html 目录中，如图 6-34 所示。

在 nginx 的配置文件中，需要配置 server 中的 location 指向 html 目录，配置内容如代码清单 6-23 所示。

代码清单 6-23　nginx 中 server 的配置

```
1.    server {
2.            gzip on;
3.            listen 8000;
4.            location / {
5.                root   html;
6.                index  index.html index.htm;
7.            }
8.        }
```

在重启 nginx 后，访问 http://localhost:8000，即可打开原有的 MYFIRSTVUE 项目，访问 http://localhost:8000/#/FormDemo，即可打开到示例表单页面。

第 7 章　企业级应用基础开发框架的设计与搭建

本章将以 Spring Boot 为后台、以 Vue 和 Elemnet UI 为前台，搭建一个轻量级的、基于开源的企业级应用基础开发框架，可以满足一般企业级应用开发的需要。在这里我们把这个企业级应用基础开发框架命名为 JEELP（Java EE Lightweight Platform）。通过企业级应用基础开发框架的设计与搭建，可以提高信息系统的建设质量、降低项目成本、简化运维。

7.1　建设目标

在企业级应用开发过程中，看似需要开发很多的代码，但许多代码又都是重复的，大同小异，为了规避不同开发人员水平差异造成的代码开发效率低下，避免产生代码质量问题，有必要构建一个公共的、基础的开发框架，方便开发人员进行日常的开发工作。JEELP 的建设目标有以下 4 个。

1. 降本增效

企业级应用基础开发框架的首要目标是提高代码重用率，快速构建代码，提高开发效率，降低开发成本，提高团队的竞争能力。绝大多数软件产品是追逐利润的，在产品目标确定的情况下，有两个途径来优化成本：提高单位时间的开发产出和降低运维成本。

2. 规约优先

通过一定的规约来规范开发过程，增强程序的可读性和可维护性。规约也可以被称为规范，规约不是标准，规约的作用是为了让同一个团队代码风格统一，减少协作的复杂性，确保后续可以方便地进行维护和修改。不同团队遵循的规约允许存在差异，但是同一团队的规约必须是统一的。团队成员必须严格遵守。规约不是一成不变的，会随着环境的变化、技术的进步而不断演进。

3. 组件化开发

为了提高项目开发效率，必须让开发人员专注于业务的实现，而不必重复地“造轮子”，因此有必要提供一个组件化的、扩展性强的技术框架作为支撑。组件应该是基础的、可复用的、独立于业务之外的。

4. 统一解决兼容问题

需要具备跨平台兼容的特性，主要是解决操作系统兼容性、异构数据库兼容性、运行环境兼容性的问题，即可支持多种中间件、数据库和浏览器。

提示

规约是指大家必须遵守的规则，制定规约的意义在于方便代码的交流和维护，不影响编码的效率，不与大众习惯冲突，可以使代码更美观、阅读更方便，也可以使代码的逻辑更清晰、更易于理解。

7.2　系统设计

软件系统设计是构造目标系统"怎么做"的模型描述，即对将要实现的软件系统的体系结构、系统的数据、系统模块间的接口，以及所采用的算法给出详尽的描述。本节主要从系统功能需求出发，介绍了 JEELP 的功能设计、系统的技术架构设计等。

7.2.1　系统功能需求

软件开发过程的第一个步骤就是明确系统的需求。JEELP 轻量级应用开发框架主要是解决企业级应用开发过程中通用的、公共的问题，面向系统管理员，提供用户管理、权限管理、访问控制、日志管理、节假日管理、文件上传等业务实现。除了系统的框架代码，还包括系统开发的各种规范、规约和过程管控。

7.2.2　系统功能设计

根据系统的功能需求，JEELP 轻量级应用开发框架主要提供登录鉴权管理、权限管理、系统管理、示例程序等公共基础功能。

- 登录鉴权管理：包含用户登录、用户登出、在线用户管理等功能。
- 权限管理：包含功能树管理、角色维护、岗位维护、用户管理、岗位角色维护、人员岗位维护等功能。
- 系统管理：包含参数管理、附件管理、节假日管理、序列号管理、组织机构、日志管理、标准代码管理等功能。
- 示例程序：包含附件上传、增删改查、三级联动、节假日计算等功能。

JEELP 轻量级应用开发框架的系统功能设计如图 7-1 所示。

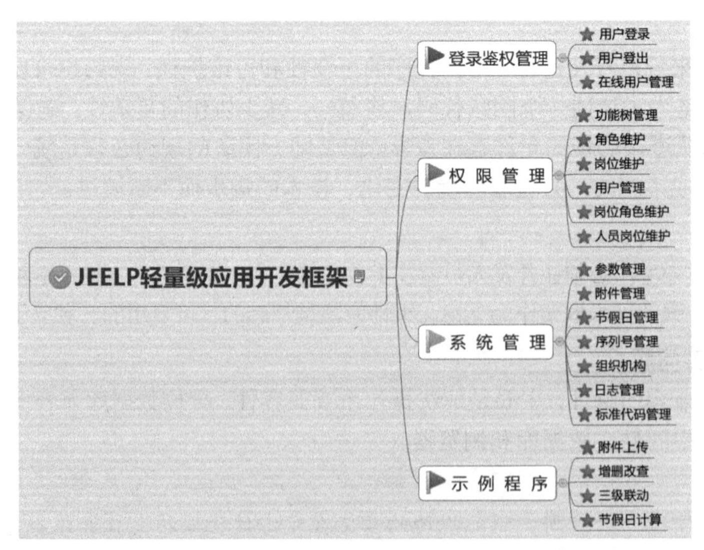

图 7-1　JEELP 轻量级应用开发框架的系统功能设计

7.2.3 系统技术架构设计

JEELP 轻量级应用开发框架为典型的三层架构，自顶向下分别为用户展现层、业务应用层、数据层，每一层都只与其相邻层之间通信，并保持实现上的相互独立，各层之间采取松耦合方式集成。同时，作为企业级应用也离不开两个支撑保障体系，即软件开发的标准规范体系、系统的信息安全体系。JEELP 轻量级应用开发框架的系统架构如图 7-2 所示。

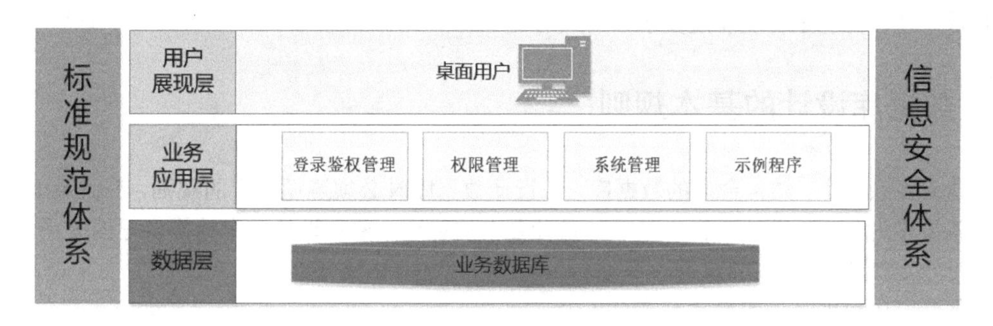

图 7-2 JEELP 轻量级应用开发框架的系统架构

- 用户展现层是直接与用户交互的层面。用户展现层要为用户提供一个具有良好操作性的交互界面。通过规范化的流程、友好的人机界面，根据面向对象和组件化思想来实现，提高系统的可操作性。用户展现层采用 B/S 操作方式，使用 Vue+Elemnet UI 技术进行开发，兼容主流浏览器。
- 业务应用层封装了业务逻辑，处理用户展现层请求，调用业务服务并返回请求结果，从数据中生成业务信息，保证业务的一致性。
- 数据层是系统信息汇集、存储和管理的核心，包括数据的定义、数据的持久化和检索，保障数据一致性。

组成 JEELP 的主要技术栈如表 7-1 所示。

表 7-1 系统技术选型表

主要技术栈选型	说明
JDK	OpenJDK 8
后台	Spring Boot 2.5.1、Spring Framework 5.3.8
前台	Vue 2、Element UI
ORM	MyBatis
HTTP 服务器	nginx
图表工具	Echart
缓存服务器	Redis
数据库	MySQL 8.0.13 及以上版本或 MariaDB 10.3.29 及以上版本

提示

技术栈就是多种技术的堆叠，一般来说是指将 N 种技术互相组合在一起（$N>1$），组合成一个有机的整体来实现某种目的或功能。技术栈也可以指掌握这些技术以及配合使用的经验。

7.3　数据库设计

对企业级业务系统的建设来说，数据库的表结构设计应该是重中之重，数据库的表结构关系到系统的结构是否合理、性能是否能满足要求。

7.3.1　数据库设计的基本规则

为了建立冗余较小、结构合理的数据库，在设计数据库时必须遵循一定的规则，在关系型数据库中这种规则就被称为范式。范式是符合某一种设计要求的总结。要想设计一个结构合理的关系型数据库，就必须满足一定的范式要求。

在实际开发中最为常见的设计范式有3个。

- 第一范式（确保每列保持原子性）

第一范式是最基本的范式。如果数据表中的所有字段值都是不可分解的原子值，就说明该数据表满足了第一范式。

- 第二范式（确保表中的每列都和主键相关）

第二范式在第一范式的基础之上更进一层。第二范式需要确保数据表中的每一列都和主键相关，而不能只与主键的某一部分相关（主要针对联合主键而言）。也就是说，在一个数据表中，一个表中只能保存一种数据，不可以把多种数据保存在同一张数据表中。

- 第三范式（确保每列都和主键列直接相关，而不是间接相关）

第三范式需要确保数据表中的每一列数据都和主键直接相关，而不能间接相关。比如在设计一个订单数据表的时候，可以将客户编号作为一个外键和订单表建立相应的关系，而不可以在订单表中添加关于客户其他信息（比如姓名、所属公司等）的字段。

提示

大家都清楚，数据库设计要遵循三大范式。但这里我想说的是，第三范式未必是最优的选择。在某些情况下，我们把某些字段作冗余设计，可以简化数据库查询，减轻数据库压力。简单来说，字段冗余就是用空间换取时间的一种数据库设计方案。

7.3.2　数据库设计的基本方法

我们将数据表分为两个基本的大类：实体数据表和辅助表。

1. 实体数据表

一般来说，我们可以把与业务相关的实体数据拆分成主表-子表-映射表的结构，就可以解决绝大多数的业务问题。

- 主表这里是指具有独立的数据逻辑意义的表，如一个学生成绩管理系统中的学生表和课程表。
- 子表是指从属于某一主表的数据定义表，如一个学生成绩管理系统中的成绩表。
- 映射表是指两个数据表之间的关联表，一般是一对多关系或多对多关系，如学生成绩管理系统中的选课关系表。

在某些情况下，很难选择出子表与一对多关系的映射表的最优设计，在实践中主要根据面向对象的设计方法，从实际的关系来推断是使用主子表关系还是映射表关系。

2. 辅助表

虽然系统中有一些数据表与业务的实体模型无关，但却是系统运行不可或缺的，如系统表、代码表、字典表。

- 系统表是指一些系统级的参数，相当于全局变量一样。
- 代码表是指具体固定字段的表结构（如 code、name、spell 这 3 个固定字段），而且数据基本上是不会随便改变的（即使变更，频率也极低），如行政区划代码。
- 字典表是指除了上述固定字段外，可以有其他业务字段，这些表中数据的变更频率要比代码表频繁得多，而且一般情况下要为用户提供对这些字典数据的编辑功能。

数据表还要有一些公共的默认字段，主要用来解决一些与具体业务无关的通用业务问题，如数据的录入时间、修改时间、录入人、修改人、删除标志（防止数据误删或传输时同步使用）等。

7.3.3 JEELP 的实体图（E-R 图）

我们将 JEELP 的实体分为三大分组：用户权限分组、系统级分组和标准代码/标准字典分组。

1. 用户权限分组

用户权限相关的数据实体分别是系统用户信息表、角色定义信息表、岗位-用户关联信息表、岗位-角色关联信息表、角色-功能关联信息表、岗位定义信息表、功能树信息表等。用户权限分组相关的实体关系图如图 7-3 所示。

2. 系统级分组

系统级分组相关的数据实体分别是系统用户信息表、附件信息表、系统字典索引表、系统日志表、附件分类表、系统序列号表、节假日信息表、系统参数信息表等。系统级分组相关的实体关系图如图 7-4 所示。

3. 标准代码/标准字典分组

标准代码/标准字典分组相关的数据实体分别是机构代码字典表、省级代码表、地市级代码表、县级代码表、是否代码表、有无代码表、性别代码表等。标准代码/标准字典分组相关的实体关系图如图 7-5 所示。

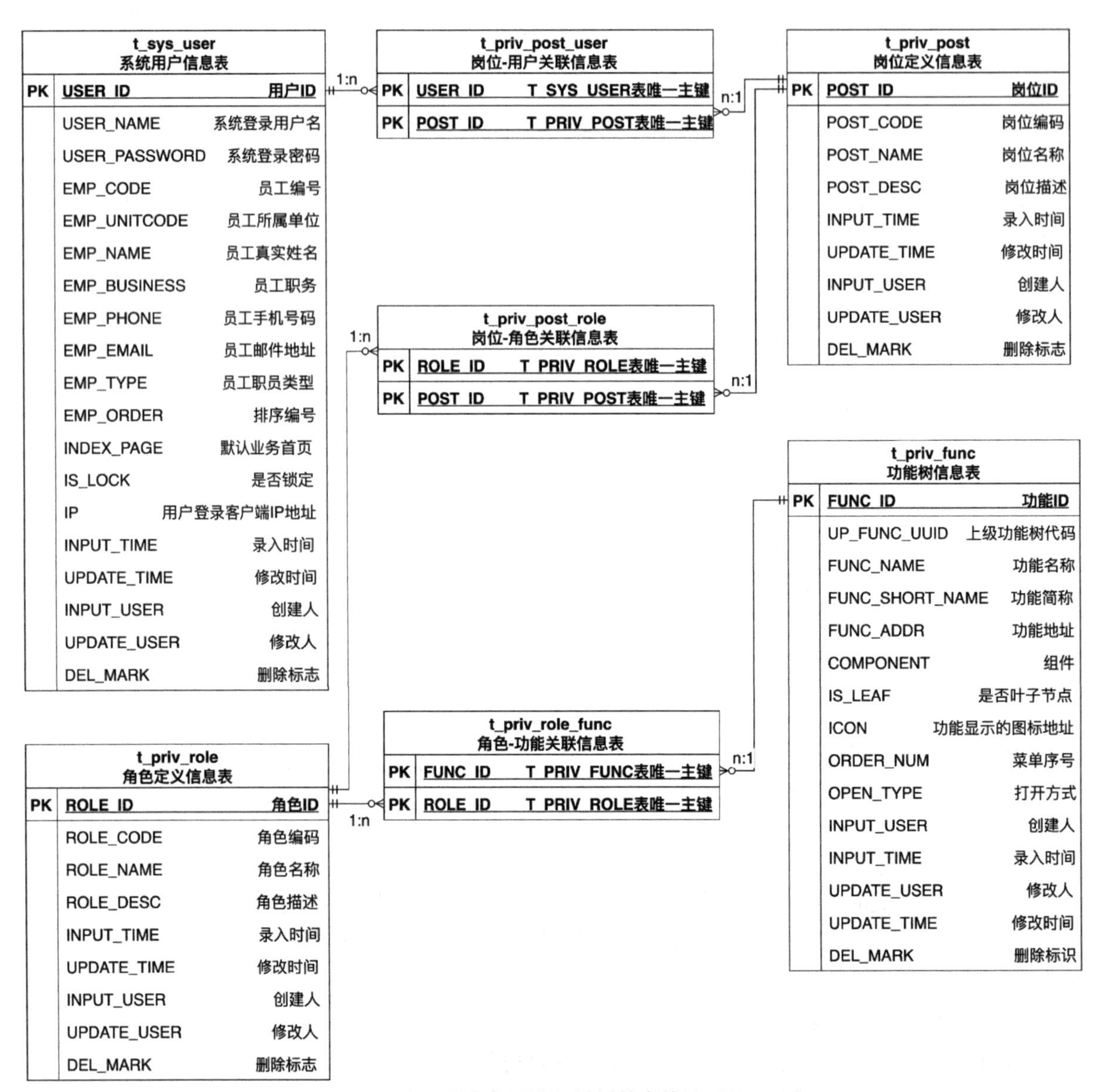

图7-3 用户权限分组相关的实体关系图

t_sys_user 系统用户信息表

	字段	说明
PK	USER_ID	用户ID
	USER_NAME	系统登录用户名
	USER_PASSWORD	系统登录密码
	EMP_CODE	员工编号
	EMP_UNITCODE	员工所属单位
	EMP_NAME	员工真实姓名
	EMP_BUSINESS	员工职务
	EMP_PHONE	员工手机号码
	EMP_EMAIL	员工邮件地址
	EMP_TYPE	员工职员类型
	EMP_ORDER	排序编号
	INDEX_PAGE	默认业务首页
	IS_LOCK	是否锁定
	IP	用户登录客户端IP地址
	INPUT_TIME	录入时间
	UPDATE_TIME	修改时间
	INPUT_USER	创建人
	UPDATE_USER	修改人
	DEL_MARK	删除标志

t_sys_logs 系统日志表

	字段	说明
PK	log_id	日志ID
	DESCRIPTION	日志详情
	LOG_TYPE	日志类型
	METHOD	方法名
	PARAMS	请求参数
	REQUEST_IP	请求ip
	TIME	请求耗时
	USERNAME	操作用户
	ADDRESS	地址
	BROWSER	浏览器
	EXCEPTION_DESC	异常详细
	INPUT_TIME	录入时间
	UPDATE_TIME	修改时间
	INPUT_USER	创建人
	UPDATE_USER	修改人
	DEL_MARK	删除标志

t_sys_holiday 节假日信息表

	字段	说明
PK	UUID	唯一主键
	DAYSETS	节假日日期
	SORT	分类
	INPUT_TIME	录入时间
	UPDATE_TIME	修改时间
	INPUT_USER	创建人
	UPDATE_USER	修改人
	DEL_MARK	删除标志

t_sys_atta_file 附件信息表

	字段	说明
PK	FILEID	附件ID
	SRC_ID	业务ID
	TYPE	类型
	CONTENT_TYPE	报文类型
	EXT	文件扩展名
	ORI_FILE_NAME	原始文件名
	STORE_FILE_NAME	存储文件名
	STORE_PATH	存储路径
	INPUT_TIME	录入时间
	UPDATE_TIME	修改时间
	INPUT_USER	创建人
	UPDATE_USER	修改人
	DEL_MARK	删除标志

n:1

t_sys_atta_cate 附件分类表

	字段	说明
PK	CATE_ID	分类ID
	CATE_CODE	分类编码
	CATE_NAME	分类名称
	CATE_PATH	分类路径
	INPUT_TIME	录入时间
	UPDATE_TIME	修改时间
	INPUT_USER	创建人
	UPDATE_USER	修改人
	DEL_MARK	删除标志

t_sys_code 系统字典索引表

	字段	说明
PK	CODE_ID	代码表名
	CODE_DESC	代码表描述
	REMARK	备注字段
	ORDER_COL	代码表排序字段

t_sys_sequence 系统序列号表

	字段	说明
PK	GROUP_ID	同规则序列的组号
	BIZ_PREFIX	业务前缀字母
	SEQVAL	当前值
	REMARK	备注
	INPUT_TIME	录入时间
	UPDATE_TIME	修改时间
	INPUT_USER	创建人
	UPDATE_USER	修改人
	DEL_MARK	删除标志

t_sys_param 系统参数信息表

	字段	说明
PK	PARAM_ID	参数名称
	PARAM_VALUE	参数值
	PARAM_DESC	参数描述
	REMARK	备注
	INPUT_TIME	录入时间
	UPDATE_TIME	修改时间
	INPUT_USER	创建人
	UPDATE_USER	修改人
	DEL_MARK	删除标志

图 7-4 系统级分组相关的实体关系图

t_dict_unit 机构代码字典表		
PK	CODE	机构代码
	NAME	机构(日常) 名称
	SPELL	拼音缩写
	FULL_NAME	机构全称
	SHORT_NAME	机构简称
	POST_CODE	邮政编码
	ADDRESS	地址
	TELPHONE	联系电话
	EMAIL	电子邮箱
	PCODE	上级机构代码
	DESCS	机构描述
	UNIT_ORDER	排序编号

t_code_province 省级代码表		
PK	CODE	编码
	NAME	名称
	SPELL	拼音简写

t_code_city 地市级代码表		
PK	CODE	编码
	NAME	名称
	SPELL	拼音简写

t_code_district 县级代码表		
PK	CODE	编码
	NAME	名称
	SPELL	拼音简写

t_code_if 是否代码表		
PK	CODE	编码
	NAME	名称
	SPELL	拼音简写

t_code_exist 有无代码表		
PK	CODE	编码
	NAME	名称
	SPELL	拼音简写

t_code_gender 性别代码表		
PK	CODE	编码
	NAME	名称
	SPELL	拼音简写

图 7-5　标准代码/标准字典分组相关的实体关系图

7.3.4　数据表结构设计

本节将简单地介绍一下 JEELP 企业级基础开发框架的相关数据实体对应的表名和主要字段。

1. 用户权限分组

用户权限相关的数据表说明如表 7-2 所示。

表 7-2　用户权限相关的数据表说明

实体	表名	说明
功能树信息表	T_PRIV_FUNC	功能树的定义信息，包括上级功能树代码、功能名称、功能简称、功能地址、组件、是否叶子节点、功能显示的图标地址、菜单序号等字段
岗位定义信息表	T_PRIV_POST	岗位的定义信息，包括岗位编码、岗位名称、岗位描述等字段
岗位-角色关联信息表	T_PRIV_POST_ROLE	岗位-角色关联信息，包括岗位表主键、角色表主键等字段
岗位-用户关联信息表	T_PRIV_POST_USER	岗位-用户关联信息，包括岗位表主键、用户表主键等字段
角色定义信息表	T_PRIV_ROLE	角色定义信息，包括角色编码、角色名称、角色描述等字段
角色-功能关联信息表	T_PRIV_ROLE_FUNC	角色-功能关联信息，包括角色表主键、功能树表主键等字段

续表

实体	表名	说明
系统用户信息表	T_SYS_USER	系统用户信息，包括用户唯一 ID、登录用户名、登录密码、员工编号、所属单位、真实姓名、员工职务、手机号码、邮件地址、职员类型、排序编号、是否锁定、用户登录地址等字段

2. 系统级分组

系统级分组相关的数据表说明如表 7-3 所示。

表 7-3 系统级分组相关的数据表说明

实体	表名	说明
系统用户信息表	T_SYS_USER	系统用户信息，包括用户唯一 ID、登录用户名、登录密码、员工编号、所属单位、真实姓名、员工职务、手机号码、邮件地址、职员类型、排序编号、是否锁定、用户登录地址等字段
附件分类表	T_SYS_ATTA_CATE	文件型附件分类信息，分类编码、分类名称、文件储存路径
文件/附件索引表	T_SYS_ATTA_FILE	文件或附件的索引记录表，包括业务 ID、类型，表示由哪类业务产生、ContentType 类型、文件扩展名、原始文件名、存储文件名、存储路径
系统字典索引表	T_SYS_CODE	系统代码或字典信息，包括代码表名、代码表描述、备注字段、代码表排序字段
节假日信息表	T_SYS_HOLIDAY	节假日信息，包括节假日日期、分类、扩展字段 01-05 等字段
系统日志表	T_SYS_LOGS	系统的日志信息，包括日志详情、日志类型、方法名、请求参数、请求 ip、请求耗时、操作用户、地址、浏览器、异常详细等字段
系统参数信息	T_SYS_PARAM	系统参数信息，包括参数名称、参数值、参数描述、备注等字段
系统序列号表	T_SYS_SEQUENCE	系统序列号信息，包括同规则序列的组号、业务前缀字母、备注等字段

3. 标准代码/标准字典分组

标准代码/标准字典分组相关的数据表说明如表 7-4 所示。

表 7-4 标准代码/标准字典分组相关的数据表说明

实体	表名	说明
机构代码字典表	T_DICT_UNIT	组织机构信息，包括机构代码、机构（日常）名称、拼音缩写、机构全称、机构简称、邮政编码、地址、联系电话、电子邮箱、上级机构代码、机构描述、排序编号等字段
省级代码表	T_CODE_PROVINCE	省级代码信息，包括编码、名称、拼音简写等字段
地市级代码表	T_CODE_CITY	地市级代码信息，包括编码、名称、拼音简写等字段
县级代码表	T_CODE_DISTRICT	县级代码信息，包括编码、名称、拼音简写等字段
有无代码表	T_CODE_EXIST	有无代码信息，包括编码、名称、拼音简写等字段
性别代码表	T_CODE_GENDER	性别代码信息，包括编码、名称、拼音简写等字段
是否代码表	T_CODE_IF	是否代码信息，包括编码、名称、拼音简写等字段

7.4 项目工程说明

JEELP 企业级应用基础开发框架是一个典型的前后端分离工程。后端工程采用 Spring Boot 来实现，开发工具使用 IntelliJ IDEA。前端工程采用 Vue 2、Element UI 来实现，开发工具使用 VS Code。

7.4.1 后端工程目录说明

后端工程源码详见 ch07\service\jeelp-parent 目录。工程结构如下：

```
jeelp-parent                    JEELP 父工程
        jeelp-frame             JEELP 核心框架工程
        jeelp-admin             JEELP 核心框架启动工程
```

- jeelp-parent 作为统一的聚合工程，统一管理公共 jar 包的版本和 Maven 依赖（父工程的<dependencies>，子工程不必重新引入），并控制插件版本。
- jeelp-frame 是核心框架工程，为其他工程提供基础类库和基础模块。由于打包 Spring Boot 工程后，其他 Maven 项目会在依赖时出现无法识别 jar 包的问题，因此 jeelp-frame 会以普通的 Maven 项目形式打包。
- jeelp-admin 是核心框架启动工程，依赖于 jeelp-frame 工程，其作用是以 Spring Boot 的方式启动 jeelp-frame 工程。

7.4.2 前端工程目录说明

前端工程源码详见 ch07\web 目录。工程结构如下：

```
console                 管理控制台前端工程
```

- console 是 JEELP 管理控制台的前端工程。

7.5 后端公共基础包说明

企业级应用最常见的操作是对数据记录的增删改查，本节主要介绍一下通过 MyBatis 实现增删改查的后端公共基础包代码结构。

7.5.1 代码结构

后端公共基础包代码详见 ch08\service\jeelp-parent\jeelp-frame\src\main\java 目录，代码结构如下：

```
com.jeelp.frame.common.mybatis
    domain
        Entity.java                         基础业务实体
    exception
        MessageRuntimeException.java        包含业务实体的运行时消息异常
    model
```

```
        TabPage.java                        分页模型
        SaveModel.java                      批量保存模型
    page
        PageUtils.java                      分页工具类
    service
        BaseService.java                    Service 公共接口，公共业务的标准化方法
        impl
            BaseServiceImpl.java            实现类，提供最基本公共业务的逻辑实现以及对数据库事务的控制
```

7.5.2 持久层

持久层负责实现数据表与 Java 实体的映射。在 jeelp-frame 的 MyBatis 模块中，为扩展模块提供了公共的业务实体基础类，对公共字段进行了封装。各业务模块可以继承该业务实体类，从而达到标准化和减少代码冗余的目的，持久层的代码详见 ch07\service\jeelp-parent\jeelp-frame\src\main\java\com\jeelp\frame\common\mybatis\domain\Entity.java。

7.5.3 Mapper 接口映射

为了方便扩展模块，BaseMapper 类提供了基础的数据表操作接口，该接口中封装了基本增删改查的标准化方法，各业务模块可以继承该接口，BaseMapper 类的代码详见 ch07\service\jeelp-parent\jeelp-frame\src\main\java\com\jeelp\frame\common\mybatis\mapper\BaseMapper.java。

各业务模块可根据业务需求为 Mapper 接口中的方法编写对应的 SQL 语句，也可以扩展自定义方法以补充公共方法的不足。详细用法将会在 7.7 节中作具体说明。

7.5.4 服务层接口类

为了方便地扩展服务，BaseService 类提供了基础的服务层接口类，该接口类中封装了基本增删改查、分页查询以及批量保存的标准化方法，服务层接口类的代码详见 ch07\service\jeelp-parent\jeelp-frame\src\main\java\com\jeelp\frame\common\mybatis\service\BaseService.java。

7.5.5 服务层实现类

基础的服务层实现类封装了基本增删改查的标准化方法，以及分页查询和批量保存的标准化方法，同时为增删改提供了统一的事务解决方案，服务层实现类的代码详见 ch07\service\jeelp-parent\jeelp-frame\src\main\java\com\jeelp\frame\common\mybatis\service\impl\BaseServiceImpl.java。

7.5.6 统一消息异常

jeelp-frame 中自定义了统一消息异常。在各扩展业务模块中，可以根据不同的业务场景，抛出一个 MessageRuntimeException，通过 jeelp-frame 的统一异常处理机制，统一处理消息异常，并给前端返回

统一标准的异常消息体，统一消息异常的代码详见 ch07\service\jeelp-parent\jeelp-frame\src\main\java\com\jeelp\frame\common\mybatis\exception\MessageRuntimeException.java。

7.5.7 分页处理

jeelp-frame 提供了统一的分页处理机制和扩展方案，分页实体类对分页查询数据进行了封装，分页实体类的代码详见 ch07\service\jeelp-parent\jeelp-frame\src\main\java\com\jeelp\frame\common\mybatis\model\TabPage.java。

基于 MyBatis 分页插件，jeelp-frame 提供了分页工具类，分页工具类的代码详见 ch07\service\jeelp-parent\jeelp-frame\src\main\java\com\jeelp\frame\common\mybatis\page\PageUtils.java。在 PageUtils 类的第 27 行代码中，通过调用 com.github.pagehelper.PageHelper 实现了分页处理。

7.6 前端公共基础包说明

为了提高开发效率，我们对前端常用的操作组件和公共的混入代码进行了封装，共同组成了我们的前端公共基础包。

7.6.1 代码结构

前端公共基础包的代码详见 ch07\web\console\src 目录，代码结构如下所示：

```
components
    Curd
        CURD.Dialog.vue                                        CURD 弹窗组件
        CURD.operation.vue                                     CURD 操作组件
        Pagination.vue                                         CURD 分页组件
        RR.operation.vue                                       查询操作组件
        UD.operation.vue                                       列操作组件
    Dict
        Dict.js                                                字典数据扩展
        index.js                                               全局混入数据字典扩展
mixins
    curd
        mixins-curd-form.js                                    表单混入
        mixins-curd-page-editor.js                             可编辑表格混入
        mixins-curd-page.js                                    列表混入
        mixins-select-data.js                                  数据查询混入
```

7.6.2 公共组件

组件（component）是可复用的 Vue 实例。在开发实践中，可以扩展 HTML 元素，封装可重用的代码，把一些公共的模块抽取出来，组成单独的组件进行复用，提高代码的复用率。例如页面头部、侧边、内容区、尾部、上传图片等许多页面都要用到的公共部分就可以做成组件，在需要的页面中直接引用，即可实现代码的复用。

1. 查询操作组件（RR.operation.vue）

查询操作组件对查询按钮以及重置按钮进行了封装，使用插槽的方式提供查询字段扩展以及按钮扩展（该组件借鉴开源项目 el-admin），查询操作组件图如图 7-6 所示，其代码详见 ch07\web\console\src\components\Curd\RR.operation.vue。

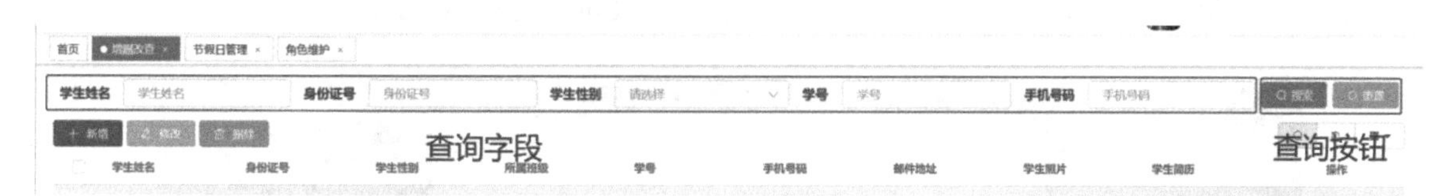

图 7-6 查询操作组件图

2. 增删改操作组件（CURD.operation.vue）

增删改操作组件对列表头部的增删改查按钮进行了封装，并以插槽的方式扩展了按钮及功能（该组件借鉴开源项目 el-admin），增删改操作组件图如图 7-7 所示，其代码详见 ch07\web\console\src\components\Curd\CURD.operation.vue。

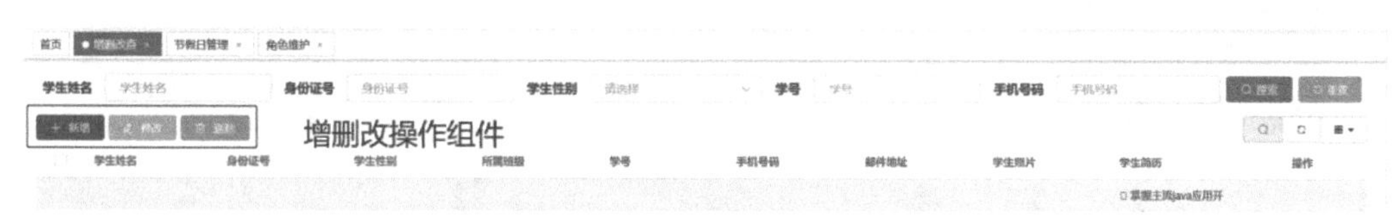

图 7-7 增删改操作组件图

3. 分页组件（Pagination.vue）

分页组件对分页进行了封装，显示总条数、总条数、每页条数和分页数等信息（该组件借鉴开源项目 el-admin），分页组件图如图 7-8 所示，其代码详见 ch07\web\console\src\components\Curd\Pagination.vue。

图 7-8 分页组件图

4. 列操作组件（CURD.operation.vue）

列操作组件对列操作按钮进行了封装，统一处理并显示列表中某一行的修改和删除操作，列操作组件图如图 7-9 所示，其代码详见 ch07\web\console\src\components\Curd\CURD.operation.vue。

图 7-9 列操作组件图

5. 弹窗组件（CURD.Dialog.vue）

弹窗组件对表单的弹出框进行了封装，统一处理一个页面中弹出二级编辑窗的操作，弹窗组件图如图 7-10 所示，其代码详见 ch07\web\console\src\components\Curd\CURD.Dialog.vue。

图 7-10　弹窗组件图

6. 数据字典组件（Dict.js）

数据字典组件实现了标准代码数据字段查询的混入（该组件借鉴开源项目 el-admin），其代码详见 ch07\web\console\src\components\Dict\Dict.js 和 index.js。

7.6.3　公共混入

Vue 的混入（mixin）提供了一种非常灵活的方式，以此来分发 Vue 组件中的可复用功能。其本质是一个 JS 对象，它可以包含组件中任意功能选项，如 data、components、methods、created、computed 等。只要将共用的功能以对象的方式传入 mixins 选项中，那么当组件使用 mixins 对象时，所有 mixins 对象的选项都将被混入到该组件本身的选项中。

在日常的开发中，不同的组件经常会用到一些相同或者相似的代码，这些代码的功能相对独立。这时，可以通过 Vue 的混入功能将相同或者相似的代码提取出来。

1. 列表混入（mixins-curd-page.js）

列表混入为列表操作提供标准的属性集和方法，其代码详见 ch07\web\console\src\components\Dict\Dict.js 和 index.js。

2. 可编辑表格混入（mixins-curd-page-editor.js）

可编辑表格混入为可编辑表格提供标准的属性集和方法，在使用可编辑表格混入前，需要先混入列表混入（mixins-curd-page.js），其代码详见 ch07\web\console\src\mixins\curd\mixins-curd-page-editor.js。

3. 表单混入（mixins-curd-form.js）

表单混入封装表单的加载数据、保存数据、提交数据、删除数据等通用操作，其代码详见 ch07\web\console\src\mixins\curd\mixins-curd-form.js。

4. 数据查询混入（mixins-select-data.js）

数据查询混入主要用于下拉框的数据获取，其代码详见 ch07\web\console\src\mixins\curd\mixins-select-data.js。

7.7 基础业务案例

本节以学生信息管理为例，提供了对业务数据增删改查操作的基础业务案例。

7.7.1 业务说明

基于 7.5 节和 7.6 节中介绍过的增删改查公共组件及混入，实现了学生信息管理，包括学生信息管理界面和学生信息编辑界面，如图 7-11 和图 7-12 所示。

图 7-11 学生信息管理界面

学生演示

* 学生姓名 李安
* 身份证号 513824198611145457
* 性别 男
* 所属班级 976666
* 学号 32
* 手机号码 13412341234
* 邮件地址 1@2.net
学生简历 掌握主流java应用开发框架(SSM,Spring boot, Spring cloud,等)
掌握主流应用服务器(Tomcat，Nginx等)
掌握主流关系型数据库：Mysql，Oracle，以及数据库编程SQL，JDBC

取消 确认

图 7-12 学生信息编辑界面

7.7.2 代码结构

接下来，本节将介绍一下学生信息管理功能的代码结构。

1. 后台代码结构

```
com.jeelp.frame.modules.bm04demo                              演示模块包
    controller
        DemoStudentController.java                            控制器
    entity
        DemoStudent.java                                      业务实体
    mapper
        DemoStudentMapper.java                                持久层 MyBatis 映射接口
        DemoStudentMapper.xml                                 持久层 MyBatis 映射 xml
    service
        DemoStudentService.java                               服务层接口
        impl
            DemoStudentServiceImpl.java                       服务层实现类
```

2. 前台代码结构

```
src
    api
        bm04demo
            demoStudent
                demo-student-api.js                           后端请求 API
    views
        bm04demo
            demo-student
                demo-student-form.vue                         表单界面
                demo-student-page.vue                         列表界面
                demo-student.vue                              管理菜单跳转界面
```

7.7.3 控制器实现

创建 DemoStudentController 控制器，实现分页查询、删除、批量保存、保存、装载等业务控制，其代码详见 ch07\service\jeelp-parent\jeelp-frame\src\main\java\com\jeelp\frame\modules\bm04demo\controller\DemoStudentController.java。

7.7.4 服务层实现

接下来，本节将介绍一下学生信息管理功能的服务层实现。

- 创建 DemoStudentService 服务接口类，并继承 com.jeelp.frame.common.mybatis.service.BaseService.java，其代码详见 ch07\service\jeelp-parent\jeelp-frame\src\main\java\com\jeelp\frame\modules\bm04demo\service\DemoStudentService.java。
- 创建 Service 服务实现类，实现 DemoStudentService，并继承 BaseServiceImpl.java。使用 Spring 依赖注入，将 DemoStudentMapper 注入，并重写 getMapper()钩子方法，将 DemoStudentMapper 返回给 BaseServiceImpl，其代码详见 ch07\service\jeelp-parent\jeelp-frame\src\main\java\com\jeelp\frame\modules\bm04demo\service\impl\DemoStudentServiceImpl.java。

7.7.5 数据访问层实现

接下来，本节将介绍一下学生信息管理功能的数据访问层实现。

- 创建 DemoStudent 映射实体并继承 com.jeelp.frame.common.mybatis.domain.Entity.java。当数据表主键名不为 id 时，需重写 getId 和 setId 方法，其代码详见 ch07\service\jeelp-parent\jeelp-frame\src\main\java\com\jeelp\frame\modules\bm04demo\entity\DemoStudent.java。
- 继承 com.jeelp.frame.common.mybatis.mapper.BaseMapper.java，创建 MyBatis Mapper 映射类，其代码详见 ch07\service\jeelp-parent\jeelp-frame\src\main\java\com\jeelp\frame\modules\bm04demo\mapper\DemoStudentMapper.java。
- 创建 MyBatis 映射 xml 文件并写入公共方法 SQL，其代码详见 ch07\service\jeelp-parent\jeelp-frame\src\main\java\com\jeelp\frame\modules\bm04demo\mapper\DemoStudentMapper.xml。

7.7.6 前端页面实现

接下来，本节将介绍一下学生信息管理功能的前端页面实现。

- 创建前后台交互 api（demo-student-api.js）的代码详见 ch07\web\console\src\api\bm04demo\demoStudent\demo-student-api.js。
- 创建表单界面 demo-student-form.vue 的代码详见 ch07\web\console\src\views\bm04demo\demo-student\demo-student-form.vue。
- 创建列表界面 demo-student-page.vue 的代码详见 ch07\web\console\src\views\bm04demo\demo-student\demo-student-page.vue。
- 创建菜单界面的代码详见 ch07\web\console\src\views\bm04demo\demo-student\demo-student.vue。

7.8 登录和登出

登录和登出是登录鉴权管理的基本组成部分，本节介绍了登录和登出的业务以及控制器、持久层、服务层的源代码。

7.8.1 业务说明

无论是企业级应用还是互联网应用，用户在使用系统前，都需要输入用户名和密码。只有在通过认证之后，用户才能获得相应的权限，进行相关的业务操作，这种操作被称为登录。

登录成功后，用户可以在权限许可的范围内进行各项操作。除了输入用户名和密码，在用户登录的时候通常还要输入验证码，某些重要的企业级应用在登录时，还需要使用集成的硬件 UKey（类似于 U 盘那样的硬件）进行登录，登录页面如图 7-13 所示。

登录页面代码详见 ch07\web\console\src\views\bm01login\login.vue。

用户在登录系统后，为了确保用户信息的安全，还需要进行登出操作，清除个人的用户信息，避免账户信息被他人盗用。

系统管理员可以对登录后的用户进行查询、查看、强制退出等操作。

图 7-13　登录页面

7.8.2　控制器开发

登录（login）方法的代码详见 ch07\service\jeelp-parent\jeelp-frame\src\main\java\com\jeelp\frame\modules\bm01login\controller\AuthorizationController.java 的第 67～109 行。在这个函数的第 85 行，需要说明的是：由于用户密码转换为 MD5 格式进行保存，因此在验证密码时要先进行格式转换才能进行判断。这里我们调用 Spring 框架提供的 DigestUtils 进行加密。

登出（logout）方法的代码详见 AuthorizationController.java 的第 158～162 行，通过调用 onlineUserService 的 logout 完成登出。

提示

MD5 消息摘要算法（MD5 Message-Digest Algorithm），一种被广泛使用的密码散列函数，可以产生一个 128 位（16 个字符）的散列值（hash value），用于确保信息传输的完整性和一致性。MD5 由美国密码学家罗纳德·李维斯特（Ronald Linn Rivest）设计，于 1992 年公开，用以取代 MD4 算法。这套算法的程序在 RFC 1321 中被加以规范。散列算法的基础原理是将数据（如一段文字）运算变为另一固定长度值。2009 年，中国科学院的谢涛和冯登国仅用了 220.96 的碰撞算法复杂度，破解了 MD5 的碰撞抵抗，该攻击在普通计算机上运行只需要数秒的时间。2011 年，RFC 6151 禁止将 MD5 用作密钥散列消息认证码。

7.8.3　持久层开发

用户登录需要查询用户表 T_SYS_USER，先要创建实体类，实体类代码详见 ch07\service\jeelp-parent\jeelp-frame\src\main\java\com\jeelp\frame\modules\bm02priv\entity\UserEntity.java。

在 com.jeelp.platform.modules.bm02priv.mapper 包中创建对应的接口类 UserMapper 和映射文件，代码详见 ch07\service\jeelp-parent\jeelp-frame\src\main\java\com\jeelp\frame\modules\bm02priv\mapper\

UserMapper.java 和 UserMapper.xml。

UserMapper.java 中主要定义了接口类的方法 getRolesByUserId。从第 16 行代码可以看出，UserMapper 继承了 BaseMapper，而 BaseMapper 定义了基本增删改查标准接口。

在 UserMapper.xml 中，第 3 行代码定义了 UserMapper.xml 与接口类 UserMapper 的映射关系。第 6～26 行代码定义了字段。第 28～164 行代码依次定义了各接口所对应的 SQL 语句。

前边提到的 BaseMapper 类定义了数据操作的基础接口，主要是增删改查标准接口定义，这样可以消除业务定义的歧义，提高开发的效率，其代码详见 ch07\service\jeelp-parent\jeelp-frame\src\main\java\com\jeelp\frame\common\mybatis\mapper\BaseMapper.java。

7.8.4 服务层开发

首先，要定义一个用户管理服务的接口类 UserService，代码详见 ch07\service\jeelp-parent\jeelp-frame\src\main\java\com\jeelp\frame\modules\bm03sys\service\UserService.java。

然后，完成实现类 UserServiceImpl，代码详见 ch07\service\jeelp-parent\jeelp-frame\src\main\java\com\jeelp\frame\modules\bm03sys\service\impl\UserServiceImpl.java。

7.9 验证码开发

验证码是用户鉴权管理的一个重要功能，本节主要介绍了验证码的概念、分类以及开发的关键技术。

7.9.1 业务说明

验证码（Completely Automated Public Turing test to tell Computers and Humans Apart，CAPTCHA）的含义是“全自动区分计算机和人类的图灵测试”，这是一种区分用户是计算机还是人类的公共全自动程序。

验证码技术被广泛用于网站的留言板以及注册账号的场景。许多网站为了避免有人利用计算机程序大量在留言板上张贴广告或发布其他垃圾消息，会通过验证码技术要求留言者必须输入图片上所显示的文字、数字或是算术题，才可完成留言。而一些网络上的交易系统（如订票系统、网络银行）为了避免被计算机程序暴力破解，也会采用验证码技术作为保护机制。

一种常用的验证码是让用户输入一个扭曲变形的图片上所显示的文字或数字，扭曲变形是为了避免被带有光学字符识别（Optical Character Recognition，OCR）的电脑程序自动辨识出图片上的文字或数字而失去保护效果。

目前常见的验证码方式有以下 6 种。

1. 传统输入式验证码

主要是通过用户输入图片中的字母、数字、汉字等进行验证，大多数网站采用此种验证形式，可以有效地避免用户重复注册、登录。这类验证码的特点是简单、易操作，且人机交互性较好，但安全系数低，容易被破解。

2. 纯行为验证码/滑动拼图验证码

用户需要按照要求将备选碎片直线滑动到图片的正确位置，才能完成验证。这类验证码的特点是操作简单、用户体验好。然而，由于这类验证码是单一维度，因此容易被逆向模拟，而且与移动端页面的切换不兼容。

3. 图标选择与行为辅助类验证码

系统给出一组图片，用户按要求点击其中一张或者多张，借用万物识别的难度阻挡机器，如12306网站的验证码。这类验证码的特点是安全性强，同时对图片、图库的复杂度和技术的要求高。

4. 点击式的图文验证与行为辅助类验证码

通过文字提醒用户点击图中相同字的位置进行验证，如淘宝新型验证码。这类验证码的特点是操作简单、体验良好，但是由于单一图片区域较大，因此破解难度大。

5. 手机验证码

以手机标识身份，输入手机收到的验证码来验证，其本质是把手机当成一个硬件密钥来识别身份信息，只要手机不被别人破解，一般就具有很高的安全性。

6. 智能验证码

综合使用行为特征、设备指纹、大数据风控等技术来判断用户身份。对于正常用户，可以免去常规的验证步骤，一旦发现用户有异常，就进行强制验证，如指纹识别、人像识别等。这类验证码的特点是简单、便捷，用户体验最好，但技术实现复杂、技术难度高。

在企业级Web应用中，验证码的工作流程如图7-14所示，读者可以对照源码自行分析，这里不再赘述。

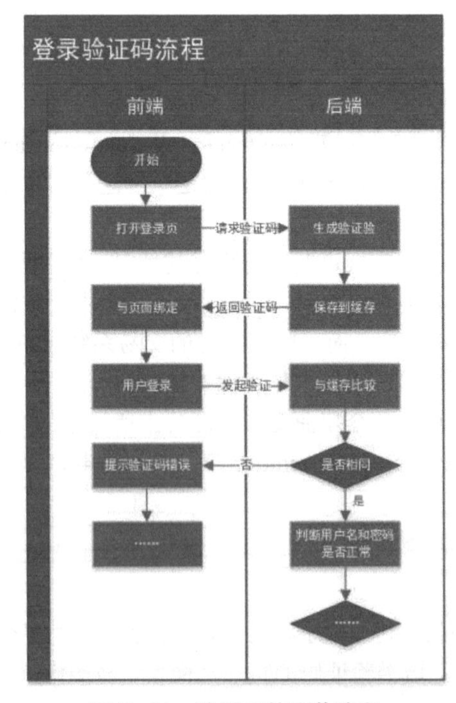

图7-14　验证码的工作流程

7.9.2 整合 easy-captcha

easy-captcha 是国内的一款 Java 图形验证码工具包，支持 gif、中文、算术等类型，可用于 Java Web、Java SE 等项目。

只需要在 pom.xml 文件中添加依赖，就可实现对 easy-captcha 的整合，添加 easy-captcha 依赖如代码清单 7-1 所示。

代码清单 7-1 添加 easy-captcha 依赖

```
1.    <!-- Java 图形验证码 -->
2.    <dependency>
3.       <groupId>com.github.whvcse</groupId>
4.       <artifactId>easy-captcha</artifactId>
5.       <version>1.6.2</version>
6.    </dependency>
```

7.9.3 控制器开发

在 AuthorizationController 中通过 captcha 服务接口实现验证码生成功能，详见 ch07\service\jeelp-parent\jeelp-frame\src\main\java\com\jeelp\frame\modules\bm01login\controller\AuthorizationController.java 中第 116 行的 captcha 方法。

在上述方法中，通过 easy-captcha 生成验证码，并把 UUID 和对应图片的数值放到 Redis 中，在进行验证码比较的时候，根据 UUID 和 captchaValue 判断是否输入正确。在产生验证码的过程中，我们利用 CaptchaUtils 工具类进行了封装，代码详见 ch07\service\jeelp-parent\jeelp-frame\src\main\java\com\jeelp\frame\modules\bm01login\utils\CaptchaUtils.java。

7.10 用户安全与 JWT

本节主要介绍了以 JWT 方式实现用户授权和身份认证的方法，以及相关的过滤器技术。

7.10.1 业务说明

在进行业务系统建设的时候，传统的方法是通过 session 来进行用户会话控制，这种方式已经无法满足更高的安全要求，同时在分布式服务的多节点同步中会存在诸多问题。在单节点服务模式下，在服务器端存储登录状态并保持状态同步是很容易实现的，但对分布式服务的多节点集群模式来说是很大的挑战。为了方便横向扩展，需要把登录状态控制拆分出来。而且传统的 session 方式也无法同时支持多种类型的客户端，如同时支持桌面端和移动端，无法满足当前移动端业务飞速增长的需求，由此产生了 JWT 解决方案。

JWT（JSON Web Token）是一个非常轻巧、开放的标准（RFC 7519）。它定义了一种紧凑的、自包含的方式，作为 JSON 对象，在用户和服务器之间安全且可靠地传输信息。一个 JWT 实际上就是一个字符串，它由头部、载荷和签名三部分组成。这些信息可以被验证和信任，因为它带有数字签名。JWT 的初衷是为了授权和身份认证，可以实现无状态、分布式的 Web 应用授权。JWT 主要应用于以下两个场景。

- 用户授权：这是使用 JWT 的最常见的场景。一旦用户登录，后续每个请求都将包含 JWT，允许用户访问该令牌允许的路由、服务和资源。单点登录普遍使用 JWT 来实现，因为 JWT 的开销很小，并且可以轻松地跨域使用。
- 信息交换：如果想在多个系统间安全地传输信息，那么 JWT 无疑是一种很好的方式。因为 JWT 可以被签名，例如，通过公钥和私钥的签名方式可以确定发送人的身份是否真实、有效。另外，由于签名是使用头部信息和有效负载计算生成的，因此可以验证内容是否被篡改。

7.10.2　整合 JWT 组件

想要实现对 JWT 的整合，需要在 pom.xml 文件中添加相关的依赖。添加 JWT 依赖的内容如代码清单 7-2 所示。第 2～7 行代码定义了 JWT 的版本信息，便于统一修改。第 11～25 行代码定义了引入的相关依赖。

代码清单 7-2　添加 JWT 依赖

```
1.    <properties>
2.         <jjwt.version>0.11.1</jjwt.version>
3.    </properties>
4.    <!-- jwt -->
5.        <dependency>
6.            <groupId>io.jsonwebtoken</groupId>
7.            <artifactId>jjwt-api</artifactId>
8.            <version>${jjwt.version}</version>
9.        </dependency>
10.       <dependency>
11.           <groupId>io.jsonwebtoken</groupId>
12.           <artifactId>jjwt-impl</artifactId>
13.           <version>${jjwt.version}</version>
14.       </dependency>
15.       <dependency>
16.           <groupId>io.jsonwebtoken</groupId>
17.           <artifactId>jjwt-jackson</artifactId>
18.           <version>${jjwt.version}</version>
19.       </dependency>
```

7.10.3　控制器开发

在 AuthorizationController 的 login 方法中实现 JWT 的业务，详见 AuthorizationController 类的第 97～108 行代码。

第 98 行代码通过 tokenProvider 类生成令牌。第 100 行代码将用户信息和令牌保存到在线用户信息列表中，便于统一管理。第 108 行代码把令牌和用户及角色信息返回给前端。

PropertiesConfiguration 类中装载了 JWT 的配置文件，并初始化了 SecurityProperties 类，SecurityProperties 类把配置参数传递给 TokenProvider 类，由 TokenProvider 类完成对 JwtBuilder 的调用，生成 JWT。

感兴趣的读者可以自行阅读相关代码，这里不再赘述。

7.10.4 过滤器开发

过滤器（Filter）是实现了 javax.servlet.Filter 接口的服务器程序，它不是一个标准的 Servlet，不能处理用户请求，也不能对客户端生成响应。过滤器主要可以预处理 HttpServletRequest，也可以后处理 HttpServletResponse，是一个典型的处理链。过滤器主要的用途是过滤字符编码、进行业务逻辑判断等。

过滤器是在 Servlet 规范 2.3 中定义的，它能够对 Servlet 容器的请求对象和响应对象进行检查和修改，在 Servlet 被调用之前，过滤器负责检查 Request 对象，修改 Request Header 和 Request 内容；在 Servlet 被调用之后，过滤器负责检查 Response 对象，修改 Response Header 和 Response 内容。过滤器能够过滤的 Web 组件可以是 Servlet、JSP 或 HTML 文件，具有以下 4 个特点。

- 过滤器可以检查和修改 ServletRequest 和 ServletResponse 对象。
- 可以指定过滤器与特定的 URL 相关联，只有当用户访问此 URL 时，才会触发该过滤器。
- 多个过滤器可以被串联起来，形成“责任链”模式，协同修改请求和响应对象。
- 所有支持 Servlet 规范 2.3 的 Servlet 容器，都支持过滤器。

通过过滤器技术，可以拦截 Web 服务器管理的所有 Web 资源，例如 JSP、Servlet、静态图片或静态 HTML 等，从而实现一些特殊的功能。过滤器技术还可以实现日志记录、权限访问控制、字符编码的过滤、敏感词汇的过滤、响应信息的压缩、页面缓存的禁止等一些高级功能。

过滤器与 Servlet 的区别主要在于：Servlet 流程是短的，在 URL 被传过来之后，就对其进行处理，之后返回或转向到自己指定的某一页面。Servlet 主要用来在业务处理之前进行控制。过滤器流程是线性的，在 URL 被传过来之后，可由过滤器进行检查，之后可保持原来的流程继续向下执行，URL 被下一个过滤器和 Servlet 接收，而在 Servlet 处理之后，不会继续向下传递 URL。

在启动 Web 应用程序时，Web 服务器将根据 web.xml 文件中的配置信息来创建每个注册的过滤器实例对象，并将其保存在服务器的内存中。

所有的过滤器类都必须实现 Javax.servlet.Filter 接口。该接口定义了以下 3 个方法。

- init(FilterConfig)：这是过滤器的初始化方法，Servlet 容器创建过滤器实例后就会调用这个方法。在这个方法中，可以通过 FilterConfig 来读取 web.xml 文件中过滤器的初始化参数。
- doFilter(ServletRequest,ServletResponse,FilterChain)：这是完成实际过滤操作的方法，当用户请求访问与过滤器相关联的 URL 时，Servlet 容器先调用该方法。FilterChain 参数用来访问后续过滤器的 doFilter()方法。
- destroy()：Servlet 容器在销毁过滤器实例前会调用该方法，在这个方法中，可以释放过滤器占用的资源。

在 Spring 中，过滤器实现 javax.servelet.Filter 接口，采用@WebFilter 注解说明针对哪些 URL 路径进行过滤，在这里我们使用过滤器实现对 JWT 生成令牌的管理，代码详见 ch07\service\jeelp-parent\jeelp-frame\src\main\java\com\jeelp\frame\modules\bm01login\security\TokenFilter.java。

7.11 在线用户管理

在线用户管理也是登录鉴权管理的一个重要组成部分，本节主要介绍了在线用户管理的业务说明及控制器和服务层开发的关键点。

7.11.1　业务说明

用户在完成登录操作后，就可以获取系统的相应权限，并进行各类操作，同时系统管理员可以对登录后的用户进行查询、查看、强制退出等操作，在线用户管理效果图如图7-15所示。

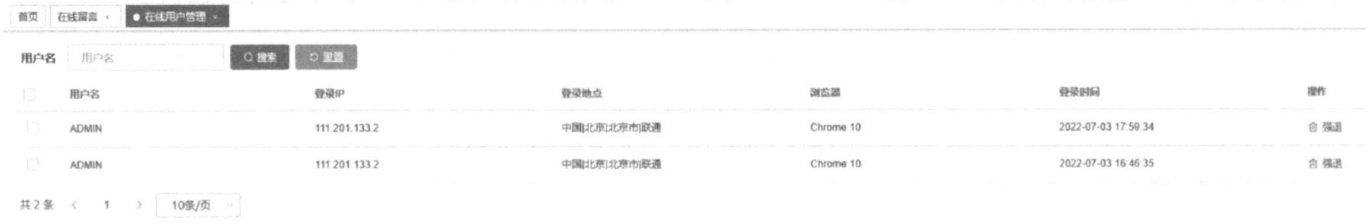

首页　在线留言 ×　在线用户管理 ×

用户名　用户名　搜索　重置

用户名	登录IP	登录地点	浏览器	登录时间	操作
ADMIN	111.201.133.2	中国|北京|北京市|联通	Chrome 10	2022-07-03 17:59:34	强退
ADMIN	111.201.133.2	中国|北京|北京市|联通	Chrome 10	2022-07-03 16:46:35	强退

共2条　<　1　>　10条/页

图7-15　在线用户管理效果图

在线用户管理的前端代码详见ch07\web\console\src\views\bm01login\online-page.vue。

7.11.2　控制器开发

在线用户管理的控制器OnlineController提供了用户查询和强制退出用户两个方法。

代码详见ch07\service\jeelp-parent\jeelp-frame\src\main\java\com\jeelp\frame\modules\bm01login\controller\OnlineController.java。

第29～33行的query方法实现了在线用户的查询功能，第35～43行的delete方法实现了在线用户的强制退出功能。

7.11.3　服务层开发

在线用户管理服务类主要实现了在线用户的保存、查询和退出功能，代码详见ch07\service\jeelp-parent\jeelp-frame\src\main\java\com\jeelp\frame\modules\bm01login\service\OnlineUserService.java。

7.12　功能树维护

本节主要介绍了权限管理的整体业务，并着重说明了功能树维护的功能及源代码结构。

7.12.1　权限管理业务说明

在开发和设计企业级应用系统的过程中，必然面临权限控制的问题，即不同的用户具有不同的访问、操作权限。例如，在使用同一个企业级应用时，不同部门、不同岗位的人的权限是不同的，需要根据业务需要进行区分，因此需要开发一套完整的权限管理系统。

最常被开发人员使用的权限模型是基于角色的权限控制（Role-based Access Control，RBAC）模型。

RBAC 模型中包含以下 3 个关键术语。

- 用户：系统接口及访问的操作者。
- 权限：能够访问某接口、某个功能、进行某种操作的授权资格。
- 角色：具有一类相同操作权限的用户的总称。

基于 RBAC 模型，还可以适当延展，使其更适合企业的实际情况。例如增加岗位的概念，直接给某个岗位分配角色，再把用户与岗位作人岗匹配。

- 岗位：具有同一类角色的用户的集合，对用户进行分组归类。

而权限控制也是分层级的，常见的权限被分为功能权限、操作权限和数据权限。

- 功能权限：所有系统都是由一个个功能组成，功能再组成模块，用户是否能看到功能的菜单、是否能进入功能对应的页面就称为功能权限。
- 操作权限：用户在操作系统中的任何动作、交互都需要有操作权限，如某个按钮是否可以被点击、按钮是否能够被用户看见。
- 数据权限：数据权限是指某个用户能够访问和操作哪些数据。例如同样的业务数据，不同的部门只能看到和操作自己部门的数据，而上级部门可以看到所有下级部门的数据。

7.12.2 功能树维护功能介绍

在 JEELP 中，我们以功能权限为控制最小粒度，实现一个扩展的 RBAC 模型。权限管理包括功能树维护、角色维护、岗位维护、用户管理、岗位角色维护、人员岗位维护等功能。后续将进行详细介绍。

功能树维护功能为用户提供功能树（也称菜单树）的增删改查功能，定义每个功能点的类型、名称、地址、上下级关系等要素，功能树维护图如图 7-16 所示。

图 7-16 功能树维护图

7.12.3 源代码结构说明

接下来，本节将介绍一下功能树维护的源代码结构。

1. 后台代码结构

```
com.jeelp.frame.modules.bm02priv
   entity
        FuncEntity.java                    功能树数据库映射实体
   mapper
        FuncEntityMapper.java              功能树 MyBatis Mapper 映射接口
```

```
        FuncEntityMapper.xml                    功能树 MyBatis Mapper 映射 xml
    controller
        FuncEntityController.java               功能树 Spring MVC 控制器
    service
        impl
            FuncEntityServiceImpl.java          功能树 Service 服务实现类
        FuncEntityService.java                  功能树 Service 服务接口
```

2. 前台代码结构

```
src
    api
        bm02priv
            func-api.js                         功能树后端请求 API
    views
        bm02priv
            func
                func-form.vue                   功能树表单界面
                func-tree.vue                   功能树界面
```

7.13　角色维护

本节主要介绍了用户权限管理的一个重要功能——角色维护功能和相关的源代码结构。

7.13.1　角色维护功能介绍

角色是具有一类相同操作权限的用户的总称。角色维护就是定义角色的名称、操作权限范围，可以对角色信息及相关联的操作权限进行增删改查操作，角色管理界面如图 7-17 所示。

图 7-17　角色管理界面

由于角色信息定义本身比较简单，因此可以在同一个页面中维护角色信息及相关联的操作权限。界面顶端是角色的查询条件，左侧是角色的查询列表，右侧是当前选中角色所关联的操作权限树。这样就可以在同一个界面中对角色信息进行修改，同时又可以维护相关的操作权限，避免页面频繁切换的麻烦。

当然这样的人机交互未必是最优的，但对企业级应用设计来说，管理员所使用的功能简单而有效即可，避免一些华而不实的东西。

在角色服务实现类 RoleServiceImpl 中，在公共增删改查的基础上扩展出以下接口：

- 角色分配菜单接口 auth；
- 获取角色菜单分配 id 数组接口 getAuthFuncIds。

7.13.2 源代码结构说明

接下来，本节将介绍一下角色维护功能的源代码结构。

1. 后台代码结构

```
com.jeelp.frame.modules.bm02priv
   entity
       RoleEntity.java                            角色数据库映射实体
   mapper
       RoleEntityMapper.java                      角色 MyBatis Mapper 映射接口
       RoleEntityMapper.xml                       角色 MyBatis Mapper 映射 xml
   controller
       RoleEntityController.java                  角色 Spring MVC 控制器
   service
       impl
           RoleEntityServiceImpl.java             角色 Service 服务实现类
       RoleEntityService.java                     角色 Service 服务接口
```

2. 前台代码结构

```
src
    api
        bm02priv
            role-api.js                          角色后端请求 API
    views
        bm02priv
            role
                role-form.vue                    角色表单界面
                role-page.vue                    角色列表界面
                role-index.vue                   角色菜单跳转界面
```

7.14 岗位维护

本节主要介绍了岗位维护的功能和相关的源代码结构。

7.14.1 岗位维护功能介绍

岗位维护主要用来对岗位的定义信息（包括岗位编码、岗位名称、岗位描述信息）进行增删改查操作，岗位管理界面如图 7-18 所示。

图 7-18　岗位管理界面

7.14.2　源代码结构说明

本节主要介绍了岗位维护功能和相关的源代码结构。

1. 后台代码结构

```
com.jeelp.frame.modules.bm02priv
   entity
        PostEntity.java                          岗位数据库映射实体
   mapper
        PostEntityMapper.java                    岗位 MyBatis Mapper 映射接口
        PostEntityMapper.xml                     岗位 MyBatis Mapper 映射 xml
   controller
        PostEntityController.java                岗位 Spring MVC 控制器
   service
        impl
            PostEntityServiceImpl.java           岗位 Service 服务实现类
        PostEntityService.java                   岗位 Service 服务接口
```

2. 前台代码结构

```
src
    api
        bm02priv
                post-api.js                      岗位后端请求 API
    views
        bm02priv
            post
                post-form.vue                    岗位表单界面
                post-page.vue                    岗位列表界面
                post-index.vue                   岗位菜单跳转界面
```

7.15　用户管理

用户是系统的主要操作者，用户管理也是一个企业级系统的基础功能之一，本节主要介绍了用户管理的功能和相关的源代码结构。

7.15.1 用户管理功能介绍

用户是系统接口及功能的操作者。用户管理提供了对用户基本信息的增删改查功能，包括用户管理界面和用户信息维护界面，如图 7-19 和图 7-20 所示。

图 7-19　用户管理界面

图 7-20　用户信息维护界面

7.15.2 源代码结构说明

接下来，本节将介绍一下用户管理功能的源代码结构。

1. 后台代码结构

```
com.jeelp.frame.modules.bm02priv
   entity
       UserEntity.java                    用户数据库映射实体
   mapper
       UserEntityMapper.java              用户 MyBatis Mapper 映射接口
       UserEntityMapper.xml               用户 MyBatis Mapper 映射 xml
```

```
controller
    UserEntityController.java                    用户 Spring MVC 控制器
service
    impl
        UserEntityServiceImpl.java               用户 Service 服务实现类
    UserEntityService.java                       用户 Service 服务接口
```

2. 前台代码结构

```
src
    api
        bm02priv
                user-api.js                      用户后端请求 API
    views
        bm02priv
            user
                user-form.vue                    用户表单界面
                user-page.vue                    用户列表界面
                user-index.vue                   用户菜单跳转界面
```

7.16　岗位角色维护

本节主要介绍了岗位角色维护功能和相关的源代码结构。

7.16.1　岗位角色维护功能介绍

岗位角色维护功能就是完成岗位和角色的关系关联。岗位角色维护界面如图 7-21 所示。

图 7-21　岗位角色维护界面

在岗位角色维护的服务实现类 PostRoleServiceImpl 中重写批量保存方法 batchSaveOrUpdate。

7.16.2 源代码结构说明

接下来，本节将介绍一下岗位角色维护功能的源代码结构。

1. 后台代码结构

```
com.jeelp.frame.modules.bm02priv
   entity
        PostRoleEntity.java                      岗位角色数据库映射实体
   mapper
        PostRoleEntityMapper.java                岗位角色 MyBatis Mapper 映射接口
        PostRoleEntityMapper.xml                 岗位角色 MyBatis Mapper 映射 xml
   controller
        PostRoleEntityController.java            岗位角色 Spring MVC 控制器
   service
        impl
            PostRoleEntityServiceImpl.java       岗位角色 Service 服务实现类
        PostRoleEntityService.java               岗位角色 Service 服务接口
```

2. 前台代码结构

```
src
    api
        bm02priv
                post-role-api.js                 岗位角色后端请求 API
    views
        bm02priv
            post-role
                post-role-page.vue               岗位角色列表界面
                post-role-post.vue               岗位选择列表
                post-role-role.vue               角色选择列表
                post-role-index.vue              岗位角色菜单跳转界面
```

7.17 人员岗位维护

本节主要介绍了人员岗位维护功能和相关的源代码结构。

7.17.1 人员岗位维护功能介绍

人员只有与相关的岗位关联起来，才能拥有该岗位的相关权限，这就是人员岗位维护功能的作用。人员岗位维护界面如图 7-22 所示。

图 7-22 人员岗位维护界面

7.17.2　源代码结构说明

接下来，本节将介绍一下人员岗位维护功能的源代码结构。

1. 后台代码结构

```
com.jeelp.frame.modules.bm02priv
   entity
        PostUserEntity.java                          人员岗位数据库映射实体
   mapper
        PostUserEntityMapper.java                    人员岗位 MyBatis Mapper 映射接口
        PostUserEntityMapper.xml                     人员岗位 MyBatis Mapper 映射 xml
   controller
        PostUserEntityController.java                人员岗位 Spring MVC 控制器
   service
        mpl
            PostUserEntityServiceImpl.java           人员岗位 Service 服务实现类
        PostUserEntityService.java                   人员岗位 Service 服务接口
```

2. 前台代码结构

```
src
    api
        bm02priv
                post-user-api.js                     人员岗位后端请求 API
    views
        bm02priv
            post-user
                post-user-page.vue                   人员岗位列表界面
                post-user-post.vue                   岗位选择列表
                post-user-user.vue                   人员选择列表
                post-user-index.vue                  人员岗位菜单跳转界面
```

7.18　参数管理

本节主要介绍了参数管理相关功能及源代码结构。参数管理作为一个系统级的全局管理功能，在设计时要充分考虑到参数被读取的频率，采用某些优化机制提高读取性能。

7.18.1　参数管理功能介绍

参数管理主要用来管理一些应用级的全局参数，例如系统所属的默认行政区划、验证码的长宽高、系统附件的目录等。参数管理界面如图 7-23 所示。

除了要完成对某个参数的增删改查，参数管理还要对参数读取使用缓存机制以提高系统性能。在 SysParamServiceImpl 服务实现类中，增删改的方法都调用了 reloadRedis，同步了数据主表的数据与 Redis 缓存的数据。在 getParamValue 函数中，先从缓存中读取数据，如果读取不到再从数据库读取，同时更新缓存。

图 7-23 参数管理界面

7.18.2 源代码结构说明

接下来，本节将介绍一下参数管理功能的源代码结构。

1. 后台代码结构

```
com.jeelp.frame.modules.bm03sys
   entity
        SysParam.java                      参数管理数据库映射实体
   mapper
        SysParamMapper.java                参数管理 MyBatis Mapper 映射接口
        SysParamMapper.xml                 参数管理 MyBatis Mapper 映射 xml
   controller
        SysParamController.java            参数管理 Spring MVC 控制器
   service
        impl
            SysParamServiceImpl.java       参数管理 Service 服务实现类
        SysParamService.java               参数管理 Service 服务接口
```

2. 前台代码结构

```
src
    api
        bm03sys
                sys-param-api.js           参数管理后端请求 API
    views
        bm03sys
            sys-param
                sys-param-page.vue         参数管理列表界面
                sys-param-form.vue         参数管理表单界面
                sys-param.vue              参数管理菜单跳转界面
```

7.19 附件管理

附件管理也是一个重要功能，附件的上传和下载实现与普通表单有很大的区别，本节主要介绍了附件管理功能和相关的源代码结构。

7.19.1　附件管理功能介绍

在企业级应用里，经常会遇到管理文件类附件的业务需求，需要对附件的分类以及上传的附件进行管理，提供统一的文件类管理接口。

附件分类主要是为了便于管理，对附件分类进行定义，附件分类管理界面如图 7-24 所示。

图 7-24　附件分类管理界面

附件管理为管理员提供了一个统一的附件管理界面，可以查看、下载附件，也可以删除一些无用的附件。附件管理界面如图 7-25 所示。

首页 / 系统管理 / 附件管理　　欢迎您！ADMIN　退出登录

首页　附件管理

业务类型 请选择　文件扩展名 文件扩展名　原始文件名 原始文件名　搜索　重置

删除

业务类型	文件扩展名	原始文件名	存储文件名	存储路径	操作
用户头像	png	file.png	f267ea3d-f9f5-4de1-9661-4a7805394da4	E://JEELP/UPLOAD/USER_HEAD_IMG	
门户信息主要图片	jpeg	0c7a7acfaad79854e9440058ea466145.jpeg	4abfdd28-bb0a-4a90-9df5-1cc17df328ea	/mnt/jeelp/upload/PORTAL_INFO_MAIN_IMAGE	
用户头像	png	file.png	0ee73d06-36a4-438e-88ca-7c290d2d1a8b	E://JEELP/UPLOAD/USER_HEAD_IMG	
用户头像	png	file.png	55ac5be8-7a30-4f06-b8b4-34cda7ee4503	E://JEELP/UPLOAD/USER_HEAD_IMG	
用户头像	png	file.png	03aadf97-3f87-4842-83e9-14bd053a0837	E://JEELP/UPLOAD/USER_HEAD_IMG	
用户头像	png	file.png	cccfd55c-1c18-4026-9f0d-daa6af917ed3	E://JEELP/UPLOAD/USER_HEAD_IMG	
用户头像	png	file.png	b779db32-2a09-4433-b612-7cf996dcc935	/home/upload/USER_HEAD_IMG	
门户信息主要图片	jpeg	415c8918f36fe0604ab552d7d4fb5d22.jpeg	4f3c2dda-7f0f-4758-af77-74d05df43d9b	/mnt/jeelp/upload/PORTAL_INFO_MAIN_IMAGE	
用户头像	png	file.png	a7691ac8-5ea7-43b7-8caa-5cbeb745db34	E://JEELP/UPLOAD/USER_HEAD_IMG	
学生头像	png	file.png	870c368f-d1ee-4335-b959-a9004dbde319	E://JEELP/UPLOAD/STUDENT_PHOTO	

共 71 条　<　1　2　3　4　5　6　…　8　>　10条/页

图 7-25　附件管理界面

7.19.2　源代码结构说明

接下来，本节将介绍一下附件分类、附件管理功能和附件上传接口的源代码结构。

1. 附件分类后台代码结构

```
com.jeelp.frame.modules.bm03sys
   entity
       AttachmentCate.java                         附件分类数据库映射实体
   mapper
       AttachmentCateMapper.java                   附件分类 MyBatis Mapper 映射接口
       AttachmentCateMapper.xml                    附件分类 MyBatis Mapper 映射 xml
   controller
       AttachmentCateController.java               附件分类 Spring MVC 控制器
   service
       impl
           AttachmentCateServiceImpl.java          附件分类 Service 服务实现类
       AttachmentCateService.java                  附件分类 Service 服务接口
```

2. 附件分类前台代码结构

```
src
    api
        bm03sys
            attachment-cate-api.js                 附件分类后端请求 API
    views
        bm03sys
            attachment-cate
                attachment-cate-page.vue           附件分类列表界面
                attachment-cate-form.vue           附件分类表单界面
                attachment-cate.vue                附件分类菜单跳转界面
```

附件管理功能的源代码结构如下所示。

1. 附件管理后台代码结构

```
com.jeelp.frame.modules.bm03sys
   entity
       AttachmentFile.java                         附件管理数据库映射实体
   mapper
       AttachmentFileMapper.java                   附件管理 MyBatis Mapper 映射接口
       AttachmentFileMapper.xml                    附件管理 MyBatis Mapper 映射 xml
   controller
       AttachmentFileController.java               附件管理 Spring MVC 控制器
   service
       impl
           AttachmentFileServiceImpl.java          附件管理 Service 服务实现类
       AttachmentFileService.java                  附件管理 Service 服务接口
```

2. 附件管理前台代码结构

```
src
    api
        bm03sys
            attachment-file-api.js                 附件管理后端请求 API
    views
        bm03sys
            attachment-file
                attachment-file-page.vue           附件管理列表界面
                attachment-file.vue                附件管理菜单跳转界面
```

附件上传接口的源代码结构如下所示。

1. 附件上传接口后台代码结构

```
com.jeelp.frame.modules.bm03sys
   controller
        AttachmentController.java                       附件上传 Spring MVC 控制器
```

2. 附件上传接口前台代码结构

```
src
    store
        modules
            api.js                                      附件上传 API 接口
    components
        FileUpload
            index.vue                                   附件上传组件
        mixins
            file-util.js                                附件上传混入
```

7.19.3　附件上传示例

附件上传示例通过调用附件上传的公共接口 AttachmentController，实现了对文件的上传和下载。附件上传示例界面如图 7-26 所示。

图 7-26　附件上传示例界面

附件上传示例的源代码结构如下所示。

1. 后台代码结构

```
com.jeelp.frame.modules.bm03sys
   controller
        AttachmentController.java                       附件上传 Spring MVC 控制器
        AttachmentFileController.java                   附件管理 Spring MVC 控制器
```

这里需要说明的是，附件列表部分复用了附件管理的查询接口和删除接口。

2. 前台代码结构

```
src
    api
       attachment-file-api.js                           附件上传演示后端请求 API
    views
        bm04demo
```

```
upload-demo
    index.vue                              附件上传界面
```

7.20 节假日管理

在企业级应用里，很多工作、任务的安排涉及工作日和自然日的不同处理方式，需要在系统里对工作日、自然日、节假日进行统一的管理和相关的计算。

7.20.1 节假日管理业务说明

在企业级应用里，经常会遇到需要计算工作日的情况，如某项业务需要“三日内办结”，通常是指在 3 个工作日内办理完成。而假期是由国务院根据每年的情况，在上一年年末发布，与日历上的假期并不完全一致，会有工作日调休和周末上班的情况发生。这就要求我们对这些“特殊日期”进行处理，提供假期和调休的设置、工作日的计算功能，来实现上面的需求。

方案实现的思路是：建立一张节假日数据表（T_SYS_HOLIDAY），表中记录某一年的公休日（包括周末）、工作日调休、周末上班的数据，然后根据这些数据来计算两个自然日之间的工作日。节假日管理及工作日计算界面如图 7-27 所示。

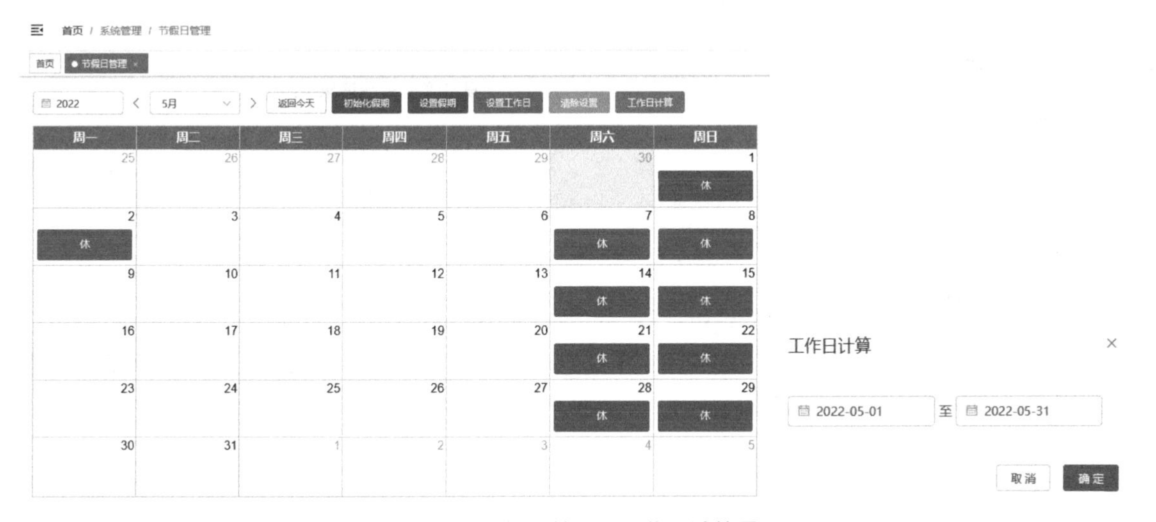

图 7-27 节假日管理及工作日计算界面

在节假日管理的服务实现类 HolidayServiceImpl 中，在原有基础的增删改查功能的基础上扩展出了以下 4 个方法。

- 初始化假期（initHoliday）
- 获取某个月份的假期规则（getMonthHoliday）
- 设置假期（setHoliday）
- 工作日计算（computeWorkday）

7.20.2 源代码结构说明

接下来，本节将介绍一下节假日管理功能的源代码结构。

1. 后台代码结构

```
com.jeelp.frame.modules.bm03sys
   entity
       Holiday.java
   mapper
       HolidayMapper.java                    节假日管理 MyBatis Mapper 映射接口
       HolidayMapper.xml                     节假日管理 MyBatis Mapper 映射 xml
   controller
       HolidayController.java                节假日管理 Spring MVC 控制器
   service
       impl
           HolidayServiceImpl.java           节假日管理 Service 服务实现类
       HolidayService.java                   节假日管理 Service 服务接口
   viewobject
            HolidayModel                     节假日查询展示模型
```

2. 前台代码结构

```
src
    api
        bm03sys
               sys-holiday-api.js            节假日管理后端请求 API
    views
        bm03sys
            sys-holiday
                sys-holiday-page.vue         节假日管理界面
```

7.20.3 节假日计算示例

节假日计算示例用一个独立的页面计算了两个指定日期间的自然日（总天数）、工作天数和假期天数。节假日计算示例功能界面如图 7-28 所示。

图 7-28　节假日计算示例功能界面

1. 后台代码结构

详见 7.20.2 节中的后台代码结构。

2. 前台代码结构

```
src
    api
        bm03sys
               sys-holiday-api.js                 节假日管理后端请求 API
    views
        bm04demo
                holiday-demo
                          index.vue               节假日管理菜单跳转界面
```

7.21 序列号管理

本节介绍了统一的序列号管理功能和相关的源代码结构。

7.21.1 序列号管理功能介绍

在企业里会有各种编号规则，如合同编号、产品编号、工单编号等，一般都是以某些特定前缀与年和月组合，再加上顺序号组成一个完整的编号。序列号管理就是为企业级应用提供统一的编号定义、生成和管理的功能。

序列号管理功能主要对各类序列号提供了统一管理、配置功能，序列号管理界面如图 7-29 所示。

图 7-29 序列号管理界面

序列号管理功能一共提供了 7 种序列号的生成方式：

- 根据序列号同规则序列的组号生成序列号；
- 根据序列号同规则序列的组号生成无间隔符的年度月份序列号；
- 根据序列号同规则序列的组号生成带有(-)间隔符的年度月份序列号；
- 根据序列号同规则序列的组号生成无间隔符的年度序列号；
- 根据序列号同规则序列的组号生成带有(-)间隔符的年度序列号；
- 根据序列号同规则序列的组号生成无间隔符的序列号；
- 根据序列号同规则序列的组号生成带有(-)间隔符的序列号。

代码详见 ch07\service\jeelp-parent\jeelp-frame\src\main\java\com\jeelp\frame\common\utils\SequenceUtil.java。

7.21.2 源代码结构说明

接下来，本节将介绍一下序列号管理功能的源代码结构。

1. 后台代码结构

```
com.jeelp.frame.modules.bm03sys
   entity
        SysSequence.java                          序列号管理的数据库映射实体
   mapper
        SysSequenceMapper.java                    序列号管理的 MyBatis Mapper 映射接口
        SysSequenceMapper.xml                     序列号管理的 MyBatis Mapper 映射 xml
   controller
        SysSequenceController.java                序列号管理的 Spring MVC 控制器
   service
        impl
            SysSequenceServiceImpl.java           序列号管理的 Service 服务实现类
        SysSequenceService.java                   序列号管理的 Service 服务接口
```

2. 前台代码结构

```
src
    api
        bm03sys
                sys-sequence-api                  序列号管理后端请求 API
    views
        bm03sys
            sys-sequence
                sys-sequence.vue                  序列号管理跳转界面
                sys-sequence-form.vue             序列号管理表单界面
                sys-sequence-page.vue             序列号管理列表界面
```

7.22 组织机构管理

本节主要介绍了组织机构管理功能和相关的源代码结构。

7.22.1 组织机构管理功能介绍

组织机构是指组织发展和完善到一定程度，在其内部形成的结构严密、相对独立，并彼此传递或转换能量、物质和信息的系统。对企业来讲，企业组织机构是按照一定的原则设置的，是分配企业内部各组织职能的一种体现。

在企业级应用中，组织机构信息是权限管理、业务管理的基础，企业级应用的组织机构管理包括增加、删除、修改和调整组织机构部门，记录组织机构的名称、组织机构代码、组织机构类别，明确上下级关系，建立一套树形的管理体系。

组织机构管理就是为用户（特别是系统管理员）提供了上述功能，组织机构管理界面如图 7-30 所示。

图 7-30 组织机构管理界面

7.22.2 源代码结构说明

接下来，本节将介绍一下组织机构管理功能的源代码结构。

1. 后台代码结构

```
com.jeelp.frame.modules.bm03sys
   entity
       UnitEntity.java                    组织机构管理数据库映射实体
   mapper
       unitMapper.java                    组织机构管理 MyBatis Mapper 映射接口
       unitMapper.xml                     组织机构管理 MyBatis Mapper 映射 xml
   controller
       unitController.java                组织机构管理 Spring MVC 控制器
   service
       impl
           unitServiceImpl.java           组织机构管理 Service 服务实现类
       unitService.java                   组织机构管理 Service 服务接口
```

2. 前台代码结构

```
src
    api
        bm03sys
                unit-api.js               组织机构管理后端请求 API
    views
        bm03sys
            unit
                unit-page.vue             组织机构管理界面
                unit-form.vue             组织机构表单界面
                unit-index.vue            用户菜单跳转界面
```

7.23 日志管理

本节主要介绍了日志管理功能和相关的源代码结构。

7.23.1　日志管理功能介绍

日志的管理是企业级应用的基础功能之一，不同的用户和场景都对日志有特定的需求，从而需要用不同的策略进行日志采集、查询、审计等管理。

日志所记录的要素主要是时间（系统日志记录的时间）、地点（相关的主机 IP 信息）、人物（谁执行的操作或是某进程）、事件（具体的任务或具体的操作）等。

记录日志的实现方案有很多，在 JEELP 里我们利用 Spring 的 AOP 来实现，详见 4.4.7 节。

本节主要介绍日志的查询管理，日志管理界面如图 7-31 所示。

图 7-31　日志管理界面

7.23.2　源代码结构说明

接下来，本节将介绍一下日志管理功能的源代码结构。

1. 后台代码结构

```
com.jeelp.frame.modules.bm03sys
   entity
        SysLogs.java                                 日志管理数据库映射实体
   mapper
        SysLogsMapper.java                           日志管理 MyBatis Mapper 映射接口
        SysLogsMapper.xml                            日志管理 MyBatis Mapper 映射 xml
   controller
        SysLogsController.java                       日志管理 Spring MVC 控制器
   service
        impl
            SysLogsServiceImpl.java                  日志管理 Service 服务实现类
        SysLogsService.java                          日志管理 Service 服务接口
```

2. 前台代码结构

```
src
    api
        bm03sys
```

```
                sys-logs-api.js              日志管理后端请求 API
    views
        bm03sys
            sys-logs
                sys-logs-page.vue            日志管理界面
                sys-logs-form.vue            日志表单界面
                sys-logs-index.vue           用户菜单跳转界面
```

7.24 标准代码管理

标准代码（编码）的输入是企业级应用中一个很有特色的地方。本节主要介绍标准代码管理功能和相关的源代码结构。

7.24.1 标准代码管理功能说明

在企业里会有很多的标准代码，如国标的全国行政区划代码，还有一些自定义的编码，这些代码一般都是用下拉选择框来完成录入的，一方面可以提高录入的效率，另一方面也可以有效地避免人为录入引入错误。

这些标准代码需要提供一个后台管理界面，进行统一的管理，保证在同一个系统中使用同一标准的代码，标准代码管理界面如图 7-32 所示。点击记录行中的编辑按钮，可以进入该标准代码明细编辑界面，如图 7-33 所示。

在 CodeServiceImpl 中，saveOrUpdate 函数中增加了编码重复校验。

图 7-32 标准代码管理界面

图7-33　标准代码明细编辑界面

7.24.2　源代码结构说明

接下来，本节将介绍一下标准代码管理功能的源代码结构。

1. 代码索引管理后台代码结构

```
com.jeelp.frame.modules.bm03sys
   entity
        SysCodeEntity.java                    标准代码索引数据库映射实体
   mapper
        SysCodeMapper.java                    标准代码索引 MyBatis Mapper 映射接口
        SysCodeMapper.xml                     标准代码索引 MyBatis Mapper 映射 xml
   controller
        ysCodeController.java                 标准代码索引 Spring MVC 控制器
   service
        impl
            SysCodeServiceImpl.java           标准代码索引 Service 服务实现类
        SysCodeService.java                   标准代码索引 Service 服务接口
```

2. 代码明细后台代码结构

```
com.jeelp.frame.modules.bm03sys
   entity
        CodeEntity.java                       标准代码数据库映射实体
   mapper
        CodeMapper.java                       标准代码 MyBatis Mapper 映射接口
        CodeMapper.xml                        标准代码 MyBatis Mapper 映射 xml
   controller
        CodeController.java                   标准代码 Spring MVC 控制器
   service
        impl
```

```
            CodeServiceImpl.java                  标准代码 Service 服务实现类
        CodeService.java                          标准代码 Service 服务接口
```

3. 代码管理前台代码结构

```
src
    api
        bm03sys
            sys-code-api.js                       标准代码索引后端请求 API
            code-api.js                           标准代码明细后端请求 API
    views
        bm03sys
            sys-code
                code-page-editor.vue              标准代码明细可编辑表格界面
                sys-code-page.vue                 标准代码索引列表界面
                sys-code-form.vue                 标准代码索引表单界面
                sys-code-index.vue                标准代码索引菜单跳转界面
```

7.24.3 三级联动示例

代码选择二级联动或三级联动甚至是更多层级的数据联动是用户交互中一种比较常见的方式，这种方式可以降低用户的输入难度，提升用户的交互体验。本节以在系统中经常用的行政区划三级联动为例，介绍一下三级联动功能的实现。代码选择三级联动界面如图 7-34 所示。

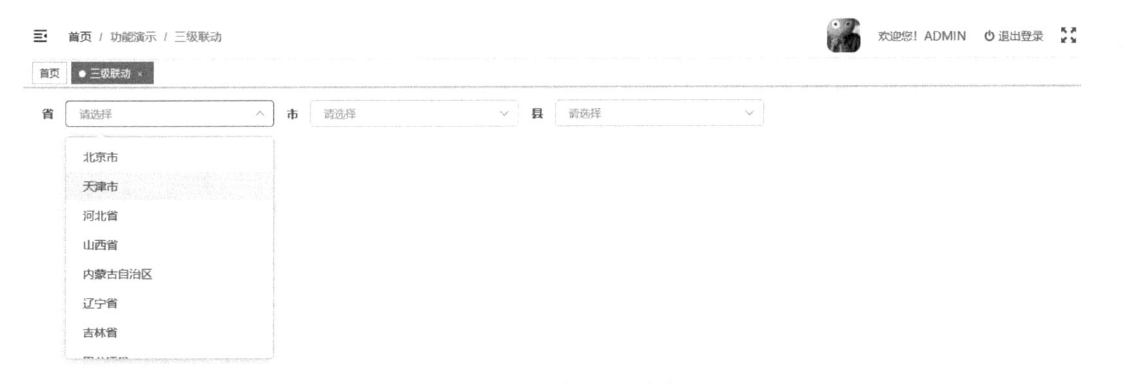

图 7-34 代码选择三级联动界面

代码选择三级联动的源代码结构如下所示。

1. 后台代码结构

```
com.jeelp.frame.modules.bm03sys
   controller
       CodeController.java                  标准代码 Spring MVC 控制器
```

需要说明的是，三级联动复用代码明细管理的查询接口。

2. 前台代码结构

```
src
    api
        bm03sys
```

```
            code-api                            标准代码 API
mixins
    curd
        mixins-select-data                      获取数据接口混入
views
    bm04demo
        select-demo
            index.vue                           代码框选择演示
```

7.25　系统监测

打开 JEELP 就会看到一个系统监测的页面，这个页面显示了主机的一些基本软硬件环境信息，本节主要介绍系统监测功能和相关源代码说明。

7.25.1　系统监测功能说明

为了保证企业级应用的平稳运行，就需要对服务器的基础运行环境进行监测，及时发现系统运行的问题并进行处理，以保证业务的可用性和连续性。在 JEELP 首页，我们设计了系统监测的功能，该功能通过调用 Hutool 和 OSHI 两个 Java 工具类库，方便管理员及时掌握主机的操作系统、CPU 使用率、内存使用率、交换区使用率和磁盘使用率等信息。系统监测功能界面如图 7-35 所示。

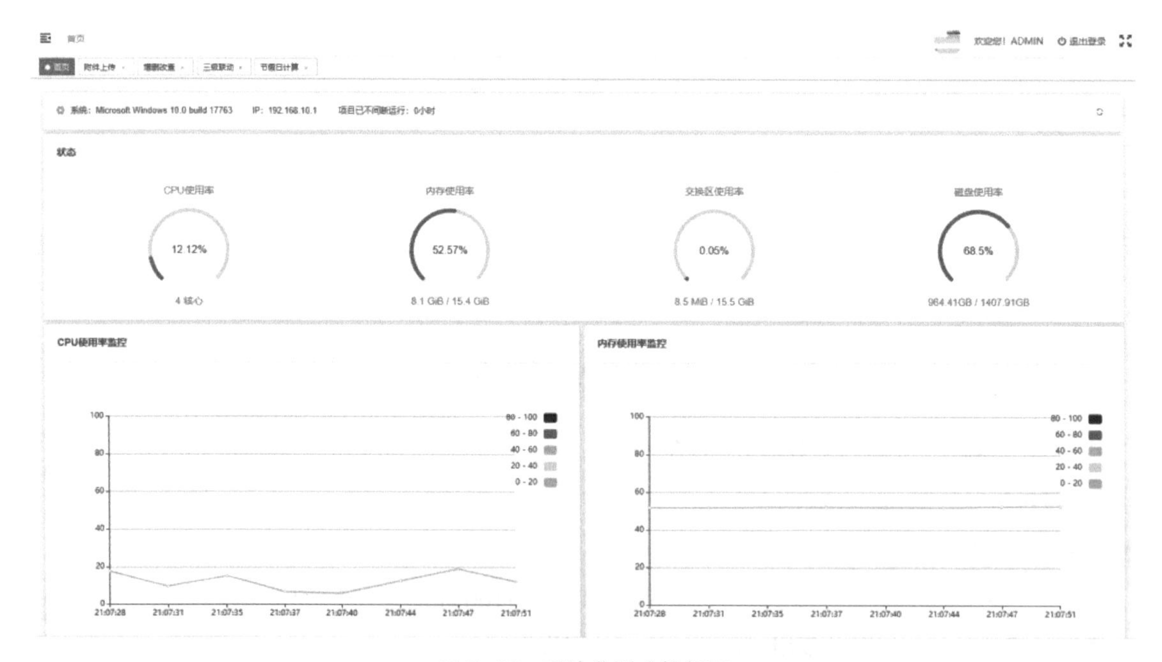

图 7-35　系统监测功能界面

在 jeelp-parent 工程的 pom.xml 文件中，添加 Hutool 依赖，如代码清单 7-3 所示。

代码清单 7-3 添加 Hutool 依赖

```
1.        <properties>
2.            ......
3.             <hutool.version>5.3.4</hutool.version>
4.            ......
5.         </properties>
6.         <dependencies>
7.            ......
8.             <!--工具包-->
9.             <dependency>
10.                <groupId>cn.hutool</groupId>
11.                <artifactId>hutool-all</artifactId>
12.                <version>${hutool.version}</version>
13.            </dependency>
14.           ......
15.      </dependencies>
```

7.25.2 源代码结构说明

接下来，本节将介绍一下系统监测管理功能的源代码结构。

1. 后台代码结构

```
com.jeelp.frame.modules.bm03sys
    controller
        MonitorController.java                    系统监控 Spring MVC 控制器
    service
        MonitorService                            系统监控 Service 服务接口
        impl
            MonitorServiceImpl                    系统监控 service 实现类
```

2. 前台代码结构

```
src
    api
        data.js                                   首页数据 API
    views
        home.vue                                  系统首页
```

7.25.3 Java 工具类库 Hutool 简介

JEELP 的很多功能中都使用了 Hutool。Hutool 是一个小而全的 Java 工具类库，通过静态方法封装，降低相关 API 的学习成本，提高工作效率，使 Java 拥有函数式语言般的优雅。

Hutool 是项目中“util”包友好的替代，它节省了开发人员对项目中公用类和公用工具方法的封装时间，使开发人员专注于业务，同时可以最大限度地避免封装不完善带来的 bug。

Hutool 是一个 Java 基础工具类，对文件、流、加密解密、转码、正则、线程、XML 等 JDK 方法进行封装，组成各种 Util 工具类，同时提供模块组件，如表 7-5 所示（各模块组件的使用方法可以参考 Hutool 官网）。

表7-5　Hutool模块组件表

模块	介绍
hutool-aop	JDK动态代理封装，提供非IOC下的切面支持
hutool-bloomFilter	布隆过滤，提供一些哈希算法的布隆过滤
hutool-cache	简单缓存实现
hutool-core	核心，包括Bean操作、日期、各种Util等
hutool-cron	定时任务模块，提供类Crontab表达式的定时任务
hutool-crypto	加密解密模块，提供对称、非对称和摘要算法封装
hutool-db	JDBC封装后的数据操作，基于ActiveRecord思想
hutool-dfa	基于DFA模型的多关键字查找
hutool-extra	扩展模块，对第三方封装（模板引擎、邮件、Servlet、二维码、Emoji、FTP、分词等）
hutool-http	基于HttpUrlConnection的HTTP客户端封装
hutool-log	自动识别日志实现的日志门面
hutool-script	脚本执行封装，例如JavaScript
hutool-setting	功能更强大的Setting配置文件和Properties封装
hutool-system	系统参数调用封装（JVM信息等）
hutool-json	JSON实现
hutool-captcha	图片验证码实现
hutool-poi	针对POI中Excel和Word的封装
hutool-socket	基于Java的NIO和AIO的Socket封装
hutool-jwt	JWT的封装实现

7.25.4　Java工具类库OSHI简介

OSHI是基于JNA的（本地）操作系统和硬件信息库。它不需要安装任何其他额外的本地库，旨在提供一种跨平台的实现，并以此来检索系统信息，如操作系统版本、进程、CPU内存使用率、磁盘和分区、设备、传感器等。OSHI支持的平台包括Windows、Linux、macOS、UNIX（AIX、FreeBSD、OpenBSD、Solaris等）。

使用OSHI可以对应用程序进行监控，也可以对应用程序所在的服务器资源进行监控，还可以监控到如下指标：

- 计算机系统和固件、主板；
- 操作系统和版本/内部版本；
- 物理（核心）和逻辑（超线程）CPU、处理器组、NUMA节点；
- 系统和每个处理器的负载百分比和滴答计数器；
- CPU正常运行时间、进程和线程；

- 进程正常运行时间、CPU 内存使用率、用户/组、命令行；
- 使用/可用的物理和虚拟内存；
- 挂载的文件系统（类型、可用空间和总空间）；
- 磁盘驱动器（型号、序列号、大小）和分区；
- 网络接口（IP、带宽输入/输出）；
- 电池状态（电量百分比、剩余时间、电量使用情况统计信息）；
- 连接的显示器（带有 EDID 信息）；
- USB 设备；
- 传感器（温度、风扇速度、电压）。

第 8 章　企业级门户网站的设计与搭建

在企业级门户网站的发展过程中，出现了信息发布、产品展示、电子商务、商务管理、综合平台等多种类型，无论是服务内容的丰富性，还是服务功能的便捷性，都有了很大程度上的提高，也成为企业信息化建设中一个不可或缺的部分。

本章以第 7 章创建的 JEELP 企业级应用基础开发框架为基础，开发一个可以满足实用要求的、信息发布类的企业级门户网站。本章所涉及的开发内容较为简单，因此没有罗列相关的代码，读者可以根据源代码结构自行阅读和分析。

8.1　系统设计

本节主要介绍了一个门户网站系统的概念定义、系统需求、功能设计和技术架构。

8.1.1　系统功能需求

企业门户是一个连接企业内部和企业外部的网站，它可以为企业提供一个单一的、访问企业各种信息资源的入口，企业的员工、客户、合作伙伴和供应商等都可以通过这个入口获得个性化的信息和服务。

从企业自身角度来看，通过企业门户网站能够动态地发布企业内部和企业外部的各种信息，通过互联网树立企业形象，提高企业的知名度，进而增强企业的竞争力。

从访问者角度来看，通过企业门户网站，可以获得被关注企业的最新资讯和消息，可以较快地了解该企业的各种产品和业务能力等信息。

8.1.2　系统功能设计

企业门户网站可以从功能角度分为两大部分，一个是给后台管理员使用的管理控制台，另一个是给最终用户使用的门户。

门户管理控制台主要包括栏目管理、信息分类、栏目信息、在线留言等功能。

门户网站主要包括首页、新闻中心、技术文章、产品展示、成功案例、资料下载、关于我们、在线留言、联系我们等栏目，而首页又包含图片轮播、我们的优势、新闻中心、产品展示、成功案例、关于我们、友情链接等子栏目，其中的成功案例、关于我们是首页栏目和导航栏目所共有的栏目。

JEELP 轻量级企业门户系统的功能架构如图 8-1 所示。

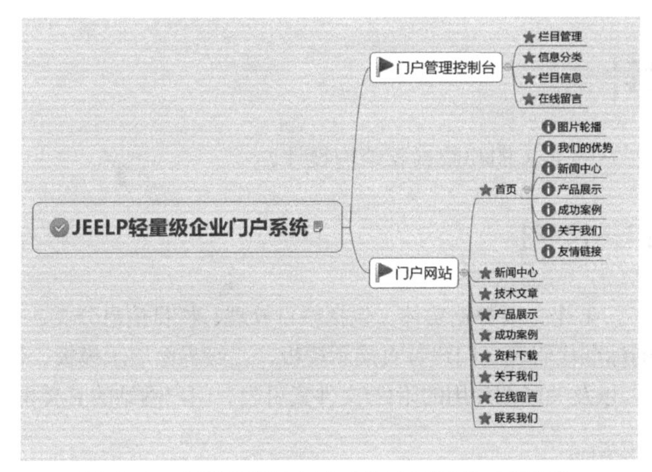

图 8-1 JEELP 轻量级企业门户系统的功能架构

8.1.3 门户项目工程说明

JEELP 轻量级企业门户系统由一个后台服务工程和两个独立的前端工程组成，这两个独立的前端工程分别是门户管理控制台和门户网站。这样就可以根据面向用户的不同，分别在不同的 Web 服务器上发布，提高系统的安全性。一般是把门户网站发布在企业的互联网区域，把门户管理控制台发布在企业内网，供管理员发布和处理信息。

1. 后台服务源码详见 ch08\service\jeelp-parent 目录。工程结构如下：

```
jeelp-parent                    JEELP 父工程
        jeelp-frame             JEELP 核心框架工程
        jeelp-admin             JEELP 管理台 Spring Boot 工程
        jeelp-portal            JEELP 门户 Spring Boot 工程
```

- jeelp-parent 作为统一的聚合工程，统一管理公共的 jar 包的版本和 Maven 依赖（父工程的 <dependencies>，子工程不必重新引入），并控制插件版本。
- jeelp-frame 是核心框架工程，为其他工程提供基础类库和基础模块。由于打包 Spring Boot 工程后，其他 Maven 项目会在依赖时出现无法识别 jar 包的问题，因此 jeelp-frame 会以普通的 Maven 项目形式打包。
- jeelp-admin 是核心框架启动工程，依赖于 jeelp-frame 工程，其作用是以 Spring Boot 的方式启动 jeelp-frame 工程。
- jeelp-portal 是门户工程，依赖于 jeelp-frame 工程，并在 jeelp-frame 工程的基础上扩展门户相关模块，提供门户管理控制台及门户的后台服务。

2. 前端源码详见 ch08\web 目录。工程结构如下：

```
portal-console              门户管理控制台前端工程
portal                      门户前端工程
```

- portal-console 是在原 JEELP 控制台工程的基础上，增加了与门户后台管理功能相关的前端工程。
- portal 是一个基于 Vue 的门户前端工程。

8.2 数据库设计

本节介绍一下门户网站的 E-R 图和数据表结构设计。

8.2.1 门户网站 E-R 图

我们为门户网站设计了 4 个主要数据实体，包括栏目管理、栏目信息分类、栏目信息、在线留言。其他数据实体还包括相关的标准代码表（门户首页展示模板、二级界面展示模板、信息详情界面模板、信息录入类型、信息状态等），以及关联图片用的附件/文件索引表。门户网站的 E-R 图如图 8-2 所示。

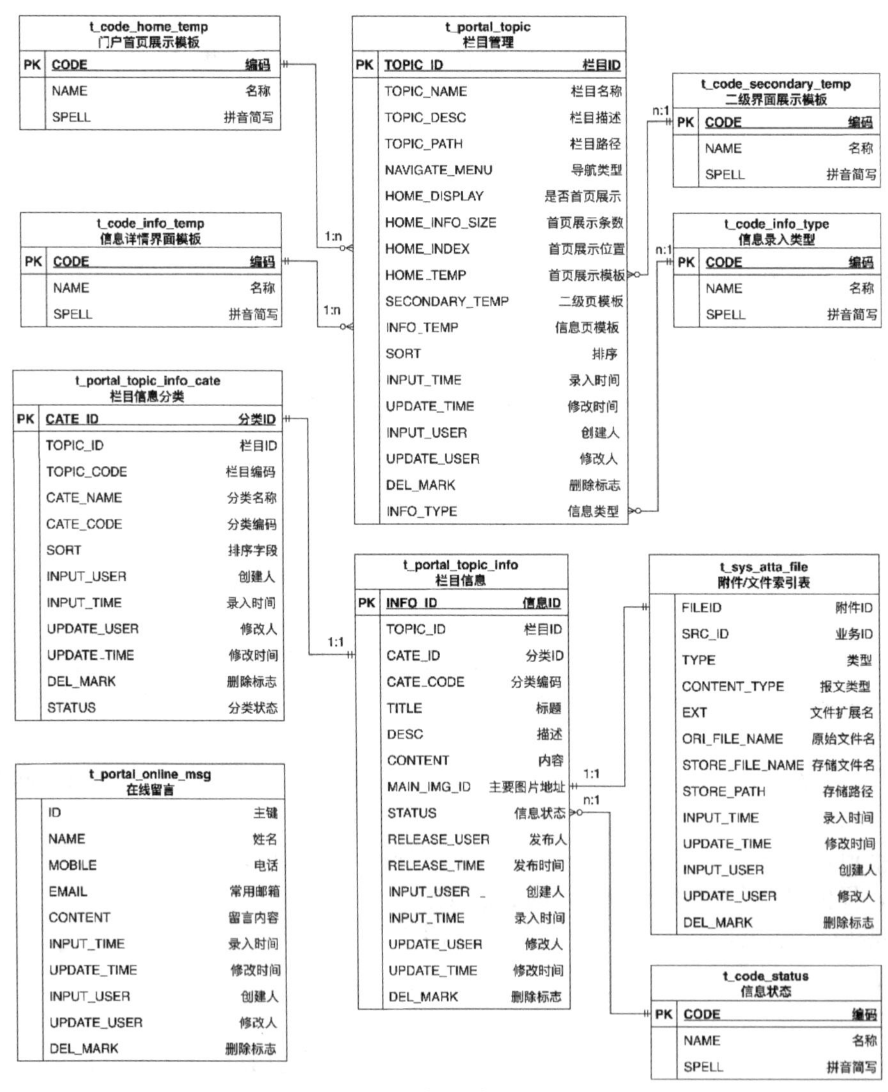

图 8-2　门户网站的 E-R 图

8.2.2 数据表结构设计

门户网站相关的数据表说明如表 8-1 所示。

表 8-1 门户网站相关的数据表说明

实体	表名	说明
栏目定义表	T_PORTAL_TOPIC	栏目的定义信息，包括栏目描述、栏目路径、是否导航菜单、是否首页展示、首页展示条数、首页展示位置、首页展示模板、二级页模板、信息页模板、排序等字段
栏目内容表	T_PORTAL_TOPIC_INFO	栏目的具体发布内容数据，包括栏目编号、分类编号、分类编码、标题、描述、内容、主要图片地址、信息状态（0-待发布，1-已发布，2-已回收）、发布人、发布时间等字段
栏目分类表	T_PORTAL_TOPIC_INFO_CATE	栏目的分类信息，包括栏目编号、栏目编码、分类名称、分类编码、排序等字段
在线留言表	T_PORTAL_ONLINE_MSG	用户在线留言信息表，包括用户的电话、常用邮箱、留言内容等字段，由访客在门户的在线留言功能中填写，管理员在门户的管理控制台进行查询
首页展示模板代码表	T_CODE_HOME_TEMP	门户首页展示模板代码表，定义了轮播图片、新闻中心等模板
二级展示模板代码表	T_CODE_SECONDARY_TEMP	二级界面展示模板代码表，定义了资料下载、联系我们等模板
详情界面模板代码表	T_CODE_INFO_TEMP	信息详情界面模板代码表，如新闻中心
信息录入类型代码表	T_CODE_INFO_TYPE	信息录入类型代码表，主要有轮播图片、友情链接、资料下载等类型
文件/附件索引表	T_SYS_ATTA_FILE	文件/附件索引表，用以关联图片或相关下载附件

8.3 栏目管理功能实现

门户管理控制台主要包括栏目管理、信息分类、栏目信息、在线留言等 4 个主要功能。下面介绍一下栏目管理功能。

8.3.1 栏目管理功能介绍

门户系统是由不同的栏目构成的，栏目管理功能主要是用来维护门户网站上不同栏目的定义信息，在本书设计的门户系统中，栏目可分为导航栏目和首页栏目。

导航栏目是指可以在门户网站导航位置显示栏目名称，点击某个导航栏目，就可跳转到该栏目对应的二级界面，展示详细信息。目前导航栏目包括新闻中心、技术文章、产品展示、成功案例、资料下载、关于我们、在线留言、联系我们等。

首页栏目是指门户网站首页上，在固定位置显示的信息内容，这些内容包括图片轮播、我们的优势、新闻中心、产品展示、成功案例、关于我们、友情链接等。

栏目管理包括栏目查询、新增栏目、修改栏目、删除栏目 4 项功能，栏目管理功能界面如图 8-3 所示。

图 8–3　栏目管理功能界面

栏目信息维护功能界面如图 8-4 所示。

图 8–4　栏目信息维护功能界面

图 8-4 中的字段说明如下所示。

- 栏目名称：门户网站导航菜单中显示的名称。
- 栏目描述：门户网站首页需要展示的关于当前栏目的描述信息。
- 栏目路径：用于扩展的预留字段，目前未使用。

- 导航菜单：是否显示在导航菜单中。当选择否时，当前栏目不会出现在导航菜单中。
- 首页展示：是否显示在首页菜单中。当选择否时，当前栏目不会出现在首页中。
- 首页条数：当前栏目在首页展示栏目信息的最大条数。
- 展示位置：当前栏目在首页展示的位置序号。
- 展示模板：当前栏目在首页展示栏目信息时，使用的栏目模板。
- 二级页模板：当前栏目二级界面模板。
- 信息页模板：当前栏目信息页模板。
- 排序：当前栏目在菜单导航中位置。

8.3.2 源代码结构说明

接下来，本节将介绍一下栏目管理功能的源代码结构。

1. 后台代码结构

```
com.jeelp.portal.modules.admin
   entity
        Topic.java                      栏目管理数据库映射实体
   mapper
        TopicMapper.java                栏目管理 MyBatis Mapper 映射接口
        TopicMapper.xml                 栏目管理 MyBatis Mapper 映射 xml
   controller
        TopicController.java            栏目管理 Spring MVC 控制器
   service
        impl
            TopicServiceImpl.java       栏目管理 Service 服务实现类
        TopicService.java               栏目管理 Service 服务接口
```

2. 前台代码结构

```
src
    api
        pt01admin
            topic-api.js                栏目管理后端请求 API
    views
        pt01admin
            topic
                topic-form.vue          栏目管理表单界面
                topic-page.vue          栏目管理列表界面
                topic-index.vue         栏目管理菜单跳转界面
```

8.4 信息分类功能实现

信息分类是对展示的产品内容提供了分类的功能。在本案例中，这个分类是指产品的分类，在实际应用中可以作为其他主题的分类，如方案、制度等。

8.4.1 信息分类功能介绍

信息分类管理界面主要是对信息分类实现了新增、删除、修改、查询等功能，如图 8-5 所示。

图 8-5　信息分类管理界面

信息分类功能编辑界面主要对某一具体信息分类实现了信息修改功能，如图 8-6 所示。

图 8-6　信息分类编辑界面

图 8-6 中的字段说明如下所示。

- 栏目编码：通过下拉选择信息分类的编码。
- 分类名称：由用户自定义的分类的名称，这个分类名称是当前栏目的二级分类。
- 分类编码：当前分类有含义的编码。
- 排序：当前分类排序。
- 分类状态：当分类被禁用时，当前分类下的信息不可被录入，在门户网站上也不可显示。

8.4.2　源代码结构说明

接下来，本节将介绍一下信息分类管理功能的源代码结构。

1. 后台代码结构

```
com.jeelp.portal.modules.admin
   entity
        InfoCate.java                               信息分类管理数据库映射实体
```

```
    mapper
        InfoCateMapper.java                    信息分类管理 MyBatis Mapper 映射接口
        InfoCateMapper.xml                     信息分类管理 MyBatis Mapper 映射 xml
    controller
        InfoCateController.java                信息分类管理 Spring MVC 控制器
    service
        impl
            InfoCateServiceImpl.java           信息分类管理 Service 服务实现类
        InfoCateService.java                   信息分类管理 Service 服务接口
```

2. 前台代码结构

```
src
    api
        pt01admin
            info-cate-api.js                   信息分类管理后端请求 API
    views
        pt01admin
            info-cate
                info-cate-form.vue             信息分类管理表单界面
                info-cate-page.vue             信息分类管理列表界面
                info-cate-index.vue            信息分类管理菜单跳转界面
```

8.5 栏目信息功能实现

栏目管理功能定义了门户网站栏目的定义信息，而栏目信息功能主要是用来维护各类栏目的具体内容。

8.5.1 栏目信息功能介绍

栏目信息功能主要是用来维护各类栏目的具体内容，栏目信息功能界面如图 8-7 所示。

图 8-7 栏目信息功能界面

每个栏目又提供了二级的栏目信息编辑界面，如图 8-8 所示。

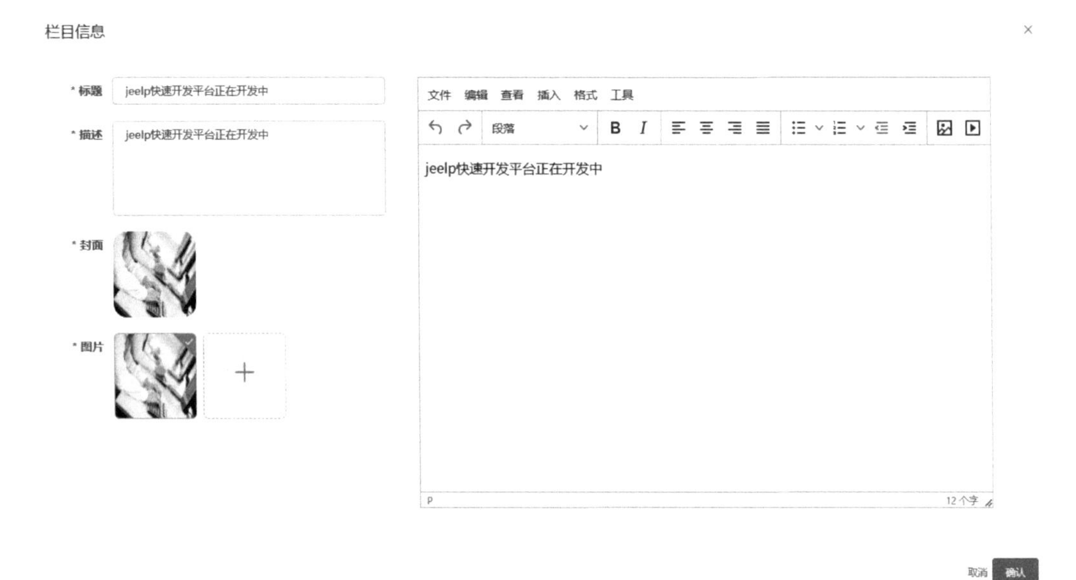

图 8-8 栏目信息编辑界面

图 8-8 中的字段说明如下所示。

- 标题：栏目信息的标题。
- 描述：栏目信息的描述性信息。
- 封面：门户网站的首页及二级界面需要展示的主要图片。
- 图片：其他图片（作为扩展字段保留）。
- 内容：富文本编辑，在门户的详情页展示。

8.5.2 源代码结构说明

接下来，本节将介绍一下栏目信息管理功能的源代码结构。

1. 后台代码结构

```
com.jeelp.portal.modules.admin
   entity
        TopicInfo.java                          栏目信息管理数据库映射实体
   mapper
        TopicInfoMapper.java                    栏目信息管理 MyBatis Mapper 映射接口
        TopicInfoMapper.xml                     栏目信息管理 MyBatis Mapper 映射 xml
   controller
        TopicInfoController.java                栏目信息管理 Spring MVC 控制器
   service
        impl
            TopicInfoServiceImpl.java           栏目信息管理 Service 服务实现类
        TopicInfoService.java                   栏目信息管理 Service 服务接口
```

2. 前台代码结构

```
src
    api
        pt01admin
            topic-Info-api.js                   栏目信息管理后端请求 API
    views
        pt01admin
            topic-Info
                topic-Info-form.vue             栏目信息管理默认表单界面
                topic-lbtp-info-form.vue        栏目信息管理轮播图片表单界面
                topic-yqlj-info-form.vue        栏目信息管理友情链接表单界面
                topic-zlxz-info-form.vue        栏目信息管理资料下载表单界面
                topic-upload-page.vue           栏目信息管理资料上传界面
                topic-Info-page.vue             栏目信息管理列表界面
                topic-Info-index.vue            栏目信息管理菜单跳转界面
```

8.6 在线留言后台功能实现

在线留言后台功能主要是用于后台管理员或者客服人员查询、处理访客的留言信息、处理问题或者跟进商业机会。

8.6.1 在线留言功能介绍

在线留言后台功能提供了对访客留言信息的查询和查看功能，可以根据访客的姓名、电话、邮箱、内容等进行查询，也可以通过删除按钮对已经处理完结的留言进行删除，在线留言后台功能界面如图 8-9 所示。

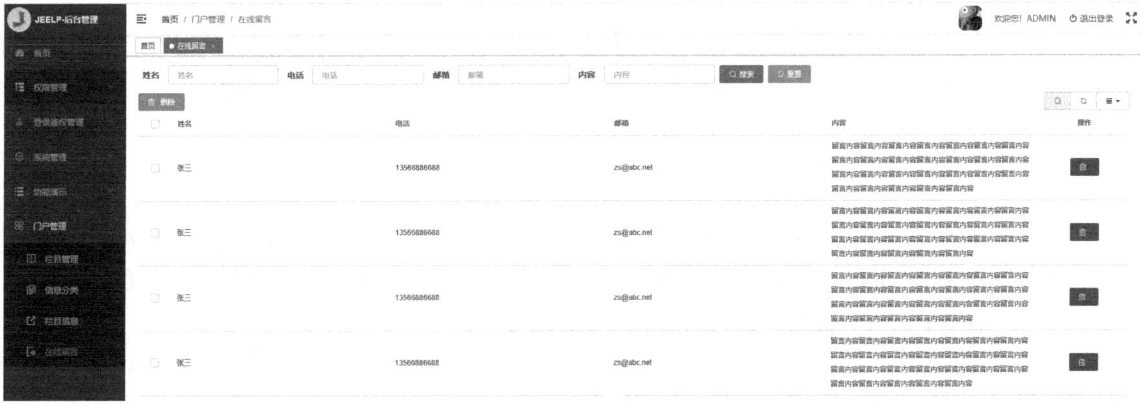

图 8-9 在线留言后台功能界面

8.6.2 源代码结构说明

接下来，本节将介绍一下在线留言功能的源代码结构。

1. 后台代码结构

```
com.jeelp.portal.modules.admin
   entity
        OnlineMsg.java                              在线留言管理数据库映射实体
   mapper
        OnlineMsgMapper.java                        在线留言管理 MyBatis Mapper 映射接口
        OnlineMsgMapper.xml                         在线留言管理 MyBatis Mapper 映射 xml
   controller
        OnlineMsgController.java                    在线留言管理 Spring MVC 控制器
   service
        impl
            OnlineMsgServiceImpl.java               在线留言管理 Service 服务实现类
        OnlineMsgService.java                       在线留言管理 Service 服务接口
```

2. 前台代码结构

```
src
    api
        pt01admin
            online-msg-api.js                       在线留言管理后端请求 API
    views
        pt01admin
            online-msg
                online-msg-form.vue                 在线留言管理默认表单界面
                tonline-msg-page.vue                在线留言管理列表界面
                online-msg-index.vue                在线留言管理菜单跳转界面
```

8.7 门户功能实现

前面介绍了门户网站的管理控制台的相关功能，这些功能都是给网站的管理员使用的，而对于普通的访客，可以通过门户网站来了解企业信息。下面就来介绍一下用户侧的门户网站。

8.7.1 门户功能介绍

前边已经介绍过，门户网站分为导航栏目和首页栏目。导航栏目包括新闻中心、技术文章、产品展示、成功案例、资料下载、关于我们、在线留言、联系我们等。首页栏目包括图片轮播、我们的优势、新闻中心、产品展示、成功案例、关于我们、友情链接等。

出于安全性的考虑，门户前端为一个独立的系统，在发布时也会发布到独立的 Web 服务器中，而后台服务与门户管理控制台共用同一个后台服务。

门户网站首页如图 8-10 所示。

我们的优势
专业
服务
价格
品质
新闻中心
NEWS INFORMATION
产品展示
成功案例
CASE
SERVICE
关于我们
友情链接
如果您有任何问题，请跟我们联系！

图 8-10 门户网站首页

8.7.2 源代码结构说明

接下来，本节将介绍一下门户功能的源代码结构。

1. 后台代码结构

```
com.jeelp.portal.modules.portal.controller
    PortalController                        门户网站 Spring MVC 控制器
```

2. 前台代码结构

```
src
    api                                     请求 API
       portal-api.js                        门户网站后端请求 API
    mixins                                  公共混入
       home-infos.js                        首页展示区域混入
       secondary-infos.js                   二级页混入
       info-data.js                         信息页混入
    router
       index.js                             跳转路由
    views
        compoents                           公共组件
            FileList.vue                    资料下载文件列表
            InfoFooter.vue                  信息页底部
            InfoHeader.vue                  信息页头部
            PortalFooter.vue                网站底部
            PortalHeader.vue                网站头部
            PortalMunes.vue                 网站导航
            SecondaryCates.vue              二级页信息分类
            SecondaryFooter.vue             二级页底部
            SecondaryHeader.vue             二级页头部
        home                                门户首页
            temp                            模板目录
                HomeTemp01.vue              轮播模板
                HomeTemp02.vue              新闻中心
                HomeTemp03.vue              关于我们
                HomeTemp04.vue              产品展示
                HomeTemp05.vue              成功案例
                HomeTemp06.vue              友情链接
                HomeTemp07.vue              我们的优势
            index.vue                       路由界面
        secondary                           二级页面
            temp                            模板目录
                SecondaryTemp01.vue         新闻中心
                SecondaryTemp02.vue         产品展示
                SecondaryTemp03.vue         成功案例
                SecondaryTemp04.vue         资料下载
                SecondaryTemp05.vue         联系我们
                SecondaryTemp06.vue         关于我们
                SecondaryTemp07.vue         在线留言
            SecondaryMain.vue               主界面
            Index.vue                       路由界面
        info                                信息页
            temp                            模板
                InfoTemp01.vue              信息详情
            InfoMain.vue                    主界面
            index.vue                       路由界面
    index.vue                               门户路由界面
```